POR QUE A EVOLUÇÃO É UMA VERDADE

POR QUE A EVOLUÇÃO É UMA VERDADE

Jerry A. Coyne

JSN
EDITORA LTDA.

Dados Internacionais de Catalogação na Publicação (CIP)
(Câmara Brasileira do Livro, SP, Brasil)

Coyne, Jerry A. Por que a evolução é uma verdade / Jerry A.
Coyne ; [tradução Luiz Reyes Gil]. -- 1. ed. --
São Paulo : JSN Editora, 2014.

Título original: Why evolution is true.
Bibliografia
ISBN 978-85-85985-34-9

    1. Darwin, Charles, 1809-1882 2. Evolução (Biologia)
I. Título.

14-08480   CDD-576.8

Índices para catálogo sistemático:
1. Evolução : Biologia 576.8

Título original: Why Evolution Is True
Copyright © 2009 by Jerry A. Coyne
All rights reserved

Direitos de tradução para o Brasil: JSN Editora Ltda.
www.jsneditora.com

Tradução: Luiz Reyes Gil
Preparação e revisão: Luiz Carlos Cardoso
Capa e diagramação: Luciana T. Noro

Todos os direitos reservados.
É proibida a reprodução no todo ou em parte,
sob quaisquer formas ou por quaisquer meios (eletrônico, mecânico,
gravação, fotocópia ou outros) sem a permissão expressa da Editora.

ISBN: 978-85-85985-34-9

10 9 8 7 6 5 4 3 2 1

Para Dick Lewontin

il miglior fabbro

SUMÁRIO

Prefácio   9

Introdução   15

1. O que é evolução   21
2. Escrito na pedra   41
3. Restos: vestígios, embriões e maus projetos   79
4. A geografia da vida   113
5. O motor da evolução   139
6. Como o sexo guia a evolução   173
7. A origem das espécies   199
8. E nós?   221
9. A evolução revisitada   255
Notas   269

Glossário   281

Sugestões para leituras adicionais   285

Referências   291

Créditos das ilustrações   305

Índice   307

Sobre o autor   319

PREFÁCIO

Vinte de dezembro de 2005. Como muitos cientistas, acordei nesse dia com alguma ansiedade. John Jones III, um juiz federal de Harrisburg, Pennsylvania, ia anunciar sua decisão no caso "Kitzmiller et al. vs. Distrito Escolar da Área de Dover et al.". Esse julgamento havia sido um divisor de águas e o veredicto de Jones decidiria como os estudantes americanos aprenderiam o tema evolução.

Essa crise educacional e científica começara modestamente, quando os administradores do distrito escolar de Dover, Pennsylvania, se reuniram para discutir que livros de biologia adotariam no ensino secundário local. Alguns membros religiosos do conselho escolar, insatisfeitos com a adesão dos livros didáticos à evolução darwiniana, haviam sugerido livros alternativos, que incluíam a teoria bíblica do criacionismo. Na sequência de discussões acaloradas, o conselho aprovou uma resolução exigindo que os professores de biologia da escola secundária de Dover lessem a seguinte declaração aos seus alunos da nona série:

Os Padrões Acadêmicos da Pennsylvania exigem que os alunos aprendam a Teoria da Evolução de Darwin e depois sejam submetidos a um teste padronizado, do qual a evolução é uma parte. Pelo fato de a Teoria de Darwin ser uma teoria, ela continua sendo testada conforme se descubrem novas evidências. A Teoria não é um fato. Nela há lacunas para as quais não foram encontradas provas... O Projeto Inteligente é uma explicação da origem da vida que difere da visão darwiniana. O livro *Of Pandas and People* ["Sobre pandas e pessoas"] está disponível para que os alunos vejam se gostariam de explorar essa visão, no esforço de obter uma compreensão do que está de fato envolvido no Projeto Inteligente. Como é válido para qualquer teoria, os alunos são estimulados a manter a mente aberta.

Isso deflagrou uma tempestade educacional. Dois dos nove membros do conselho escolar se demitiram e todos os professores de biologia se recusaram a ler a declaração para as classes em que lecionavam, alegando que "projeto inteligente" é religião e não ciência. Como a oferta de instrução religiosa nas escolas públicas viola a Constituição dos Estados Unidos, onze pais ultrajados levaram o caso aos tribunais.

O julgamento começou em 26 de setembro de 2005 e durou seis semanas. Foi um acontecimento pitoresco, apelidado com propriedade de "Julgamento Scopes do nosso século", numa alusão ao famoso julgamento de 1925, em que o professor de colegial John Scopes, de Dayton, Tennessee, foi sentenciado por ensinar que os humanos haviam evoluído. A imprensa do país tomou a pacata cidade de Dover, mais ou menos como havia feito oitenta anos antes quando invadiu a ainda mais pacata cidade de Dayton. Até o tetraneto de Charles Darwin, Matthew Chapman, compareceu, a fim de colher dados para um livro sobre o julgamento.

Sob todos os aspectos, isso representou uma derrota. A promotoria foi sagaz e bem preparada e a defesa não mostrou brilho. O cientista eminente que depôs em favor da defesa admitiu que sua definição de "ciência" era tão ampla que poderia incluir a astrologia. E, no final, *Of Pandas and People* ficou caracterizado como uma maquinação, um livro criacionista no qual a palavra "criação" havia simplesmente sido substituída pela expressão "projeto inteligente".

Mas o desfecho do caso não foi simples. O juiz Jones, que havia sido indicado por George W. Bush, era um dedicado frequentador de igreja e um republicano conservador – ou seja, não tinha exatamente credenciais pró--darwinianas. Todo mundo prendeu a respiração e esperou ansioso.

Cinco dias antes do Natal, o juiz Jones apresentou sua decisão – em favor da evolução. Ele não mediu as palavras e sentenciou que a política do conselho escolar era de uma "futilidade espantosa", que os acusados mentiram ao afirmar que não havia motivação religiosa e, o mais importante, que o projeto inteligente era apenas criacionismo reciclado:

> É nosso ponto de vista que um observador razoável, objetivo, iria, após rever tanto o volumoso registro deste caso quanto o nosso parecer, chegar à inescapável conclusão de que o PI é um argumento teológico interessante, mas não é ciência... Em suma, a alegação [do conselho escolar] seleciona especificamente a teoria da evolução como alvo de um tratamento especial,

apresenta de forma adulterada o status que ela tem na comunidade científica, leva os alunos a duvidarem de sua validade sem uma justificativa científica, apresenta aos estudantes uma alternativa religiosa travestida de teoria científica, leva-os a consultar um texto criacionista [*Of Pandas and People*] e os instrui a se absterem de uma inquirição científica na sala de aula de uma escola pública para, em vez disso, buscar instrução religiosa em outra parte.

Jones também descartou a alegação da defesa de que a Teoria da Evolução estava irremediavelmente cheia de falhas:

> Sem dúvida, a Teoria da Evolução de Darwin é imperfeita. No entanto, o fato de uma teoria científica não poder ainda apresentar uma explicação para todos os aspectos não deve ser usado como pretexto para empurrar para dentro da aula de ciências uma hipótese alternativa não testável, embasada na religião, de modo a distorcer proposições científicas bem estabelecidas.

Mas a verdade científica é decidida por cientistas, não por juízes. O que Jones fez foi simplesmente evitar que uma verdade estabelecida fosse obscurecida por oponentes tendenciosos e dogmáticos. Mesmo assim, sua decisão foi uma vitória esplêndida para os estudantes americanos, para a evolução e, sem dúvida, para a própria ciência.

De todo modo, não era o caso de celebrar. Com certeza, essa não era a última batalha que teríamos de travar para evitar que a evolução fosse censurada nas escolas. Durante mais de 25 anos de ensino e de defesa da biologia evolucionária, aprendi que o criacionismo é como o boneco inflável "João Teimoso" com o qual eu brincava na infância: você o golpeia e, por um breve momento, ele cai, mas logo volta à posição original. E, embora o julgamento de Dover seja uma história americana, o criacionismo não é um problema exclusivamente americano. Os criacionistas – que não são necessariamente cristãos – estão estabelecendo bases em outras partes do mundo, especialmente no Reino Unido, Austrália e Turquia. A batalha em favor da evolução parece não ter fim. E a batalha é parte de uma guerra mais ampla, uma guerra da racionalidade com a superstição. O que está em jogo é nada menos do que a própria ciência e todos os benefícios que ela traz à sociedade.

O mantra dos que se opõem à evolução, seja nos Estados Unidos, seja em outra parte, é sempre o mesmo: "A teoria da evolução está em crise". O que fica implícito nisso é que existem algumas observações profundas da natureza que estão em conflito com o darwinismo. Mas a evolução é bem mais do que uma "teoria" e muito mais ainda do que uma teoria em crise. A evolução é um fato. E, longe de colocar em dúvida o darwinismo, as evidências recolhidas pelos cientistas ao longo do século e meio passados lhe dão total apoio, mostrando que a evolução ocorreu e que ocorreu em grande parte do jeito que Darwin propôs, por obra da seleção natural.

Este livro expõe as linhas principais da evidência da evolução. Para os que se opõem ao darwinismo por uma questão puramente de fé, nenhum montante de provas será suficiente – a crença deles não se baseia na razão. Mas para muitos que duvidam, ou que aceitam a evolução mas não estão seguros sobre como defender seu ponto de vista, este livro dá um resumo sucinto de por que a moderna ciência reconhece a evolução como uma verdade. Eu o ofereço na esperança de que pessoas por toda parte possam compartilhar meu assombro com o absoluto poder explanatório da evolução darwiniana e possam encarar suas implicações sem medo.

Qualquer livro sobre biologia evolucionária é necessariamente uma colaboração, pois esse campo desdobra áreas tão diversas quanto paleontologia, biologia molecular, genética populacional e biogeografia; nenhuma pessoa poderia jamais dominar todas elas. Sou grato pela ajuda e orientação de muitos colegas que pacientemente me instruíram e corrigiram meus erros. Entre eles estão Richard Abbott, Spencer Barrett, Andrew Berry, Deborah Charlesworth, Peter Crane, Mick Ellison, Rob Fleischer, Peter Grant, Matthew Harris, Jim Hopson, David Jablonski, Farish Jenkins, Emily Kay, Philip Kitcher, Rich Lenski, Mark Norell, Steve Pinker, Trevor Price, Donald Prothero, Steve Pruett-Jones, Bob Richards, Callum Ross, Doug Schemske, Paul Sereno, Neil Shubin, Janice Spofford, Dougas Theobald, Jason Weir, Steve Yanoviak e Anne Yoder. Peço desculpas àqueles cujo nome inadvertidamente omiti e isento todos de culpa, exceto eu mesmo, por quaisquer erros que tiverem permanecido. Sou especialmente grato a Matthew Cobb, Naomi Fein, Hopi Hoekstra, Latha Menon e Brit Smith, que leram e criticaram o manuscrito

PREFÁCIO

todo. O livro teria sido substancialmente mais pobre sem o trabalho árduo e a destreza artística da ilustradora Kalliopi Monoylos. Por fim, sou grato ao meu agente, John Brockman, que concordou com a ideia de que as pessoas precisam ouvir a respeito das evidências da evolução, e à minha editora na Viking Penguin, Wendy Wolf, pela ajuda e pelo apoio que me concedeu.

INTRODUÇÃO

Darwin é importante porque a evolução é importante. A evolução é importante porque a ciência é importante. A ciência é importante porque é a história mais destacada da nossa era, uma saga épica a respeito de quem somos, de onde viemos e para onde estamos indo.
— Michael Shermer

Entre as maravilhas que a ciência tem revelado sobre o universo em que vivemos, nenhuma vem causando maior fascínio e frenesi do que a evolução. Isso provavelmente porque nenhuma majestosa galáxia ou neutrino fugaz tem implicações que se mostrem tão pessoais. Saber a respeito da evolução pode transformar-nos de uma maneira profunda. Mostra nosso lugar dentro de todo o esplêndido e extraordinário arsenal da vida. Cria um vínculo entre nós e cada ser vivo que há na terra hoje e nos liga a miríades de criaturas mortas há muito tempo. A evolução fornece um relato fiel de nossas origens e toma o lugar dos mitos que nos convenceram por milhares de anos. Alguns acham isso muito assustador, outros acham que é algo indizivelmente estimulante.

Charles Darwin, é claro, pertenceu ao segundo grupo e expressou a beleza da evolução no famoso parágrafo final do livro que deu início a isso tudo – *Sobre a origem das espécies*, de 1859.

> Existe uma grandiosidade neste vislumbre da vida, com seus diversos poderes, sendo originalmente soprada em algumas poucas formas ou em uma; e no fato de que, enquanto este planeta vem girando de acordo com as leis fixas da gravidade, a partir de um início tão simples tenham evoluído e continuem evoluindo infindáveis formas belíssimas e maravilhosas.

Mas existem ainda mais razões para nosso assombro. Pois o processo da evolução – a seleção natural, o mecanismo que levou a primeira e desguarnecida molécula replicante a uma diversidade de milhões de formas fósseis e viventes – é um mecanismo de espantosa simplicidade e beleza. E somente aqueles que entendem isso podem experimentar o assombro de compreender que um processo tão simples pode produzir aspectos tão diversos como uma flor e uma orquídea, a asa de um morcego e a cauda de um pavão. Darwin, mais uma vez em *A origem* – e imbuído do paternalismo vitoriano –, descreve sua sensação:

> Quando não mais olhamos para um ser orgânico do modo que um selvagem olha para um navio, isto é, como algo totalmente além de sua compreensão; quando olhamos cada produção da natureza como algo dotado de uma longa história; quando contemplamos cada complexa estrutura e instinto como a soma de vários estratagemas, cada um deles útil ao seu possuidor, do mesmo modo que uma grande invenção mecânica é o resumo do trabalho, da experiência, da razão e até dos erros de numerosos trabalhadores; quando vemos então cada ser orgânico desse modo, quão mais interessante – falo por experiência própria – se torna o estudo da história natural!

A teoria de Darwin de que toda vida é fruto da evolução e de que o processo evolucionário foi guiado em grande parte pela seleção natural tem sido considerada a maior ideia que alguém já teve. Mas é mais do que apenas uma boa teoria ou mesmo uma bela teoria. Também é verdadeira. Embora a ideia de evolução em si não seja originalmente de Darwin, a copiosa evidência que ele reuniu em favor dela convenceu a maioria dos cientistas e muitos leitores instruídos de que a vida de fato muda ao longo do tempo. Isso ocorreu em apenas dez anos após a publicação de *A origem* em 1859. Mas, por muito tempo a partir daí, cientistas permaneceram céticos quanto à inovação principal de Darwin: a teoria da seleção natural. De fato, se houve uma época em que o darwinismo constituiu "apenas uma teoria" ou viveu uma "crise", foi na última metade do século 19, quando a evidência sobre o mecanismo da evolução não era clara e os meios pelos quais ela operava – a genética – eram ainda obscuros. Tudo isso foi esmiuçado nas primeiras décadas do século 20 e desde então a comprovação, tanto da evolução quanto da seleção natural, continuou a crescer, derrubando a oposição científica ao darwinismo. Enquanto os biólogos vêm revelando muitos fenômenos que Darwin nunca sequer imaginou – como discernir relações evo-

INTRODUÇÃO

lucionárias a partir de sequências de DNA, por exemplo –, a teoria apresentada em *A origem das espécies*, em seus aspectos principais, tem-se mantido firme. Os cientistas de hoje mostram tanta confiança no darwinismo quanto na existência dos átomos ou nos microorganismos como causa de doenças infecciosas. Por que então teríamos necessidade de um livro dedicado a comprovar uma teoria há muito tempo estabelecida no tronco principal da ciência? Afinal, ninguém escreve livros explicando a comprovação dos átomos, ou a teoria dos germes como causa de doenças. O que há de tão diferente em relação à evolução?

Nada – e tudo. Sem dúvida, a evolução está tão solidamente firmada como qualquer fato científico (ela é, como veremos, mais do que "simplesmente uma teoria"), que os cientistas não precisam de mais argumentos para se convencer disso. Mas as coisas correm de outro modo fora dos círculos científicos. Para muitos, a evolução provoca uma inquietação no seu sentido do eu. Se a evolução oferece uma lição, parece ser a de que não só estamos relacionados com outras criaturas mas que, como elas, somos também o produto de forças evolucionárias cegas e impessoais. Se nós humanos somos apenas um dos muitos resultados da seleção natural, talvez não sejamos tão especiais assim. Isso então nos leva a entender por que a evolução não cai bem a muitas pessoas, para as quais ganhamos existência de modo diferente das outras espécies, como se fôssemos a meta especial de uma intenção divina. Será que nossa existência tem algum propósito ou sentido que nos distingue das demais criaturas? Para alguns, a evolução é algo que corrói nossa moralidade. Afinal, se somos meros animais, por que não nos comportamos como animais? O que poderia conservar-nos morais se não fôssemos mais do que macacos com um grande cérebro? Nenhuma outra teoria produz tamanha angústia, ou tamanha resistência psicológica.

É evidente que essa resistência tem raízes principalmente na religião. Podemos encontrar religiões sem criacionismo, mas você nunca encontrará o criacionismo sem uma religião. Muitas religiões não só encaram os humanos como especiais, mas negam a evolução, afirmando que nós, como outras espécies, fomos objeto de uma criação instantânea promovida por uma divindade. Embora muitas pessoas religiosas tenham encontrado uma maneira de acomodar a evolução no seio de suas crenças espirituais, não há uma conciliação possível quando a pessoa se prende à verdade literal de uma criação especial. É por essa razão que a oposição à evolução é tão forte nos Estados Unidos e na Turquia, onde as crenças fundamentalistas estão muito disseminadas.

POR QUE A EVOLUÇÃO É UMA VERDADE

As estatísticas mostram muito bem como resistimos a aceitar o fato científico óbvio da evolução. Apesar das provas incontrovertidas da verdade da evolução, ano após ano as enquetes mostram que os americanos nutrem uma deprimente suspeita em relação a esse ramo específico da biologia. Em 2006, por exemplo, adultos de 32 países foram colocados diante da seguinte afirmação: "Os seres humanos, como os conhecemos, desenvolveram-se a partir de espécies anteriores de animais", e pediu-se que respondessem se achavam isso verdadeiro, falso ou não tinham certeza. Bem, essa afirmação é totalmente verdadeira: como veremos, a evidência genética e fóssil mostra que os humanos descendem de uma linhagem de primatas que se dividiu a partir de um ancestral comum nosso com os chipanzés, há cerca de 7 milhões de anos. Mesmo assim, apenas 40% dos americanos – quatro de cada dez pessoas – avaliam a afirmação como verdadeira (uma queda de 5% em relação a 1985). Esse número é aproximadamente igual à proporção de pessoas que dizem que a afirmação é falsa: 39%. E o resto, 21%, simplesmente não tem certeza.

Isso se torna ainda mais notável quando comparamos essas estatísticas com as de outros países ocidentais. Das 31 outras nações pesquisadas, apenas a Turquia, onde predomina o fundamentalismo religioso, obteve um valor mais baixo na aceitação da evolução (25% aceitam, 75% rejeitam). Os europeus, ao contrário, têm uma pontuação muito melhor, com mais de 80% dos franceses, escandinavos e islandeses encarando a evolução como um fato. No Japão, 78% das pessoas concordam que os humanos evoluíram. Imagine se os americanos estivessem perto das últimas colocações na aceitação da existência dos átomos! As pessoas tomariam providências imediatamente para melhorar a educação em ciências físicas.

E a evolução é empurrada ainda mais para baixo quando se trata de decidir não apenas se ela é um fato, mas se deve ser ensinada nas escolas públicas. Cerca de dois terços dos americanos acham que, se a evolução é ensinada nas aulas de ciências, o criacionismo também deve ser. Apenas 12% – uma de cada oito pessoas – acham que a evolução deveria ser ensinada sem nenhuma menção à alternativa criacionista. Talvez o argumento de "ensinar todos os lados" exerça um apelo sobre o sentido de justiça americano, mas para um educador é algo muito desestimulante. Por que ensinar uma teoria desacreditada, de base religiosa, mesmo que ela encontre receptividade tão ampla, ao lado de uma teoria tão obviamente comprovada? É como pedir que o xamanismo seja ensinado nas escolas de medicina junto com a medicina ocidental, ou que a astrologia

INTRODUÇÃO

seja apresentada em aulas de psicologia como uma teoria alternativa sobre o comportamento humano. Talvez a estatística mais assustadora seja esta: apesar das proibições legais, cerca de um de cada oito professores secundários de biologia americanos admite apresentar o criacionismo ou o projeto inteligente em sala de aula como uma alternativa científica válida para o darwinismo (isso não deve surpreender se levarmos em conta que um de cada seis professores acredita que "Deus criou os seres humanos mais ou menos em sua forma atual no período compreendido nos últimos 10 mil anos").

Infelizmente, o antievolucionismo, que com frequência é visto como um problema tipicamente americano, está agora se espalhando para outros países, entre eles a Alemanha e o Reino Unido. No Reino Unido, uma enquete de 2006 feita pela BBC pediu a 2 mil pessoas que descrevessem sua visão de como a vida se formou e desenvolveu. Embora 48% dos que responderam aceitassem o ponto de vista evolucionário, 38% optaram ou pelo criacionismo ou pelo projeto inteligente, e 13% não sabiam. Mais de 40% dos entrevistados achavam que tanto o criacionismo quanto o projeto inteligente deviam ser ensinados nas aulas de ciência. Isso não difere muito das estatísticas americanas. E algumas escolas do Reino Unido de fato apresentam o projeto inteligente como uma alternativa à evolução, o que é uma tática educacional ilegal nos Estados Unidos. Com o cristianismo evangélico ganhando terreno na Europa continental e o fundamentalismo muçulmano espalhando-se por todo o Oriente Médio, o criacionismo segue em sua esteira. Como escrevi, os biólogos turcos estão travando uma luta de resistência aos bem financiados e ruidosos criacionistas em seu próprio país. E – a última ironia – o criacionismo fincou pé até no arquipélago de Galápagos. Ali, na terra símbolo da evolução, nas icônicas ilhas que inspiraram Darwin, uma escola Adventista do Sétimo Dia ensina biologia criacionista para crianças de todos os credos.

Além de seu conflito com a religião fundamentalista, há muita confusão e incompreensão em torno da evolução devido a uma mera falta de consciência da importância e da variedade de comprovações existentes a seu favor. É claro, algumas pessoas simplesmente não estão interessadas em saber. Mas o problema é mais disseminado do que isso: trata-se de falta de informação. Até mesmo muitos de meus colegas biólogos não estão familiarizados com diversas linhas de evidência em favor da evolução e a maioria de meus alunos de universidade, que supostamente aprenderam sobre a evolução no colegial, chegam aos meus cursos quase sem saber nada dessa importante teoria de organização da biologia. Mesmo dando ampla cobertura ao criacionismo e ao seu fruto mais recente, o projeto inteligente, a imprensa de massa praticamente não fornece nenhum histórico sobre por que os cientistas aceitam a evolução. Assim, não é de estranhar que muitas pessoas caiam presas da retórica dos criacionistas e de suas deliberadas caracterizações equivocadas do darwinismo.

Embora Darwin tenha sido o primeiro a compilar evidências para a teoria, desde a sua época a pesquisa científica tem revelado uma série de novos exemplos que mostram a evolução em ação. Estamos observando espécies que se dividem em duas e encontrando mais e mais fósseis que captam a mudança no passado – dinossauros dos quais brotaram penas, peixes nos quais cresceram membros, répteis que viraram mamíferos. Neste livro procuro tecer os vários fios do trabalho realizado hoje na genética, paleontologia, geologia, biologia molecular, anatomia e desenvolvimento, que demonstram a "marca indelével" dos processos propostos de modo pioneiro por Darwin. Vamos examinar o que é a evolução, o que ela não é e como podemos testar a validade de uma teoria que desperta tantas paixões.

Veremos que, embora reconhecer toda a importância da evolução sem dúvida exija uma profunda mudança de pensamento, isso não leva inevitavelmente às terríveis consequências que os criacionistas sempre pintam quando tentam afastar as pessoas do darwinismo. Aceitar a evolução não vai transformar você num niilista desesperançado ou tirar propósito ou sentido da sua vida. Não vai torná-lo imoral ou dar-lhe os sentimentos de um Stalin ou de um Hitler. Nem precisa promover o ateísmo, pois a religião esclarecida sempre encontra uma forma de se acomodar aos avanços da ciência. Na verdade, compreender a evolução com certeza aprofundará e enriquecerá sua apreciação do mundo vivente e de nosso lugar nele. A verdade – ou seja, que nós, assim como os leões, as sequoias e os sapos, somos todos o resultado da lenta substituição de um gene por outro, com cada passo conferindo uma pequena vantagem reprodutiva – é com certeza mais satisfatória do que o mito de que passamos de repente a existir a partir do nada. Como ocorre com muita frequência, Darwin coloca isso melhor:

> Quando vejo todos os seres não como criações especiais, mas como os descendentes lineares de alguns poucos seres que viveram muito antes que a primeira camada do sistema cambriano fosse depositada, eles me dão a impressão de se tornarem mais nobres.

CAPÍTULO 1

O QUE É EVOLUÇÃO?

Um aspecto curioso da teoria da evolução é que todo mundo acha que entende o que é.

— Jacques Monod

Se há algo de verdadeiro na natureza é que as plantas e animais parecem projetados de um modo elaborado e quase perfeito para viverem sua vida. Lulas e linguados mudam de cor e de padrão para poder fundir-se com seu ambiente, tornando-se invisíveis a predadores e presas. Morcegos têm radares para localizar insetos à noite. Beija-flores, capazes de pairar no mesmo lugar e mudar de posição num instante, são bem mais ágeis do que qualquer helicóptero humano e têm longas línguas para poder sugar o néctar depositado bem no fundo das flores. E as flores que um beija-flor visita também parecem projetadas: para quê? Para usar o beija-flor como um auxiliar sexual. Pois enquanto o beija-flor está ocupado sugando néctar, a flor acrescenta pólen ao seu bico, o que permite ao pássaro fertilizar a próxima flor que visitar. A natureza parece uma máquina bem azeitada, na qual cada espécie é uma peça ou engrenagem complexa.

O que tudo isso parece indicar? Um mecânico-chefe, é claro. Essa conclusão foi expressa numa digressão de William Paley, filósofo inglês do século 18. Se deparamos com um relógio no chão, disse ele, certamente o reconhecemos como obra de um relojoeiro. Do mesmo modo, a existência de organismos bem adaptados e de seus intricados aspectos certamente implica um projetista consciente, celestial – Deus. Vamos examinar o argumento de Paley, um dos mais famosos na história da filosofia:

> Quando passamos a examinar o relógio, percebemos... que suas várias partes são estruturadas e montadas para um propósito, qual seja, o de serem formadas e ajustadas na intenção de produzir um movimento, e um movimento regulado para indicar a hora do dia; se as diferentes partes tivessem sido moldadas de outro modo, fossem de tamanho diferente ou estivessem dispostas de outra maneira, ou colocadas numa sequência diversa daquela em que se encontram, a máquina não efetuaria nenhum movimento ou não produziria nenhum movimento que atendesse ao uso para o qual ela agora se presta... Cada uma dessas indicações de engenho, todas as manifestações de projeto que existem no relógio, existem também nos mecanismos da natureza; com a diferença, no caso da natureza, de serem maiores e mais vastas, e num grau que excede todo cálculo.

O argumento que Paley expôs com tanta eloquência era não só sensato como antigo. Quando ele e seus colegas "teólogos naturais" descreveram plantas e animais, acreditavam que estavam catalogando a grandeza e a engenhosidade de Deus, manifestado em suas bem projetadas criaturas.

Também Darwin levantou a questão do projeto – antes de descartá-la –, em 1859:

> Como será que todas essas refinadas adaptações de uma parte da organização em relação à outra e às condições da vida e de um ser orgânico distinto foram aprimoradas? Vemos essas belas adaptações mútuas de maneira mais direta no pica-pau e no visco, e de modo apenas um pouco menos evidente no mais simples parasita que se prende ao pelo de um quadrúpede ou às penas de um pássaro; na estrutura do besouro que mergulha na água; na semente alada que é carregada pela mais leve brisa; em resumo, vemos belas adaptações por toda parte e em cada parte do mundo orgânico.

Darwin tinha sua própria resposta a esse enigma do projeto. Como naturalista perspicaz que originalmente estudara para ser pastor na Universidade de Cambridge (onde, por ironia, morou nos aposentos antes ocupados por Paley), Darwin conhecia bem o poder de sedução de argumentos como os de

O QUE É EVOLUÇÃO?

Paley. Quanto mais alguém aprende sobre plantas e animais, mais se assombra ao ver como os seus projetos se adaptam bem ao seu modo de vida. O que poderia ser mais natural do que inferir que essa adaptação reflete um projeto consciente? Mesmo assim, Darwin enxergou além do óbvio, sugerindo – e apoiando isso com copiosa evidência – duas ideias que para sempre refutaram a noção de um projeto deliberado. Essas ideias eram a evolução e a seleção natural. Ele não foi o primeiro a pensar em evolução – vários antes dele, incluindo o seu avô Erasmus Darwin, propuseram a ideia de que a vida havia evoluído. Mas Darwin foi o primeiro a usar dados da natureza para convencer as pessoas de que a evolução era um fato, e essa ideia da seleção natural era realmente nova. Uma prova de sua genialidade é o fato de que o conceito de teologia natural, aceito pela maioria dos ocidentais instruídos antes de 1859, foi superado em apenas uns poucos anos por um único livro de quinhentas páginas: *Sobre a origem das espécies* fez com que os mistérios da diversidade da vida deixassem de ser mito e se transformassem em ciência genuína.

O que é então "darwinismo"?[1] Essa teoria simples e extremamente bela, a teoria da evolução pela seleção natural, tem sido mal compreendida com tanta frequência, e até mesmo, às vezes, mal formulada de propósito, que vale a pena parar um momento e estabelecer seus pontos e afirmações essenciais. Voltaremos a isso várias vezes, ao considerar as provas de cada um desses aspectos.

Em essência, a moderna teoria da evolução é fácil de entender. Pode ser resumida numa única sentença (embora um pouco longa): A vida na Terra evoluiu gradualmente a partir de uma espécie primitiva – talvez uma molécula autorreplicante – que viveu há mais de 3,5 bilhões de anos; ela então se ramificou ao longo do tempo, descartando muitas espécies novas e diferentes; e o mecanismo para a maior parte (mas não todas) dessas mudanças evolucionárias é a seleção natural.

Quando você divide em partes essa declaração, descobre que ela na realidade tem seis componentes: evolução, gradualismo, especiação, ancestralidade comum, seleção natural e mecanismos não seletivos de mudança evolucionária. Vamos examinar o que cada uma dessas partes significa.

A primeira é a própria ideia de evolução. Ela significa simplesmente que uma espécie passa por mudanças genéticas ao longo do tempo. Ou seja, ao longo de várias gerações uma espécie pode evoluir para algo bastante diferente e essas diferenças se baseiam em mudanças no DNA, que originam as mutações. As espécies de animais e plantas que vivem hoje não estavam por aqui no passado, mas são descendentes daquelas que viveram antes. Os humanos, por exemplo, evoluíram de uma criatura similar ao macaco, mas não idêntica aos macacos de hoje.

Embora todas as espécies evoluam, elas não fazem isso com a mesma velocidade. Algumas, como o caranguejo-ferradura e as árvores ginko, praticamente não mudaram em milhões de anos. A teoria da evolução não prevê que as espécies vão mudar constantemente, ou com que rapidez mudarão caso o façam. Isso depende das pressões evolucionárias que experimentarem. Grupos como baleias e humanos evoluíram rapidamente, enquanto outros, como o celacanto "fóssil vivo", parecem quase idênticos a seus ancestrais que viveram há centenas de milhões de anos.

A segunda parte da teoria evolucionária é a ideia de *gradualismo*. Várias gerações passam para que se produza uma mudança evolucionária substancial, como a evolução de aves a partir de répteis. A evolução de novos caracteres, como os dentes e maxilares que distinguem os mamíferos dos répteis, não ocorre em apenas uma ou umas poucas gerações, mas geralmente ao longo de centenas ou milhares – ou mesmo milhões – de gerações. Sem dúvida, uma mudança pode ocorrer de forma bem rápida. Populações de micróbios têm gerações muito curtas, algumas delas com a brevidade de vinte minutos. Isso significa que essas espécies podem ter uma grande evolução num período de tempo curto, por conta de um aumento infelizmente rápido da resistência a drogas em bactérias e vírus causadores de doenças. E há muitos exemplos sabidos de evolução que ocorrem no período de vida de um humano. Mas, quando falamos de mudanças realmente grandes, em geral nos referimos a mudanças que requerem vários milhares de anos. Gradualismo não significa, no entanto, que cada espécie evoluiu num ritmo uniforme. Assim como diferentes espécies variam na rapidez com que evoluem, também uma única espécie evolui mais rápido ou mais devagar conforme as pressões evolucionárias aumentam ou diminuem. Se a seleção natural é forte, como quando um animal ou planta coloniza um novo ambiente, a mudança evolucionária pode ser rápida. Uma vez que a espécie se torne bem adaptada a um habitat estável, a evolução com frequência desacelera.

Os dois princípios seguintes são lados de uma mesma moeda. Um fato extraordinário é que, embora existam muitas espécies vivas, todos nós – você, eu, o elefante e o cacto no vaso – compartilhamos alguns traços fundamentais.

O QUE É EVOLUÇÃO?

Entre eles estão os caminhos bioquímicos que usamos para produzir energia, isto é, nosso código padrão de DNA de quatro letras, e como esse código é lido e traduzido em proteínas. Isso nos diz que cada espécie remonta a um único ancestral comum, um ancestral que teve esses traços comuns e os transmitiu aos seus descendentes. Mas, se a evolução significasse apenas mudança genética gradual dentro de uma espécie, teríamos hoje apenas uma espécie – um único descendente altamente evoluído da primeira espécie. No entanto, temos muitas: bem mais de 10 milhões de espécies habitam nosso planeta hoje e sabemos da existência de mais um quarto de milhão de espécies fósseis. A vida é diversidade. Como essa diversidade surge de uma forma ancestral? Isso leva à terceira ideia da evolução: a de *divisão*, ou, mais precisamente, *especiação*.

Veja a figura 1, que é uma amostra de uma árvore evolucionária ilustrando a relação de aves e répteis. Todos nós já vimos árvores desse tipo, mas va-

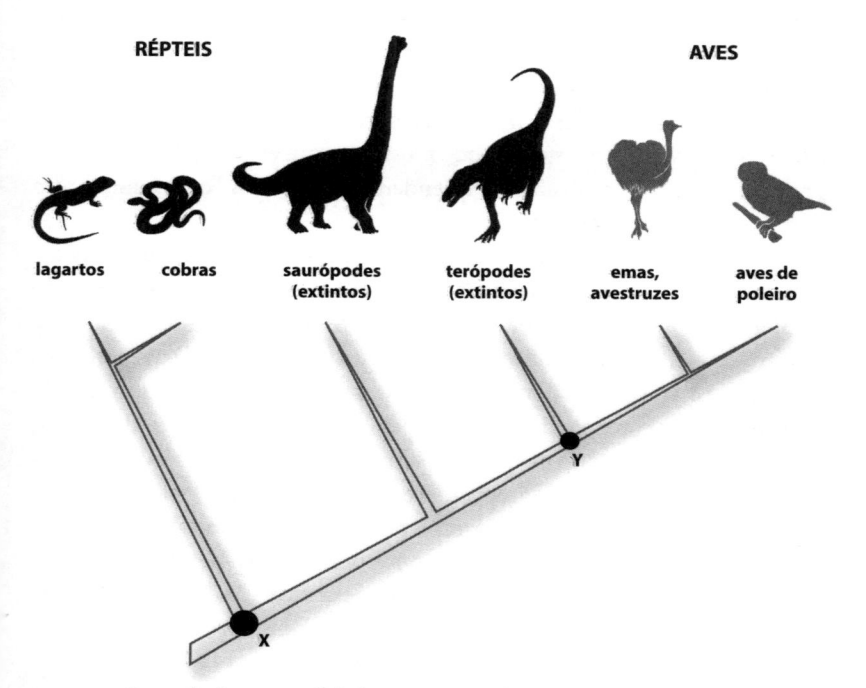

FIGURA 1. Exemplo de ancestralidade comum em répteis. X e Y são espécies que foram ancestrais comuns de formas que evoluíram mais tarde.

mos examinar esta um pouco mais de perto para entender o que realmente significa. O que ocorreu de fato quando o nodo X, digamos, dividiu-se na linhagem que leva aos modernos répteis, como os lagartos e cobras, por um lado, e às modernas aves e seus parentes dinossáuricos, por outro lado? O nodo X representa uma *única espécie ancestral*, um antigo réptil, que se dividiu em duas espécies descendentes. Um dos descendentes seguiu alegremente seu próprio caminho e acabou se dividindo várias vezes e dando origem a todos os dinossauros e aves modernas. O outro descendente fez o mesmo, mas produziu répteis mais modernos. O ancestral comum X é com frequência chamado de "elo perdido" entre os grupos descendentes. É a conexão genealógica de aves e répteis modernos – a interseção a que você finalmente chegaria se traçasse suas linhagens voltando para trás. Existe um "elo perdido" mais recente aqui também: o nodo Y, a espécie que foi o ancestral comum dos dinossauros bípedes carnívoros como o *Tyrannosaurus rex* (todos extintos hoje) e as aves modernas. Mas, embora os ancestrais comuns não estejam mais conosco e seja praticamente impossível documentar seus fósseis (afinal, eles representam apenas uma única espécie entre milhares no registro fóssil), podemos às vezes descobrir fósseis intimamente relacionados com eles, isto é, espécies que têm aspectos que mostram a ancestralidade comum. No próximo capítulo, por exemplo, aprenderemos sobre os "dinossauros com penas" que apoiam a existência do nodo Y.

O que aconteceu quando o ancestral X se dividiu em duas espécies separadas? Não muita coisa, na verdade. Como veremos adiante, a especiação significa simplesmente a evolução de diferentes grupos que não podem se cruzar – isto é, grupos que não são capazes de trocar genes. O que teríamos visto caso estivéssemos ali quando esse ancestral comum começou a se dividir seriam simplesmente duas populações de uma única espécie de répteis, provavelmente vivendo em diferentes lugares, começando a evoluir leves diferenças uma em relação à outra. Por um longo tempo, essas diferenças foram ficando aos poucos maiores. No final, as duas populações teriam evoluído suficientes diferenças genéticas a ponto de os membros das diferentes populações não serem mais capazes de cruzar. (Isso pode ocorrer de várias maneiras: membros de diferentes espécies animais podem não mais se achar atraentes como parceiros de acasalamento, ou, se chegam a cruzar, sua prole pode ser estéril. Diferentes espécies de plantas podem usar diferentes polinizadores ou flores em épocas diversas, evitando a fertilização cruzada.)

O QUE É EVOLUÇÃO?

Milhões de anos seguintes e depois de mais eventos de divisão, uma das espécies de dinossauro descendentes, o nodo Y, divide-se ela mesma em duas espécies mais, uma que acaba produzindo todos os dinossauros bípedes carnívoros e a outra que produz todas as aves viventes. Esse momento crítico na história evolucionária – o nascimento do ancestral de todas as aves – não teria parecido tão dramático assim na época. Não teríamos assistido à súbita aparição de criaturas voadoras a partir de répteis, mas apenas a duas populações com leves diferenças do mesmo dinossauro, provavelmente não mais diferentes do que membros das diversas populações humanas atuais. Todas as mudanças importantes ocorreram milhares de gerações após a divisão, quando a seleção agiu sobre uma linhagem para promover o voo e na outra para promover os traços dos dinossauros bípedes. É apenas retrospectivamente que somos capazes de identificar a espécie Y como ancestral comum do *T. rex* e das aves. Esses eventos evolucionários foram lentos e só parecem grandiosos quando dispomos em sequência todos os descendentes dessas correntes evolucionárias divergentes.

Mas as espécies não *têm* que se dividir. Se chegam a fazê-lo ou não chegam, depende, como veremos, de existirem ou não circunstâncias que permitam às populações evoluírem suficientes diferenças que as tornem incapazes de se cruzar. A grande maioria das espécies – mais de 99% delas – extingue-se sem deixar nenhum descendente. Outras, como a árvore gingko, vivem milhões de anos sem produzir muitas novas espécies. A especiação não acontece com muita frequência. Mas uma espécie, ao dividir-se em duas, duplica o número de oportunidades para futura especiação, e portanto o número de espécies pode aumentar exponencialmente. Embora seja lenta, a especiação acontece com suficiente frequência por longos períodos da história, o que permite explicar a espantosa diversidade de plantas e animais vivos sobre a terra.

A especiação era tão importante para Darwin, que ele a colocou no título de seu famoso livro. E o livro de fato dava alguma evidência da divisão. O único diagrama em toda *A origem* é uma hipotética árvore evolucionária semelhante à da figura 1. Mas o fato é que Darwin não explicou realmente como surgem novas espécies, pois, na falta do conhecimento de genética, ele nunca compreendeu que explicar as espécies significa explicar as barreiras à troca de genes. A real compreensão de como ocorre a especiação só começou na década de 1930. Terei mais a dizer sobre esse processo, que é minha área de pesquisa, no capítulo 7.

POR QUE A EVOLUÇÃO É UMA VERDADE

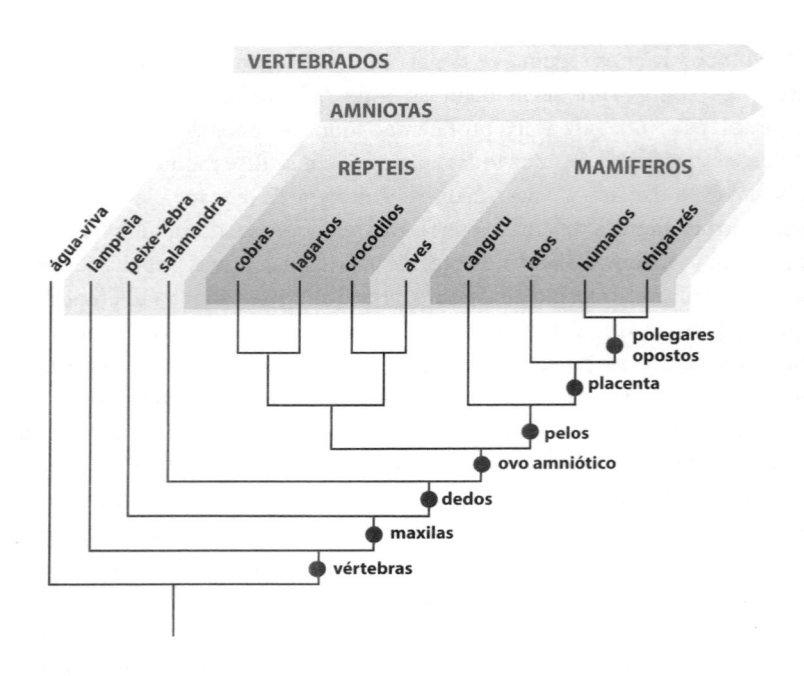

FIGURA 2. Uma filogenia (árvore evolucionária) dos vertebrados, mostrando como a evolução produz um agrupamento hierárquico de traços e, portanto, de espécies que apresentam tais traços. Os pontos indicam o lugar na árvore em que cada traço surgiu.

Faz sentido dizer que, se a história da vida forma uma árvore, com todas as espécies se originando de um único tronco, então podemos descobrir uma origem comum para cada par de ramos (espécies existentes) voltando atrás de cada um desses ramos em direção a seus galhos, até que eles intersecionem no galho maior que tenham em comum. Esse nodo, como vimos, é seu ancestral comum. E, se a vida começou com uma espécie e se dividiu em milhões de espécies descendentes por meio de um processo de ramificação, depreende-se disso que cada par de espécies compartilha um ancestral comum em algum ponto do passado.

Espécies intimamente relacionadas, assim como pessoas intimamente relacionadas, tiveram um ancestral comum que viveu até bem recentemente, enquanto o ancestral comum de espécies relacionadas de modo mais distante,

O QUE É EVOLUÇÃO?

como ocorre com parentes distantes de humanos, viveram em pontos anteriores do passado. Assim, a ideia de ancestralidade comum – o quarto princípio do darwinismo – é o outro lado da especiação. Significa simplesmente que podemos sempre remontar no tempo, usando tanto sequências de DNA como fósseis, e encontrar descendentes que se juntam aos seus ancestrais.

Vamos examinar uma árvore evolucionária, a dos vertebrados (figura 2). Nessa árvore coloquei alguns dos traços que os biólogos usam para deduzir relações evolucionárias. Para começar, peixes, anfíbios, mamíferos e répteis têm todos uma espinha dorsal – são "vertebrados" –, portanto devem ter descendido de um ancestral comum que também tinha vértebras. Mas, entre os vertebrados, os répteis e mamíferos estão unidos (e se distinguem de peixes e anfíbios) por terem um "ovo amniótico" – o embrião é envolto por uma membrana preenchida de fluido chamada âmnio. Portanto, répteis e mamíferos devem ter tido uma ancestral comum mais recente que possuía também um ovo desse tipo. Mas esse grupo contém também dois subgrupos, um com espécies que têm pelos, sangue quente e produzem leite (ou seja, mamíferos) e outro com espécies que têm sangue frio, escamas e produzem ovos impermeáveis (ou seja, répteis). Como todas as espécies, estas formam uma hierarquia aninhada: uma hierarquia na qual grandes grupos de espécies cujos membros compartilham alguns traços são subdivididos em grupos menores de espécies que compartilham mais traços, e assim por diante ao longo das espécies, como ursos pretos e ursos cinzentos, que compartilham quase todos os seus traços.

Na realidade, o arranjo aninhado da vida foi reconhecido bem antes de Darwin. A partir do botânico sueco Carl Linnaeus em 1735, os biólogos começaram a classificar animais e plantas, descobrindo que eles se encaixavam coerentemente no que foi chamado de uma classificação "natural". De modo surpreendente, diferentes biólogos chegaram quase aos mesmos agrupamentos. Isso significa que os agrupamentos não são artefatos subjetivos produzidos por uma necessidade humana de classificar, mas nos falam de algo real e fundamental a respeito da natureza. Só que ninguém sabia o que era isso até Darwin entrar em cena e mostrar que o arranjo aninhado da vida é justamente o que a evolução prevê. Criaturas com ancestrais comuns recentes compartilham muitos traços, enquanto aquelas cujos ancestrais comuns estão num passado distante são mais dessemelhantes. A classificação "natural" é por si uma forte evidência da evolução.

Por quê? Porque não vemos tal arranjo aninhado quando tentamos dispor objetos que não surgiram por um processo evolucionário de divisão e descendência. Pegue por exemplo cartelas de fósforos de papelão – que eu costumava colecionar. Elas não se encaixam numa classificação natural da mesma maneira que espécies vivas. Você pode, por exemplo, classificar cartelas de fósforos hierarquicamente começando pelo tamanho, e depois por país dentro do tamanho, pela cor dentro do país e assim por diante. Ou você poderia começar pelo tipo de produto anunciado e depois classificá-las segundo a cor e depois pela data. Existem várias maneiras de ordená-las e cada um fará isso a seu modo. Não haverá um sistema de classificação com o qual todos os colecionadores concordem. Isso porque, em vez de evoluir, de modo que cada cartela de fósforos dê origem a outra que seja apenas levemente diferente, cada projeto foi criado a partir do zero por um capricho humano.

As cartelas de fósforos parecem-se com o tipo de criaturas que poderíamos esperar de uma explicação criacionista da vida. Nesse caso, os organismos não teriam uma ancestralidade comum, mas seriam simplesmente o resultado de criação instantânea de formas projetadas de novo para se encaixarem em seu ambiente. Nesse cenário, não poderíamos esperar que as espécies se encaixassem numa hierarquia aninhada de formas que fosse reconhecida por todos os biólogos.[2]

Até cerca de trinta anos atrás, os biólogos usavam traços visíveis, como a anatomia e o modo de reprodução, para reconstruir a ancestralidade das espécies vivas. Isso se baseava na suposição razoável de que os organismos com traços similares também têm genes similares, e portanto estão mais intimamente relacionados. Mas agora temos uma maneira poderosa, nova e independente de estabelecer a ancestralidade: podemos examinar diretamente os próprios genes. Sequenciando o DNA de várias espécies e avaliando o quanto essas sequências são similares, podemos reconstruir suas relações evolucionárias. Isso é feito a partir da suposição inteiramente razoável de que as espécies que têm DNA mais similar estão mais intimamente relacionadas – isto é, seus ancestrais comuns viveram mais recentemente. Esses métodos moleculares não produziram muitas mudanças nas árvores da vida da era pré--DNA: tanto os traços visíveis dos organismos como suas sequências de DNA geralmente dão a mesma informação a respeito das relações evolucionárias.

A ideia de uma ancestralidade comum leva naturalmente a previsões poderosas e testáveis a respeito da evolução. Se vemos que aves e répteis se

O QUE É EVOLUÇÃO?

agrupam com base em seus traços e sequências de DNA, podemos prever que vamos encontrar ancestrais comuns de aves e répteis no registro fóssil. Tais previsões têm sido confirmadas e forneceram algumas das maiores comprovações da evolução. Vamos conhecer alguns desses ancestrais no próximo capítulo.

A quinta parte da teoria evolucionária é o que Darwin claramente viu como sua maior realização intelectual: a ideia de seleção natural. Essa ideia, na verdade, não foi unicamente de Darwin – seu contemporâneo, o naturalista Alfred Russel Wallace, apresentou-a mais ou menos na mesma época, o que constituiu uma das mais famosas descobertas simultâneas da história da ciência. Darwin, no entanto, ficou com a parte do leão do crédito porque em *A origem* ele trabalhou a ideia de seleção com grande detalhamento, fornecendo provas dela, e explorou suas muitas consequências.

Mas a seleção natural foi também a parte da teoria evolucionária considerada mais revolucionária na época de Darwin, sendo ainda perturbadora para muitos. A seleção é revolucionária e perturbadora pela mesma razão: explica o projeto evidente na natureza por meio de um processo puramente materialista, que não requer a criação ou a orientação de forças sobrenaturais.

A ideia de seleção natural não é difícil de assimilar. Se indivíduos dentro de uma espécie diferem geneticamente um do outro e algumas dessas diferenças afetam a capacidade individual de sobreviver e se reproduzir em seu ambiente, então na geração seguinte os genes "bons" que levam a uma sobrevivência e reprodução maiores terão relativamente mais cópias do que os genes "não tão bons". Com o tempo, a população pouco a pouco se tornará mais e mais adequada ao seu ambiente, conforme mutações mais úteis surjam e se espalhem pela população, enquanto as mutações deletérias serão excluídas. Em última instância, esse processo produz organismos que são bem adaptados a seus habitats e modos de vida.

Vejamos um exemplo simples. O mamute peludo habitava a região norte da Eurásia e da América do Norte e estava adaptado ao frio com sua camada grossa de pelos (espécimes congelados inteiros têm sido encontrados enterrados na tundra).[3] Ele provavelmente descendia de ancestrais mamutes que tinham pouco pelo – como os modernos elefantes. As mutações nas espécies ancestrais fizeram com que alguns mamutes individuais – como alguns humanos modernos – fossem mais peludos do que outros. Quando o clima ficou frio, ou as espécies se espalharam para regiões mais ao norte, os indivíduos hirsutos foram mais capazes de tolerar seu ambiente frígido, e deixaram mais descendentes do que suas contrapartes sem pelos. Isso enriqueceu a população de genes para pelos. Na geração seguinte, o mamute médio seria um pouco mais peludo do que antes. Com a continuação desse processo ao longo de milhares de gerações, o mamute mais liso é substituído por outro mais cabeludo. E, com os diversos aspectos que afetam a sua resistência ao frio (por exemplo, o tamanho do corpo, a quantidade de gordura e assim por diante), esses traços vão mudar de acordo.

O processo é notavelmente simples. Requer apenas que os indivíduos de uma espécie variem geneticamente em sua capacidade de sobreviver e se reproduzir em seu ambiente. A partir disso, é inevitável a seleção natural – e a evolução. Como veremos, esse requisito se cumpre em toda a espécie que já foi examinada. E, como vários traços podem afetar a adaptação de um indivíduo ao seu ambiente (sua "aptidão"), a seleção natural pode, ao longo dos éons, esculpir um animal ou planta em algo que parece ter sido projetado.

É importante, porém, compreender que existe uma diferença real no que seria possível esperar se os organismos fossem projetados conscientemente em vez de evoluírem por seleção natural. A seleção natural não é um engenheiro-chefe e sim um "cientista maluco". Ela não produz a perfeição absoluta que um projetista consegue alcançar quando começa do zero, mas chega meramente ao melhor possível com o que tem em mãos. Mutações para um projeto perfeito podem não surgir, pelo simples fato de que são raras demais. Os rinocerontes africanos, com seus dois chifres posicionados um atrás do outro, talvez sejam mais bem adaptados para que possam se defender e lutar com seus irmãos do que o rinoceronte indiano, agraciado com apenas um chifre (na verdade, não são chifres verdadeiros, mas pelos compactados). No entanto, simplesmente pode não ter surgido entre os rinocerontes indianos uma mutação que produzisse dois chifres. Além disso, um chifre é melhor do que nenhum. O rinoceronte indiano supera seu ancestral sem chifres, mas acidentes na história genética podem ter levado a um "projeto" abaixo do perfeito. E, é claro, todo exemplo de planta ou animal que é parasitado ou afetado por doenças representa uma falha de adaptação. Da mesma forma que para todos os casos de extinção, que representam bem mais de 99% das espécies que já viveram. (Isso, por sinal, coloca um enorme problema para as teorias do projeto inteligente – PI. Afinal, não parece tão inteligente assim projetar milhões de espécies que estão destinadas a ser extintas e depois substituí-las por outras espécies similares, a maioria das quais também vai desaparecer. Os defensores do PI nunca abordaram essa dificuldade.)

A seleção natural também deve atuar no projeto de um organismo como um todo, o que leva a uma conciliação entre diferentes adaptações. As tartarugas marinhas fêmeas cavam ninhos na praia com suas barbatanas – um processo trabalhoso, lento e desajeitado, que expõe seus ovos a predadores. Ter barbatanas mais similares a pás as ajudaria a fazer isso melhor e mais rápido, mas nesse caso elas não poderiam nadar tão bem. Um projetista consciencioso poderia ter dado às tartarugas um par adicional de membros, com apêndices em forma de pá retráteis, mas as tartarugas, como todos os répteis, estão empacadas num plano de desenvolvimento que limita seus membros a quatro.

Os organismos não ficam simplesmente à mercê da sorte do desenho mutacional, mas são também limitados por seu desenvolvimento e história evolucionária. As mutações são mudanças em traços que já existem; elas quase nunca criam traços totalmente novos. Isso significa que a evolução tem que construir novas espécies partindo do desenho de seus ancestrais. A evolução é como um arquiteto que não pode desenhar um edifício a partir do zero, mas tem que construir cada nova estrutura adaptando o edifício preexistente, fazendo com que a estrutura se mantenha habitável o tempo todo. Isso leva a certas soluções de compromisso. Nós homens, por exemplo, seríamos melhores se nossos testículos se formassem diretamente fora do corpo, onde a temperatura mais baixa é melhor para o esperma.[4] No entanto, os testículos começam seu desenvolvimento no abdome. Quando o feto tem seis ou sete meses, eles migram para baixo até o escroto por dois dutos chamados canais inguinais, e são desse modo removidos do calor prejudicial do resto do corpo. Esses canais deixam pontos frágeis na parede do corpo e tornam os homens propensos a hérnias inguinais. Essas hérnias são perniciosas: podem obstruir o intestino e às vezes causam a morte antes que possam ser corrigidas com cirurgia. Nenhum projetista inteligente nos teria contemplado com essa jornada testicular tão tortuosa. Ficamos empacados nela porque herdamos nosso programa de desenvolvimento para a produção de testículos de nossos ancestrais similares aos peixes, cujas gônadas se desenvolveram e permaneceram completamente dentro do abdome. Começamos nosso desenvolvimento com testículos internos similares aos dos peixes e o descenso dos testículos evoluiu mais tarde, como um acréscimo desajeitado.

Portanto, a seleção natural não produz perfeição – faz apenas melhorias em relação ao que veio antes. Ela produz uma espécie mais apta que a anterior e não a mais apta possível. E, embora a seleção dê a aparência de um projeto, esse projeto pode com frequência ser imperfeito. Por ironia, é nessas imperfeições, como veremos no capítulo 3, que encontramos provas importantes da evolução.

Isso nos leva ao último dos seis pontos da teoria evolucionária: processos outros que não a seleção natural podem causar mudança evolucionária. O mais importante são as simples mudanças aleatórias na proporção de genes, causadas pelo fato de diferentes famílias terem número de descendentes diferente. Isso leva a uma mudança evolucionária que, por ser aleatória, não tem nada a ver com adaptação. No entanto, a influência desse processo para uma mudança evolucionária importante será provavelmente menor, porque ele não tem o poder de moldar da seleção natural. A seleção natural mantém-se como o único processo capaz de produzir adaptação. Não obstante, veremos no capítulo 5 que o desvio genético pode desempenhar um papel evolucionário em pequenas populações e é provável que responda por alguns traços não adaptativos de DNA.

São essas então as seis partes da teoria evolucionária.[5] Algumas dessas partes estão intimamente ligadas. Por exemplo, se a especiação for verdadeira, então a ancestralidade comum também deverá ser. Mas algumas partes são independentes de outras. Por exemplo, a evolução pode ocorrer, mas não necessariamente ocorrerá de modo gradual. Alguns "mutacionistas" no início do século 20 achavam que uma espécie podia produzir de modo instantâneo uma espécie radicalmente diferente por meio de uma única mutação monstruosa. O renomado zoólogo Richard Goldschimidt uma vez defendeu que a primeira criatura reconhecível como uma ave poderia ter sido chocada a partir de um ovo posto por um réptil não ambíguo. Tais afirmações podem ser testadas. O mutacionismo prevê que novos grupos devem surgir instantaneamente a partir de grupos antigos, sem transições no registro fóssil. Mas os fósseis nos dizem que não, e é dessa maneira que a evolução opera. Não obstante, tais testes mostram que diferentes partes do darwinismo podem ser testadas independentemente.

Há ainda uma alternativa: a de que a evolução seja verdadeira, mas que a seleção natural não seja a sua causa. Muitos biólogos, por exemplo, achavam que a evolução ocorria movida por alguma força mística e teleológica: di-

O QUE É EVOLUÇÃO?

ziam que os organismos tinham um "impulso interior" que fazia as espécies mudarem em certas direções prescritas. Esse tipo de impulso teria, segundo eles, levado à evolução dos imensos dentes caninos dos tigres-dente-de-sabre, fazendo com que esses dentes fossem ficando cada vez maiores, independentemente de sua utilidade, até que o animal não conseguisse mais fechar a boca e a espécie fosse morrendo de fome até se extinguir. Sabemos agora que não há evidências de forças teleológicas – os tigres-dente-de-sabre na verdade não morreram de fome, mas viveram felizes com caninos imensos por milhões de anos antes de se extinguirem por outras razões. No entanto, o fato de a evolução poder ter diferentes causas foi uma razão pela qual os biólogos a aceitaram muitas décadas antes de aceitarem a seleção natural.

É bastante coisa em favor das afirmações da teoria evolucionária. Mas há um refrão importante e que é ouvido com frequência: a evolução é apenas uma teoria, certo? Ao se dirigir a um grupo evangélico no Texas em 1980, o candidato presidencial Ronald Reagan caracterizou a evolução da seguinte maneira: "Bem, é uma teoria. Apenas uma teoria científica, e nos últimos anos tem sido desafiada no mundo da ciência e já não é considerada na comunidade científica tão infalível como se considerou um dia".

A palavra-chave nessa citação é "apenas". Apenas uma teoria. A implicação é de que há alguma coisa que não está muito certa numa teoria – que ela é uma mera especulação, e muito provavelmente errada. De fato, a conotação cotidiana de "teoria" é a de "palpite", como em "Minha teoria é que o João está doido pela Susana". Mas em ciência a palavra "teoria" significa algo completamente diferente e transmite bem mais certeza e rigor do que a noção de um mero palpite.

Segundo o *Oxford English Dictionary*, uma teoria científica é "uma declaração daquilo que se considera como leis gerais, princípios ou causas de algo conhecido ou observado". Podemos, assim, falar de uma "teoria da gravidade" como a proposição de que todos os objetos com massa se atraem segundo uma relação estrita que envolve a distância entre eles. Ou falamos em "teoria da relatividade", que faz afirmações específicas sobre a velocidade da luz e a curvatura do espaço-tempo.

Existem dois pontos que quero enfatizar aqui. Primeiro, em ciência, uma teoria é muito mais do que uma mera especulação sobre como as coisas são: é um grupo de proposições bem consideradas que têm o propósito de explicar fatos sobre o mundo real. A "teoria atômica" não é apenas a afirmação de que "os átomos existem"; é uma afirmação sobre como os átomos interagem, formam compostos e se comportam quimicamente. De modo similar, a teoria da evolução é mais do que a simples afirmação de que "a evolução aconteceu": é um conjunto de princípios fartamente documentados – descrevi seis principais – que explicam como e por que a evolução acontece.

Isso nos leva ao segundo ponto. Para que seja considerada científica, uma teoria deve ser *testável* e fazer *predições verificáveis*. Ou seja, devemos ser capazes de fazer observações sobre o mundo real que tanto deem suporte a essa teoria como a refutem. A teoria atômica foi de início especulativa, mas ganhou cada vez maior credibilidade conforme os dados da química se foram acumulando em apoio à existência de átomos. Embora não fôssemos capazes realmente de ver átomos até a invenção, em 1981, da microscopia eletrônica de varredura (e ao microscópio eles de fato parecem as pequenas bolinhas que imaginamos), os cientistas já estavam convencidos havia muito tempo de que os átomos eram reais. Similarmente, uma boa teoria faz predições sobre o que devemos encontrar se olharmos mais de perto para a natureza. E, se essas predições são confirmadas, isso nos dá maior confiança de que a teoria é válida. A teoria geral da relatividade proposta por Einstein em 1916 predisse que a luz iria curvar-se ao passar junto a um grande corpo celestial (para ser mais preciso tecnicamente, a gravidade de tal corpo distorce o espaço-tempo, que distorce o caminho dos fótons próximos). Arthur Eddington verificou essa predição em 1919 ao mostrar, durante um eclipse solar, que a luz proveniente de estrelas distantes era curvada ao passar junto ao sol, deslocando a posição aparente das estrelas. Só quando essa predição foi verificada é que a teoria de Einstein começou a ser amplamente aceita.

Pelo fato de uma teoria só ser aceita como "verdadeira" quando suas asserções e predições são testadas várias vezes e confirmadas repetidamente, não há um momento isolado em que uma teoria científica de repente se torna um fato científico. Uma teoria se torna um fato (ou uma "verdade") quando se acumulam muitas provas a seu favor – e quando não há nenhuma prova decisiva em contrário –, o que faz com que todas as pessoas razoáveis a aceitem. Isso não quer dizer que uma teoria "verdadeira" nunca venha a ser derrubada e considerada falsa. Toda verdade científica é provisória, sujeita a modificação à luz de novas evidências. Não há um sino de alarme que soe para dizer aos cientistas que eles finalmente alcançaram as verdades definitivas e imutáveis a respeito da natureza. Como veremos, é possível que, apesar dos

O QUE É EVOLUÇÃO?

milhares de observações que dão apoio ao darwinismo, novos dados mostrem que ele esteja errado. Acho isso improvável, mas os cientistas, ao contrário dos fanáticos, não podem permitir-se uma postura arrogante em relação ao que aceitam como verdade.

Nesse processo de se tornarem verdades, ou fatos, as teorias científicas usualmente são testadas em confronto com teorias *alternativas*. Afinal, é comum haver várias explicações para um fenômeno dado. Os cientistas tentam fazer observações-chave, ou realizar experimentos decisivos, que vão testar explicações rivais, uma em confronto com a outra. Por muitos anos, acreditou-se que a posição das massas de terra do nosso planeta havia sido a mesma ao longo de toda a história da vida. Mas, em 1912, o geofísico alemão Alfred Wegener apresentou a teoria rival da "deriva continental", propondo que os continentes se haviam deslocado. Inicialmente, sua teoria foi inspirada pela observação de que os formatos de continentes como a América do Sul e a África podiam ser encaixados à maneira de peças de um quebra-cabeça. A deriva continental tornou-se então mais incontestável conforme os fósseis se acumulavam e os paleontologistas descobriam que a distribuição de espécies antigas sugeria que os continentes haviam estado unidos em tempos remotos. Depois, o "tectonismo das placas" foi sugerido como um mecanismo para o movimento dos continentes, assim como a seleção natural foi sugerida como o mecanismo da evolução: as placas da crosta e dos mantos terrestres flutuaram em mais material líquido no interior da terra. E, embora o tectonismo das placas também tenha sido recebido com ceticismo por geólogos, foi submetido a rigorosos testes em vários *fronts*, produzindo provas convincentes de que era um fato. Agora, graças à tecnologia de posicionamento global de satélites, podemos até ver os continentes se afastando, a uma velocidade de duas a quatro polegadas por ano, mais ou menos a mesma velocidade com que nossas unhas crescem. (Isso, a propósito, combinado com a evidência incontestável de que os continentes estiveram uma vez unidos, é uma prova contra a alegação dos criacionistas da "Terra jovem" de que a Terra tem apenas 6 mil a 10 mil anos de idade. Se a alegação fosse uma verdade, seríamos capazes de ficar na costa ocidental da Espanha e ver os edifícios de Nova York, pois a Europa e a América se teriam afastado pouco mais de 1 quilômetro!)

Quando Darwin escreveu *A origem*, a maioria dos cientistas ocidentais, e quase todas as demais pessoas, era de criacionistas. Embora talvez não aceitassem todos os detalhes da história apresentada no Gênese, as pessoas geralmente achavam que a vida tinha sido criada mais ou menos em sua forma presente, projetada por um criador onipotente, e que não havia mudado desde então. Em *A origem*, Darwin ofereceu uma hipótese alternativa para o desenvolvimento, diversificação e projeto da vida. Grande parte desse livro apresenta evidências que não apenas apoiam a evolução mas ao mesmo tempo refutam o criacionismo. Na época de Darwin, a evidência para suas teorias era convincente, mas não era totalmente decisiva. Podemos dizer, então, que a evolução era uma teoria (mesmo sendo uma teoria com forte sustentação) quando foi proposta por Darwin e desde 1859 se foi graduando até alcançar o status de "fato" conforme mais e mais evidência se reuniu em seu apoio. A evolução ainda é chamada de "teoria", do mesmo modo que a teoria da gravidade, mas é uma teoria que também é um fato.

Isto posto, como seria possível testar a teoria da evolução em confronto com a ainda popular visão alternativa de que a vida foi criada e permaneceu inalterada desde então? Existem na realidade dois tipos de evidência. A primeira vem do uso dos seis princípios do darwinismo para fazer *predições testáveis*. Quando falo em predições não estou dizendo que o darwinismo possa prever de que modo as coisas vão evoluir no futuro. Ao contrário, ele prevê o que deveremos encontrar ao estudar espécies vivas ou antigas. Eis a seguir algumas predições evolucionárias:

- Pelo fato de existirem vestígios fósseis da vida antiga, devemos ser capazes de descobrir alguma evidência da mudança evolucionária no registro fóssil. As camadas de rochas mais profundas (e mais antigas) podem conter os fósseis de espécies mais primitivas e alguns fósseis devem tornar-se mais complexos conforme pesquisamos camadas de rocha mais recentes, nas quais os organismos passam a se parecer com as espécies atuais encontradas nas camadas mais novas. E devemos ser capazes de ver algumas espécies mudarem ao longo do tempo, formando linhagens que exibem "descendência com modificação" (adaptação).

- Devemos ser capazes de encontrar alguns casos de especiação no registro fóssil, com uma linha de descendência dividindo-se em duas ou mais. E devemos ser capazes de encontrar novas espécies formando-se na natureza.

- Devemos ser capazes de encontrar exemplos de espécies que unam grandes grupos

O QUE É EVOLUÇÃO?

que se suspeite tenham ancestralidade comum, como aves e répteis e como peixes e anfíbios. Além disso, esses "elos perdidos" (que seria mais adequado chamar de "formas de transição") devem ocorrer em camadas de rocha datadas do tempo em que se supõe que esses grupos tenham divergido.

- Devemos esperar que as espécies mostrem variação genética para vários traços (de outro modo, não haveria possibilidade de ocorrer evolução).

- Imperfeição é marca de evolução, não de projeto consciente. Devemos então ser capazes de encontrar casos de adaptação imperfeita, nos quais a evolução não tenha sido capaz de conseguir o mesmo grau de otimização que um criador conseguiria.

- Devemos ser capazes de ver a seleção natural em ação na natureza.

Além dessas predições, o darwinismo pode ser apoiado pelo que chamo de *retrodições*: fatos e dados que não são necessariamente preditos pela teoria da evolução, mas que *fazem sentido somente à luz da teoria da evolução*. Retrodições são uma maneira válida de fazer ciência: algumas das evidências que sustentam o tectonismo das placas, por exemplo, só surgiram depois que os cientistas aprenderam a ler mudanças antigas na direção do campo magnético da Terra a partir de padrões de rochas no leito marinho. Algumas retrodições que sustentam a evolução (em oposição à criação especial) são os padrões de distribuição de espécies na superfície da Terra, as peculiaridades sobre como os organismos se desenvolvem a partir de embriões e a existência de traços vestigiais que não têm uso aparente. Esses são os assuntos dos capítulos 3 e 4.

A teoria evolucionária, portanto, faz predições que são ousadas e claras. Darwin passou cerca de vinte anos reunindo evidências para a sua teoria antes de publicar *A origem*. Isso ocorreu há mais de 150 anos. Muito conhecimento foi acumulado desde então! Muitos fósseis foram encontrados; muito mais espécies foram catalogadas e sua distribuição mapeada ao redor do mundo; há muito mais trabalhos revelando as relações evolucionárias das diferentes espécies. E há novos ramos da ciência com os quais Darwin sequer sonhava, como a biologia molecular e a biologia sistêmica, o estudo de como os organismos estão relacionados.

Como veremos, toda a evidência – tanto antiga quanto nova – leva de modo inelutável à conclusão de que a evolução é um fato.

CAPÍTULO 2

ESCRITO NA PEDRA

A crosta terrestre é um vasto museu;
mas as coleções naturais têm sido feitas apenas
com intervalos de tempo imensamente remotos.
— Charles Darwin, *Sobre a origem das espécies*

A história da vida na terra está escrita nas rochas. Com certeza, trata-se de um livro de história despedaçado e deformado, com restos de páginas espalhados, mas está ali, e porções significativas ainda são legíveis. Os paleontologistas têm trabalhado incansavelmente para juntar os pedaços dessa evidência histórica tangível da evolução: o registro fóssil.

Quando admiramos fósseis impressionantes como os grandes esqueletos de dinossauros que enfeitam nossos museus de história natural, é fácil esquecer o quanto de esforço foi necessário para a sua descoberta, extração, preparação e descrição.

Isso geralmente envolve expedições longas, caras e arriscadas, em locais remotos e inóspitos do mundo. Por exemplo, o meu colega da Universidade de Chicago, Paul Sereno, estuda dinossauros africanos, e muitos dos fósseis mais interessantes estão bem no meio do deserto do Saara. Ele e seus colegas têm enfrentado obstáculos políticos, bandidos, doenças e, é claro, os rigores do próprio deserto para descobrir notáveis espécies novas, como a *Afrovenator abakensis* e a *Jobaria tiguidensis*, espécimes que têm ajudado a reescrever a história da evolução dos dinossauros.

Tais descobertas envolvem uma verdadeira dedicação à ciência, muitos anos de trabalho árduo, persistência e coragem – além de uma boa dose de sorte. Mas muitos paleontólogos iriam arriscar a vida por achados como esses. Para os biólogos, fósseis são tão valiosos como pó de ouro. Sem eles, teríamos apenas um esboço da evolução. Ficaríamos restritos ao estudo de espécies vivas e a tentar inferir relações evolucionárias por meio de similaridades de forma, desenvolvimento e sequência de DNA. Saberíamos, por exemplo, que os mamíferos estão relacionados mais de perto aos répteis do que aos anfíbios. Mas não saberíamos como seriam seus ancestrais. Não teríamos a mínima noção dos dinossauros gigantes, alguns deles grandes como caminhões, ou dos nossos primeiros ancestrais australopitecíneos, de cérebro pequeno mas andar ereto. Muito daquilo que gostaríamos de saber sobre a evolução iria continuar um mistério. Felizmente, avanços na física, na geologia e na bioquímica, junto com a ousadia e a persistência de cientistas de todo o mundo, têm proporcionado esses preciosos *insights* do passado.

FAZENDO O REGISTRO

Conhecemos os fósseis desde tempos muito antigos: Aristóteles já discutia sobre eles, e fósseis do dinossauro bicudo *Protoceratops* podem ter originado o mitológico grifo dos antigos gregos. Mas o verdadeiro significado dos fósseis só foi apreciado muito mais tarde. Mesmo no século 19, eles eram explicados simplesmente como fruto de forças sobrenaturais, organismos enterrados no dilúvio de Noé, ou vestígios de espécies ainda viventes que habitavam partes remotas e não mapeadas do globo.

Mas dentro desses vestígios petrificados descansa a história da vida. Como podemos decifrar essa história? Primeiro, é claro, você precisa dos fósseis – muitos. Depois precisa colocá-los na ordem adequada, dos mais antigos para os mais novos. E em seguida tem que descobrir exatamente como se formaram. Cada um desses requisitos vem acompanhado de seu próprio conjunto de desafios.

A formação de fósseis é óbvia, mas requer um conjunto muito específico de circunstâncias. Primeiro, os restos de um animal ou planta devem achar seu caminho até a água, mergulhar até o fundo, e serem rapidamente cobertos por sedimentos, de modo que não se decomponham ou sejam dispersos por abutres. É raro encontrar plantas mortas e criaturas que habitam a terra no fundo de um lago ou oceano. É por isso que a maioria dos fósseis que temos são de organismos marinhos, que vivem no ou dentro do solo marinho, ou que naturalmente mergulham no solo ao morrer.

Depois que ficam enterradas em segurança nos sedimentos, as partes duras dos fósseis são infiltradas ou substituídas por minerais dissolvidos. O que permanece é um molde de uma criatura viva, que fica comprimido na rocha pela pressão dos sedimentos que se acumulam em cima dela. Como as partes moles de plantas e animais não se fossilizam com facilidade, isso imediatamente cria um grave viés no que podemos saber a respeito de espécies antigas. Ossos e dentes são abundantes, assim como as cascas e os esqueletos externos duros de insetos e crustáceos. Mas vermes, medusas, bactérias e criaturas frágeis como aves são mais raras, assim como todas as espécies terrestres em comparação com as aquáticas. Ao longo dos primeiros 80% da história da vida, todas as espécies tinham corpo mole, por isso temos apenas um vislumbre nebuloso dos primeiros e mais interessantes desenvolvimentos na evolução, e nenhum vislumbre da origem da vida.

Depois que um fóssil se forma, ele precisa sobreviver a uma série infindável de deslocamentos, dobramentos, aquecimentos e esmagamentos da crosta terrestre – processos que obliteram completamente a maioria dos fósseis. Depois, ele tem que ser descoberto. Enterrados bem fundo sob a superfície terrestre, a maioria são inacessíveis a nós. Só quando os sedimentos são erguidos e expostos pela erosão do vento ou chuva é que eles podem ser atacados pelo martelo do paleontologista. E há apenas uma pequena janela de tempo antes que esses fósseis semiexpostos sejam apagados pelo vento, água e pelo clima.

Tendo em conta todos esses requisitos, fica claro que o registro fóssil *tem que* ser incompleto. Mas em que medida? O número total de espécies que já viveram na terra foi estimado numa faixa entre 17 milhões (provavelmente uma subestimação drástica, já que pelo menos 10 milhões de espécies estão vivas hoje) e 4 bilhões. Como já descobrimos por volta de 250 mil espécies fósseis diferentes, podemos estimar que contamos com evidência fóssil de apenas 0,1% a 1% de todas as espécies – o que dificilmente poderíamos considerar uma boa amostra da história da vida! Muitas criaturas assombrosas devem ter existido e estão hoje irremediavelmente perdidas para nós. Não obstante, temos fósseis suficientes para obter uma boa ideia de como a evolução se deu, e para discernir como os grupos principais se dividiram um do outro.

Ironicamente, o registro fóssil foi originalmente posto em ordem não por evolucionistas, mas por geólogos que eram também criacionistas e que aceitavam o relato da vida dado pelo livro do Gênese. Esses antigos geólogos simplesmente ordenavam as diversas camadas de rochas que encontravam (com frequência em escavações de canais que acompanhavam a industrialização da Inglaterra) usando princípios baseados no bom senso. Como os fósseis ocorrem em rochas sedimentares que começam como sedimentos finos no leito de oceanos, rios ou lagos (ou mais raramente como dunas de areia ou depósitos glaciais), as camadas mais profundas, ou "estratos", devem ter sido dispostas antes das outras mais rasas. Rochas mais novas ficam por cima das mais antigas. Mas nem todas as camadas se dispõem num mesmo lugar – às vezes não há água para formar sedimentos.

Assim, para estabelecer uma ordenação completa das camadas de rocha, você deve correlacionar entre si os estratos de diferentes localidades ao redor do mundo. Se uma camada do mesmo tipo de rocha, contendo o mesmo tipo de fósseis, aparece em dois lugares diferentes, é razoável supor que a camada seja da mesma idade em ambos os lugares. Assim, por exemplo, se você encontra quatro camadas de rocha numa localização (vamos chamá-las, da mais rasa à mais profunda, de ABDE), e depois encontra apenas duas dessas mesmas camadas em outro lugar, intercaladas com uma outra camada – BCD –, você pode inferir que esse registro inclui pelo menos cinco camadas de rocha, na ordem ABCDE, da mais nova para a mais antiga. Esse *princípio de superposição* foi concebido primeiro no século 17 pelo polímata dinamarquês Nicolaus Steno, que mais tarde se tornou arcebispo e foi beatificado pelo papa João Paulo II em 1987 – certamente o único caso de um futuro santo que fez uma importante contribuição científica. Usando o princípio de Steno, o registro geológico foi com muito esforço ordenado nos séculos 18 e 19: desde o velho Cambriano até o Recente. Até aqui, tudo bem. Mas isso nos diz apenas as idades relativas das rochas, não suas idades *reais*.

A partir de 1945, mais ou menos, temos sido capazes de medir a idade real de algumas rochas – usando a radiatividade. Alguns elementos radiativos ("radioisótopos") ficam incorporados a rochas ígneas, quando estas se cristalizam a partir de rochas derretidas que vêm de baixo da superfície da terra. Os radioisótopos gradualmente decaem para outros elementos numa taxa constante, que costuma ser expressa como a "meia-vida" – o tempo requerido para que metade do isótopo desapareça. Se conhecemos a meia-vida, isto é, quanto do isótopo havia quando a rocha se formou (algo que os geólogos são capazes de determinar com precisão), e quanto resta agora, é relativamente simples estimar a idade da rocha. Os diferentes isótopos decaem a taxas diferentes. Rochas antigas costumam ser datadas usando urânio-235 (U-235), encontrado no mineral comum zircônio. O U-235 tem uma meia-vida de cerca de 700 milhões de anos. O Carbono-14, com uma meia-vida de 5.730 anos, é usado para materiais bem mais jovens, como madeira, ossos ou artefatos humanos, como os manuscritos do Mar Morto. Vários radioisótopos costumam ocorrer juntos, portanto as datas podem ser checadas, e as idades invariavelmente coincidem. As rochas que contêm fósseis, no entanto, não são ígneas, mas sedimentares, e não podem ser datadas diretamente. Mas podemos obter as idades dos fósseis vinculando as camadas sedimentares às datas de camadas ígneas adjacentes que contenham radioisótopos.

Os opositores da evolução costumam atacar a confiabilidade dessas datações dizendo que as taxas de declínio da radiatividade podem ter mudado ao longo do tempo ou com o estresse físico experimentado pelas rochas. Essa objeção é com frequência levantada por criacionistas da "Terra jovem", que sustentam que a Terra tem 6 mil a 10 mil anos de idade. Mas isso é enganoso. Como os diversos radioisótopos numa rocha declinam de maneiras diferentes, eles não dariam dados coerentes se as taxas de declínio mudassem. Além disso, as meias-vidas dos isótopos não mudam quando os cientistas as submetem a temperaturas e pressões extremas em laboratório. E quando as datações radiométricas podem ser comparadas com o registro histórico, como no método do carbono-14, elas invariavelmente coincidem. É a datação radiométrica dos meteoritos que nos diz que a Terra e o sistema solar têm 4,6 bilhões de anos (as rochas terrestres mais antigas são um pouco mais jovens – 4,3 bilhões de anos em amostras do norte do Canadá – porque as rochas mais antigas foram sendo destruídas pelos movimentos da crosta terrestre).

Existem ainda outros meios para checar a precisão da datação radiométrica. Um deles usa a biologia e envolve um engenhoso estudo de fósseis corais feito por John Wells, da Cornell University. A datação por radioisótopos mostrou que esses corais viveram no período devoniano, há cerca de 380 milhões de anos. Mas Wells conseguiu descobrir quando esses corais haviam vivido simplesmente examinando-os mais de perto. Ele se baseou no fato de que o atrito produzido pelas marés com o tempo gradualmente desacelera a rotação da Terra. Cada dia – uma revolução da Terra – é um pouquinho mais longo que o anterior. Nada que você consiga notar: para ser preciso, a extensão de um dia aumenta em cerca de dois segundos a cada 100 mil anos. Como a duração de um ano – o tempo que a Terra leva para dar uma volta em torno do Sol – não muda ao longo do tempo, isso significa que o número de dias por ano deve estar decrescendo. A partir da taxa de desaceleração conhecida, Wells calculou que, quando seus corais eram vivos – há 380 milhões de anos se a datação radiométrica estiver correta –, cada ano teria contido cerca de 396 dias, cada um deles com 22 horas. Se houvesse alguma maneira pela qual os próprios fósseis pudessem dizer quanto durava cada dia quando eles eram vivos, poderíamos checar se essa extensão coincidia com as 22 horas previstas pela datação radiométrica.

Mas os corais são capazes disso, pois, conforme crescem, eles registram em seus corpos quantos dias experimentam a cada ano. Corais vivos produzem tanto anéis diários quanto anéis de crescimento anual. Em espécimes fósseis, podemos ver quantos anéis diários separam cada anel anual: ou seja, quantos dias foram incluídos em cada ano quando o coral estava vivo. Conhecendo a taxa de desaceleração das marés, podemos comparar a idade "relativa às marés" com a idade "radiométrica". Contando anéis em seus corais devonianos, Wells descobriu que eles haviam experimentado cerca de 400 dias por ano, o que significa que cada dia tinha 21,9 horas de duração. Isso é apenas um pequeno desvio em relação às 22 horas previstas. Essa inteligente calibragem biológica nos dá uma confiança adicional na precisão da datação radiométrica.

OS FATOS

O que constituiria, no registro fóssil, uma evidência em favor da evolução? Há vários tipos. Primeiro, o quadro evolucionário geral: uma varredura pela sequência inteira de estratos de rocha deve mostrar que a vida era no início bem simples, com as espécies mais complexas aparecendo apenas depois de algum tempo. Além disso, os fósseis mais jovens que forem sendo encontrados deverão ser os mais similares às espécies vivas.

Também devemos ser capazes de ver casos de mudança evolucionária no interior de linhagens: ou seja, uma espécie de animal ou planta mudando para algo diferente ao longo do tempo. Espécies posteriores devem ter traços que façam com que pareçam ser descendentes de outras anteriores. E como a história da vida envolve a divisão de espécies a partir de ancestrais comuns, devemos ser capazes de detectar essa divisão – e encontrar evidência daqueles ancestrais – no registro fóssil. Por exemplo, os anatomistas do século 19 previram que, considerando suas similaridades de corpo, os mamíferos haviam evoluído de antigos répteis. Portanto, deveríamos ser capazes de encontrar fósseis de répteis que estivessem se tornando mais similares aos mamíferos. É claro, pelo fato de o registro fóssil ser incompleto, não podemos esperar documentar cada transição entre grandes formas de vida. Mas devemos pelo menos encontrar algumas.

Quando escreveu *A origem*, Darwin lamentou que o registro fóssil tivesse esse aspecto de esboço. Naquela época, não tínhamos séries transicionais de fósseis ou "elos perdidos" entre grandes formas que pudessem documentar a mudança evolucionária. Alguns grupos, como as baleias, apareceram de repente no registro, sem ancestrais conhecidos. Mas Darwin ainda tinha algumas evidências fósseis da evolução. Entre elas, a observação de que animais e plantas antigos eram muito diferentes das espécies vivas, e iam se parecendo cada vez mais com as espécies modernas conforme nos movíamos para cima, até rochas formadas em períodos mais recentes. Ele também notou que os fósseis em camadas adjacentes eram mais similares entre si do que os encontrados em camadas mais afastadas, o que indicava um processo de divergência gradual e contínuo. Mais ainda, em qualquer lugar, os fósseis nas rochas depositadas mais recentemente tendiam a se parecer com as modernas espécies que viviam na área, e não com as espécies que viviam em outras partes do mundo. Por exemplo, os fósseis de marsupiais eram encontrados em profusão apenas na Austrália, que é onde a maioria dos marsupiais modernos vive. Isso sugeriu que as espécies modernas descendiam das fósseis (esses fósseis de marsupiais incluíam alguns dos mamíferos mais bizarros que já viveram, como um canguru gigante de 3 metros com rosto achatado, garras imensas e um único dedo em cada pé).

O que Darwin não tinha eram fósseis suficientes para mostrar evidência clara de mudanças graduais dentro da espécie, ou de ancestrais comuns.

Mas, a partir dessa época, paleontologistas revelaram fósseis em abundância, preenchendo todas as predições acima mencionadas. Podemos agora mostrar mudanças contínuas dentro de linhagens de animais; temos muitas evidências de ancestrais comuns e formas transicionais (aqueles ancestrais de baleias que faltavam encontrar, por exemplo, foram descobertos); e cavamos fundo o suficiente para ver os inícios da vida complexa.

Grandes padrões

Agora que colocamos todos os estratos em ordem e avaliamos suas datas, podemos ler o registro fóssil de baixo até em cima. A figura 3 mostra uma linha do tempo simplificada da história da vida, retratando os principais eventos biológicos e geológicos ocorridos desde que os primeiros organismos surgiram há cerca de 3,5 bilhões de anos.[6] Esse registro nos dá um quadro de mudança não ambíguo, começando pelo simples e seguindo até o mais complexo. Embora a figura mostre a "primeira aparição" de grupos como répteis e mamíferos, isso não deve ser visto como se as formas modernas tivessem surgido no registro fóssil de repente, do nada. Ao contrário, para a maioria dos grupos vemos uma evolução gradual a partir de formas anteriores (aves e mamíferos, por exemplo, evoluíram ao longo de milhões de anos de seus ancestrais reptilianos). A existência de transições graduais entre grandes grupos, que discutirei a seguir, significa que atribuir uma data a uma "primeira aparição" é algo de certo modo arbitrário.

Os primeiros organismos – simples bactérias fotossintéticas – aparecem em sedimentos com cerca de 3,5 bilhões de anos de idade, apenas 1 bilhão de anos depois que o planeta foi formado. Essas células individuais eram tudo o que ocuparia a Terra nos 2 bilhões de anos seguintes, após o que vemos os primeiros "eucariotes" simples: organismos dotados de células verdadeiras, com núcleo e cromossomos. Depois, por volta de 600 milhões de anos atrás, surgiu toda uma gama de organismos relativamente simples, mas multicelulares, incluindo vermes, medusas e esponjas. Esses grupos se diversificaram ao longo dos milhões de anos seguintes, com o surgimento há cerca de 400 milhões de anos das plantas terrestres e dos tetrápodes (animais de quatro patas, os mais antigos dos quais eram peixes com barbatanas lobadas). Grupos anteriores, é claro, com frequência persistiram: bactérias fotossintéticas, esponjas e vermes aparecem no registro fóssil antigo, e ainda estão conosco.

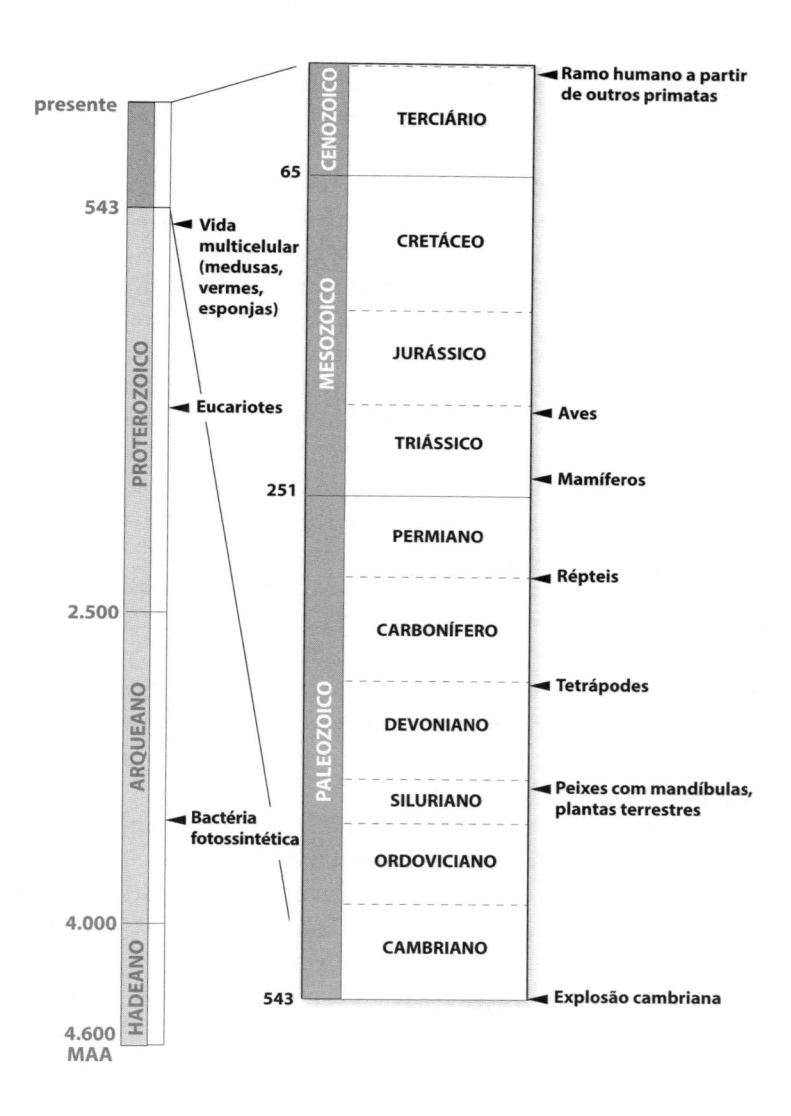

FIGURA 3. Registro fóssil mostrando primeira aparição de várias formas de vida desde que a Terra se formou 4.600 milhões de anos atrás (MAA). Note que a vida multicelular se originou e diversificou-se somente nos últimos 15% da história da vida. Os grupos entram em cena de uma maneira evolucionária ordenada, com muitos deles surgindo após transições fósseis conhecidas, a partir de seus ancestrais.

Cinquenta milhões de anos depois encontramos os primeiros anfíbios verdadeiros, e após outros 50 milhões de anos surgem os répteis. Os primeiros mamíferos aparecem por volta de 250 milhões de anos atrás (como previsto, a partir de ancestrais reptilianos), e as primeiras aves, também descendentes dos répteis, surgem 50 milhões de anos mais tarde. Depois que os primeiros mamíferos aparecem, eles, junto com os insetos e as plantas terrestres, tornam-se ainda mais diversificados, e, conforme nos aproximamos das rochas mais rasas, os fósseis cada vez mais passam a se parecer com espécies vivas. Os humanos são recém-chegados a essa cena – nossa linhagem ramificou-se da de outros primatas apenas há cerca de 7 milhões de anos, uma pequena fração do tempo evolucionário. Várias analogias muito imaginativas foram usadas para ilustrar esse ponto, e vale a pena expô-las. Se o curso inteiro da evolução fosse comprimido num único ano, a primeira bactéria iria surgir no final de março, mas nós só iríamos ver o primeiro ancestral humano às 6 da manhã do dia 31 de dezembro. A era dourada da Grécia, cerca de 500 a.C., iria ocorrer apenas trinta segundos antes da meia-noite.

Embora o registro fóssil de plantas seja mais esparso – já que não dispõem de partes duras, que se fossilizam mais facilmente –, elas mostram um padrão evolucionário similar. As mais antigas são o musgo e as algas, seguidas pelas samambaias, depois as coníferas, em seguida as árvores decíduas e, finalmente, as plantas floríferas.

Portanto, o surgimento de espécies ao longo do tempo, como visto nos fósseis, está longe de ser aleatório. Os organismos simples evoluíram antes dos complexos, e os ancestrais previstos, antes dos descendentes. Os fósseis mais recentes são aqueles mais similares às espécies vivas. E temos fósseis transicionais ligando muitos dos grandes grupos. Nenhuma teoria da criação especial, ou *nenhuma* teoria, a não ser a evolução, pode explicar esses padrões.

Evolução fossilizada e especiação

Para mostrar a mudança evolucionária gradual dentro de uma única linhagem, você precisa de uma boa sucessão de sedimentos, de preferência que tenham sido depositados rapidamente (de modo que cada período de tempo represente uma grossa fatia de rocha, tornando a mudança mais fácil de ver), e sem camadas faltantes (uma camada faltante intermediária faz com que uma transição evolucionária suave pareça um "salto" repentino).

Organismos marinhos muito pequenos, como o plâncton, são ideais para isso. Há bilhões deles, muitos com partes duras, e eles de modo conveniente caem diretamente no leito marinho depois de morrer, empilhando-se numa sequência contínua de camadas. Fazer uma amostragem das camadas em ordem é fácil: você pode enfiar um longo tubo no leito marinho, puxar uma coluna de amostra, e lê-la (e datá-la) de baixo para cima.

Ao seguir uma única espécie fóssil ao longo dessa coluna, você pode muitas vezes acompanhar sua evolução. A figura 4 mostra um exemplo de evolução num minúsculo protozoário marinho unicelular que constrói uma casca em espiral, criando mais câmaras conforme cresce. Essas amostras vêm de seções de uma coluna de 200 metros de comprimento extraída do leito oceânico perto da Nova Zelândia, representando cerca de 8 milhões de anos

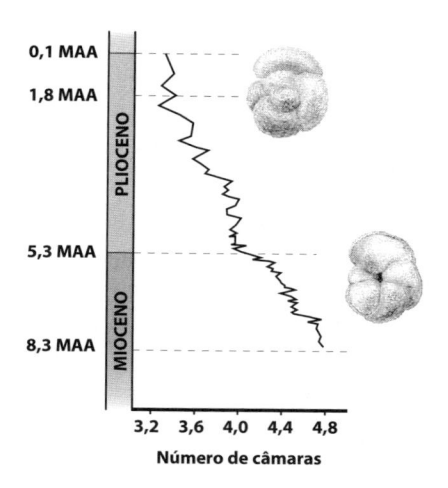

FIGURA 4. Um registro de fósseis (preservado numa coluna do leito marinho), mostrando a mudança evolucionária no foraminífero marinho *Globorotalia conoidea* ao longo de um período de 8 milhões de anos. A escala dá o número de câmaras na última volta da concha, considerando uma média entre todos os indivíduos contados em cada seção da coluna.

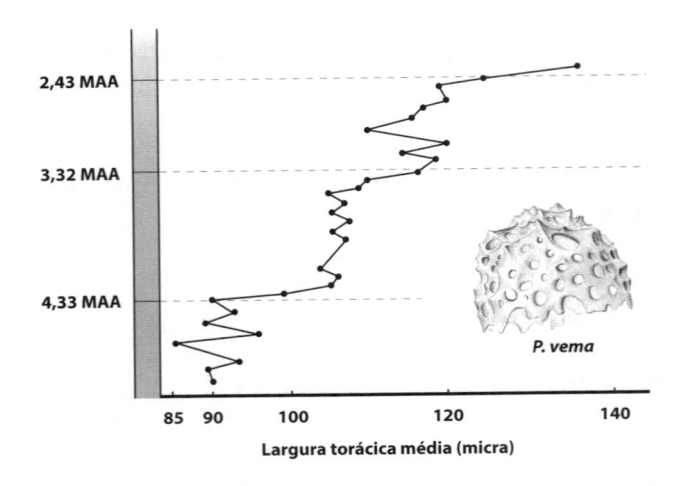

FIGURA 5. Mudança evolucionária do tamanho do tórax no radiolário *Pseudocubus vema* ao longo de um período de 2 milhões de anos. Os valores são a média da população de cada seção da coluna.

de evolução. A figura mostra a mudança ao longo do tempo em um aspecto: o número de câmaras na volta final da concha. Aqui vemos uma mudança muito suave e gradual ao longo do tempo: os indivíduos têm cerca de 4,8 câmaras por volta no início da sequência e de 3,3 no final, um decréscimo de aproximadamente 30%.

A evolução, embora gradual, não precisa sempre se processar suavemente, ou num ritmo uniforme. A figura 5 mostra um padrão mais irregular em outro microrganismo marinho, o radiolário *Pseudocubus vema*. Nesse caso, os geólogos colheram amostras regularmente espaçadas de uma coluna de 18 metros de comprimento perto da Antártica, correspondente a cerca de 2 milhões de anos de sedimentos. O aspecto medido foi a largura da base cilíndrica do animal (seu "tórax"). Embora o tamanho aumente em cerca de 50% ao longo do tempo, a tendência não é uniforme. Há períodos nos quais o tamanho não muda muito, intercalados com períodos de mudança mais rápida. Esse padrão é bastante comum em fósseis, e é totalmente compreensível se as mudanças que vemos foram provocadas por fatores ambientais, como as flutuações no clima ou na salinidade. Os próprios ambientes mudam esporadicamente e de modo não uniforme, portanto a força da seleção natural também se mostrará crescente ou decrescente.

Vamos examinar a evolução numa espécie mais complexa: as trilobitas. Trilobitas eram artrópodes, do mesmo grupo que os insetos e as aranhas. Por serem protegidas por uma carapaça dura, são extremamente comuns em rochas antigas (é provável que você possa comprar uma na loja do seu museu mais próximo). Peter Sheldon, então no Trinity College Dublin, coletou fósseis de trilobitas de uma camada de folhelho galês abrangendo cerca de 3 milhões de anos. Dentro dessa rocha, encontrou oito diferentes linhagens de trilobitas, e ao longo do tempo cada uma mostrou mudança evolucionária no número de "costelas pigidiais" – os segmentos na última seção do corpo. A figura 6 mostra as mudanças em várias dessas linhagens. Embora ao longo do período inteiro de amostragem cada espécie mostrasse um nítido aumento no número de segmentos, as mudanças entre as diferentes espécies eram não só não correlacionadas, mas às vezes seguiam em direções opostas durante o mesmo período.

Infelizmente, não temos ideia de que pressões seletivas levaram a mudanças evolucionárias nesses plânctons e trilobitas. É sempre mais fácil documentar a evolução no registro fóssil do que compreender o que a causou, pois, embora os fósseis tenham sido preservados, seus ambientes não o foram. O que podemos dizer é que houve evolução, que ela foi gradual e que variou tanto no seu ritmo quanto na sua direção.

O plâncton marinho dá evidência da divisão de linhagens, assim como da evolução dentro de uma linhagem. A figura 7 mostra uma espécie ancestral de plâncton dividindo-se em duas descendentes, que podem ser distinguidas tanto pelo tamanho quanto pela forma. Fato interessante é que a nova espécie, *Eucyrtidium matuyamai*, evoluiu primeiro numa área ao norte de onde essas colunas foram extraídas, e só mais tarde invadiu a área em que seu ancestral ocorreu. Como veremos no capítulo 7, a formação de uma nova espécie em geral começa quando as populações estão geograficamente isoladas umas das outras.

Existem centenas de outros exemplos de mudança evolucionária em fósseis – tanto graduais quanto pontuais –, de espécies tão diversas quanto moluscos, roedores e primatas. E há também exemplos de espécies que pouco mudam ao longo do tempo (lembre-se que a teoria evolucionária não afirma que todas as espécies devem evoluir!). Mas listar esses casos não mudaria meu

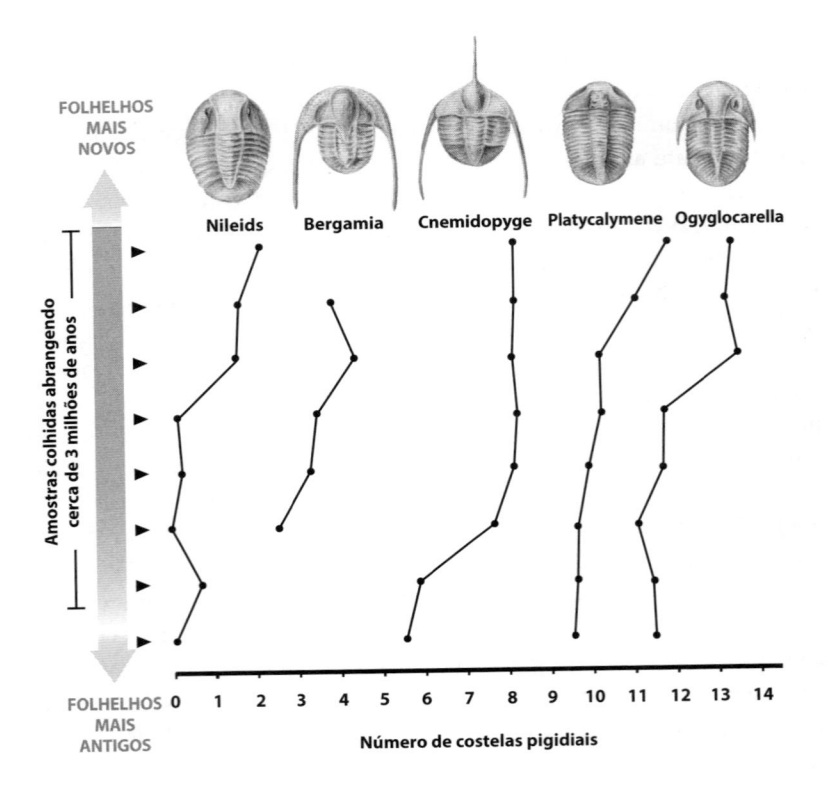

FIGURA 6. Mudança evolucionária no número de "costelas pigidiais" (segmentos da seção posterior) de cinco grupos de trilobitas ordovicianas. O número corresponde à média da população em cada seção da amostra de 3 milhões de anos de folhelho. Todas as cinco espécies – e três outras não mostradas – exibem um nítido aumento no número de costelas ao longo do período, sugerindo que a seleção natural estava envolvida durante o longo prazo, mas que as espécies não mudam em paralelismo perfeito.

ponto de vista: o registro fóssil não dá evidência para a previsão criacionista de que todas as espécies apareceram de repente e depois continuaram imutáveis. Ao contrário, as formas de vida aparecem no registro em sequência evolucionária, e depois evoluem e se dividem.

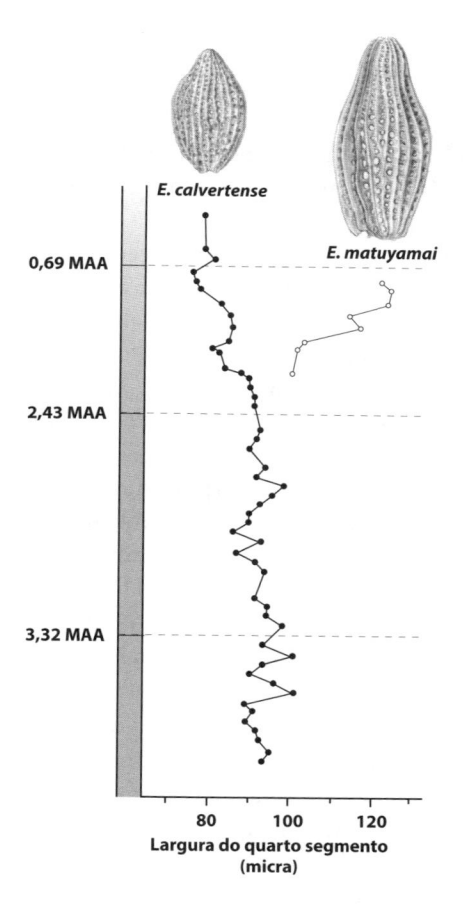

FIGURA 7. Evolução e especiação em duas espécies de radiolário planctônico *Eucyrtidium*, extraído de uma coluna sedimentar que abrange mais de 3,5 milhões de anos. Os pontos representam a largura do quarto segmento, mostrado como a média de cada espécie em cada seção da coluna. Em áreas ao norte de onde essa coluna foi extraída, uma população ancestral de *E. calvertense* ficou maior, e aos poucos foi adquirindo o nome de *E. matuyamai* conforme crescia. A *E.matuyamai* depois retribuiu invadindo a faixa de sua parente, como mostrado no gráfico, e ambas as espécies, agora vivendo no mesmo lugar, começaram a divergir no tamanho do corpo. Essa divergência pode ter sido o resultado de seleção natural agindo para reduzir a competição por alimento entre as duas espécies.

"Elos perdidos"

As mudanças nas espécies marinhas podem dar evidência da evolução, mas essa não é a única lição que o registro fóssil tem a nos ensinar. O que realmente causa impacto nas pessoas – incluindo os biólogos e os paleontologistas – são as *formas transicionais*: aqueles fósseis que cobrem a lacuna entre dois tipos muito diferentes de organismos vivos. Será que as aves vieram realmente dos répteis, os animais terrestres dos peixes, e as baleias de animais terrestres? Nesse caso, onde está a evidência fóssil disso? Até mesmo alguns criacionistas admitem que pequenas mudanças de tamanho e forma podem ocorrer ao longo do tempo – um processo chamado *microevolução* –, mas rejeitam a ideia de que um tipo *muito diferente* de animal ou planta possa provir de outro (*macroevolução*). Os defensores do projeto inteligente argumentam que esse tipo de diferença requer a intervenção direta de um criador.[7] Embora em *A origem* Darwin não consiga apontar nenhuma forma transicional, ele teria ficado encantado ao ver como sua teoria tem sido confirmada pelos resultados da moderna paleontologia. Incluem-se nisso numerosas espécies cuja existência foi prevista muitos anos antes, mas que só foram desencavadas nas últimas décadas.

Mas o que conta como evidência fóssil para uma grande transição evolucionária? Segundo a teoria evolucionária, para cada duas espécies, por diferentes que sejam, houve em algum momento uma única espécie que foi o ancestral de ambas. Podemos chamar essa espécie de "elo perdido". Como temos visto, a probabilidade de encontrar essa única espécie ancestral no registro fóssil é praticamente zero. O registro fóssil simplesmente é irregular demais para que possamos ter essa expectativa.

Mas não é o caso de desistir, pois podemos encontrar algumas *outras* espécies no registro fóssil, primas próximas do verdadeiro "elo perdido", que documentam igualmente bem a ancestralidade comum. Vejamos um exemplo. Nos dias de Darwin, os biólogos conjecturavam, a partir de evidência anatômica – como as similaridades na estrutura dos corações e crânios –, que as aves estavam intimamente relacionadas aos répteis. Eles especulavam que deveria ter existido um ancestral comum que, por meio de um evento de especiação, teria produzido duas linhagens, uma que acabaria levando a todas as aves modernas e outra levando a todos os modernos répteis.

Qual teria sido o aspecto desse ancestral comum? Nossa intuição nos levaria a dizer que seria parecido com algo entre o moderno réptil e a ave moderna, exibindo uma mistura de traços desses dois tipos de animal. Mas não precisa ser assim, como Darwin viu claramente em *A origem*:

> Tenho achado difícil, ao olhar para duas espécies quaisquer, evitar retratar para mim mesmo formas diretamente intermediárias delas. Mas essa é uma visão totalmente falsa; devemos sempre procurar formas intermediárias da espécie com um progenitor comum mais desconhecido; e o progenitor geralmente terá diferido em alguns aspectos de todos os seus descendentes modificados.

Como os répteis aparecem no registro fóssil antes das aves, podemos conjeturar que o ancestral comum de aves e répteis era um *réptil antigo*, e que seria parecido com um réptil antigo. Sua aparência geral daria algumas pistas de que ele constituiria de fato um "elo perdido" – que uma linhagem de descendentes iria mais tarde dar origem a todas as aves modernas, e outra a mais dinossauros. Traços autênticos de ave, como asas e um grande osso no peito para ancorar os músculos usados no voo, evoluíram apenas mais tarde no ramo que leva às aves. E conforme essa linhagem específica progrediu de réptil para ave, produziu várias espécies com uma mistura de traços de répteis e de aves. Algumas dessas espécies foram extintas, enquanto outras continuaram evoluindo até o que são hoje as aves modernas. É nesses *grupos* de espécies antigas, os parentes de espécies perto do ponto de ramificação, que devemos procurar evidências de uma ancestralidade comum.

Mostrar a ancestralidade comum de dois grupos, então, não requer que apresentemos fósseis daquela espécie individual que foi seu ancestral comum, ou mesmo de uma espécie da linha direta de descendência do ancestral até o descendente. Em vez disso, precisamos apenas apresentar fósseis que tenham os tipos de traços que ligam dois grupos, e, muito importante, devemos também ter a evidência de datação que mostre que aqueles fósseis ocorrem no tempo certo no registro geológico. Uma "espécie transicional" não é equivalente a "uma espécie ancestral"; é simplesmente uma espécie mostrando uma mistura de traços de organismos que viveram tanto antes quando depois dela. Devido ao aspecto de colcha de retalhos do registro fóssil, encontrar essas formas nos tempos adequados no registro é uma meta saudável e realista. Na transição de réptil para ave, por exemplo, as formas transicionais devem parecer-se com répteis antigos, mas com alguns traços de aves. E devemos procurar esses fósseis transicionais depois que os répteis tenham já evoluído, mas antes que as aves modernas tenham surgido. E mais, as formas transicionais não precisam estar na linha direta de descendência de um ancestral para um descendente vivo – podem ser primos evolucionários que foram extintos. Como veremos, os dinossauros que deram origem às aves ostentavam penas, mas alguns dinossauros com penas continuaram a persistir bem depois que mais criaturas similares a aves tinham evoluído. Esses dinossauros posteriores com penas ainda fornecem evidência da evolução, porque nos contam algo a respeito de onde vêm as aves.

Portanto, a datação e – em alguma medida – o aspecto físico das criaturas transicionais podem ser previstos a partir da teoria evolucionária. Algumas das mais recentes e notáveis previsões que têm sido comprovadas envolvem nosso próprio grupo, o dos vertebrados.

Em cima da terra: de peixes a anfíbios

Uma das maiores previsões cumpridas da biologia evolucionária foi a descoberta em 2004 de uma forma transicional entre peixes e anfíbios. Trata-se da espécie fóssil *Tiktaalik roseae*, que nos diz muito a respeito de como os vertebrados passaram a viver sobre a terra. Sua descoberta é uma impressionante defesa da teoria da evolução.

Até cerca de 300 milhões de anos atrás, os únicos vertebrados eram os peixes. Mas, 30 milhões de anos mais tarde, encontramos criaturas que são claramente *tetrápodes*: vertebrados de quatro pés que andavam sobre a terra. Esses primeiros tetrápodes eram em vários aspectos como anfíbios modernos[*]: tinham cabeça e corpo achatado, um pescoço definido e pernas e cinturas dos membros bem desenvolvidas. No entanto, também mostram forte vínculo com peixes anteriores, particularmente o grupo conhecido como "peixes de barbatana lobosa", assim chamados por causa de suas grandes barbatanas ósseas que lhes permitiam erguer-se do fundo de lagos e correntes de água rasas. Esses primeiros tetrápodes tinham outras estruturas similares às dos peixes, como escamas, ossos dos membros e ossos da cabeça (figura 8).

Como foi que os peixes antigos evoluíram para sobreviver em terra? Essa era a questão que interessava – ou melhor, obcecava – ao meu colega

Acanthostega gunnari

Tiktaalik roseae

Eusthenopteron foordi

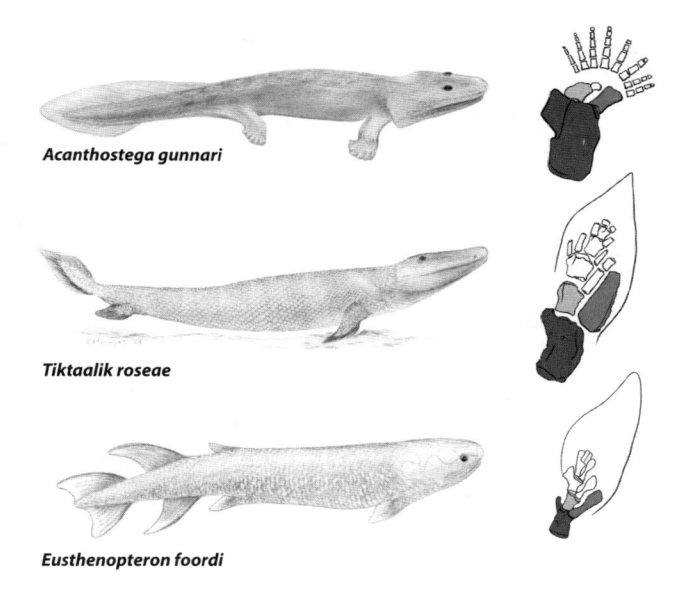

Figura 8. Invasão da terra. Um antigo peixe de barbatana lobada (*Eusthenopteron foordi*) de cerca de 385 milhões de anos atrás; um tetrápode terrestre (*Acanthostega gunnari*) da Groenlândia, de cerca de 365 milhões de anos atrás, e a forma transicional, *Tiktaalik roseae*, da Ilha Ellesmere, de cerca de 375 milhões de anos atrás. O caráter intermediário da forma do corpo do *Tiktaalik* está também em seus membros, que têm uma estrutura óssea a meio caminho entre aquela das sólidas barbatanas dos peixes de barbatana lobada e os membros locomotores mais sólidos ainda dos tetrápodes. Os ossos sombreados são aqueles que evoluíram até chegar aos ossos dos braços dos mamíferos modernos: o osso com o sombreado mais escuro irá se tornar o nosso úmero, e os ossos com sombreado médio ou claro irão se tornar o rádio e a ulna, respectivamente.

da Universidade de Chicago, Neil Shubin. Neil passara anos estudando a evolução de membros a partir de barbatanas, e se ocupava em compreender os primeiros estágios dessa evolução.

É aqui que a previsão entra em jogo. Se há 390 milhões de anos havia peixes com barbatana lobada, mas não havia vertebrados terrestres, e claramente havia vertebrados terrestres há 360 milhões de anos, onde você esperaria encontrar as formas transicionais? Em algum lugar dentro desse intervalo, obviamente. Seguindo essa lógica, Shubin previu que, se as formas transicionais existiram, seus fósseis deviam ser encontrados em estratos com cerca de 375 milhões de anos de idade. Além disso, as rochas teriam de ser de água doce e não de sedimentos marinhos, pois os antigos peixes com barbatanas lobadas e os primeiros anfíbios viviam ambos em água doce.

Certa vez, quando procuravam em seu livro didático da faculdade um mapa dos sedimentos expostos de água doce da idade correta, Shubin e seus colegas concentraram a atenção numa região paleontologicamente inexplorada do Ártico canadense: a ilha Ellesmere, que fica no oceano Ártico, ao norte do Canadá. E, após cinco longos anos de pesquisa cara e infrutífera, eles finalmente fizeram uma descoberta valiosa: um grupo de esqueletos fósseis empilhados um sobre os outros nas rochas sedimentares de um antigo rio. Quando Shubin viu pela primeira vez a face do fóssil espreitando da rocha, soube que havia finalmente descoberto sua forma transicional. Como homenagem ao povo inuit local e ao patrocinador que ajudara a custear as expedições, o fóssil foi batizado como *Tiktaalik roseae* ("tiktaalik" significa "grande peixe de água doce" em inuit, e "roseae" é uma referência críptica ao patrocinador anônimo).

O *Tiktaalik* tem aspectos que fazem dele um elo direto entre o anterior peixe de barbatana lobada e os anfíbios posteriores (figura 8). Com brânquias, escamas e barbatanas, o *Tiktaalik* era claramente um peixe que vivia na água. Mas também tem aspectos de anfíbio. Para começar, sua cabeça é achatada como a de uma salamandra, e os olhos e as narinas ficam no alto do crânio e não nas laterais. Isso sugere que ele viveu em águas rasas e era capaz de espreitar, e provavelmente de respirar, acima da superfície. As barbatanas haviam se tornado mais robustas, permitindo que o animal se flexionasse para cima para examinar melhor seu entorno. E, assim como os primeiros anfíbios, o *Tiktaalik* tem pescoço. Peixes não têm pescoço – o crânio deles se une diretamente ao resto do corpo.

Mais importante, o *Tiktaalik* tem dois novos aspectos que iriam se mostrar úteis para permitir que seus descendentes invadissem a terra. O primeiro é um conjunto de robustas costelas, que ajudavam o animal a bombear ar para o interior dos pulmões e mover oxigênio de suas brânquias (o *Tiktaalik* era capaz de respirar dos dois jeitos). E em vez de vários pequenos ossos nas barbatanas, como os peixes de barbatana lobada, o *Tiktaalik* tinha ossos mais robustos e em menor número em seus membros – ossos similares em número e posição aos das demais criaturas que vieram depois – nós inclusive. Na realidade, seus membros são mais bem descritos como parte barbatana, parte perna.

O *Tiktaalik* estava claramente bem adaptado para viver e rastejar em águas rasas, para espreitar acima da superfície e respirar ar. Considerando sua estrutura, podemos vislumbrar o próximo passo evolucionário crucial, que provavelmente envolveu um novo comportamento. Alguns dos descendentes do *Tiktaalik* eram fortes o suficiente para se aventurar fora da água com seus sólidos membros-barbatanas, quem sabe para alcançar outro curso d'água (do jeito que fazem hoje os bizarros peixes mudskipper dos trópicos), para evitar predadores ou talvez para encontrar alimento nos vários insetos gigantes que já haviam evoluído. Se havia vantagens em se aventurar em terra, a seleção natural poderia moldar esses exploradores, fazendo-os passar de peixes a anfíbios. Esse primeiro pequeno passo para a vida terrestre revelou-se um grande salto para os vertebrados, levando em última instância à evolução de todas as criaturas terrestres com espinha dorsal.

O próprio *Tiktaalik* não estava pronto para a vida terrestre. Para começar, ainda não desenvolvera um membro que lhe permitisse andar. E ainda tinha brânquias internas para respirar debaixo d'água. Portanto, podemos fazer outra previsão. Em algum lugar, em sedimentos de água doce com cerca de 380 milhões de anos, iremos encontrar um residente terrestre muito antigo com brânquias reduzidas e membros um pouco mais fortes que os do *Tiktaalik*.

O *Tiktaalik* mostra que nossos ancestrais foram peixes predadores de cabeça achatada que viviam escondidos nas águas rasas de riachos. Trata-se de um fóssil que conecta maravilhosamente peixes com anfíbios. E é igualmente maravilhoso que sua descoberta tenha sido não só antecipada, mas prevista para ocorrer em rochas de certa idade e de determinado lugar.

A melhor maneira de experimentar o drama da evolução é ver os fósseis com os próprios olhos, ou melhor ainda, manipulá-los. Meus alunos tiveram essa oportunidade quando Neil trouxe um molde de *Tiktaalik* para a sala de aula, o fez circular de mão em mão e mostrou como ele preenchia os requisitos de uma forma transicional. Isso foi, para eles, a evidência mais tangível de que a evolução é um fato. Afinal, com que frequência você consegue ter em mãos uma peça da história evolucionária, ainda mais uma que pode ter sido seu ancestral distante?

No fino ar: a origem das aves

Qual a utilidade de se ter meia asa? Desde a época de Darwin, essa questão tem sido levantada para colocar em dúvida a evolução e a seleção natural. Os biólogos dizem que as aves evoluíram de répteis antigos, mas como é que um animal terrestre pode evoluir para adquirir a capacidade de voar? A seleção natural, argumentam os criacionistas, não pode explicar essa transição, porque ela iria requerer estágios intermediários nos quais os animais teriam apenas os rudimentos de uma asa. Isso teria maior probabilidade de estorvar a criatura do que de conferir-lhe uma vantagem seletiva.

Mas, pensando um pouco, não é tão difícil assim conceber estágios intermediários na evolução do voo, estágios que podem ter sido úteis para quem os possuiu. Planar é o primeiro passo óbvio. E planar evoluiu de modo independente várias vezes: em mamíferos placentários, marsupiais e até mesmo em lagartos. Esquilos voadores fazem bom uso da capacidade de planar com *flaps* de pele que se estendem ao longo de suas laterais – é uma boa forma de passar de uma árvore a outra para fugir de predadores ou encontrar nozes. E existe o ainda mais notável "lêmure voador" ou colugo, do Sudeste Asiático, que tem uma membrana impressionante, que se estende da cabeça ao rabo. Um colugo foi visto planando por uma distância de 130 metros – quase a extensão de seis quadras de tênis – e perdendo apenas 12 metros de altura no trajeto! Não é difícil vislumbrar o próximo passo evolucionário: bater seus membros de colugo para produzir o verdadeiro voo, como vemos nos morcegos. Mas não somos mais obrigados a apenas imaginar esse passo: temos agora os fósseis que mostram com clareza como as aves voadoras evoluíram.

Desde o século 19, a similaridade dos esqueletos de aves com alguns dinossauros levou paleontologistas a teorizar que eles tinham um ancestral comum – particularmente, os *terópodas*, dinossauros ágeis, carnívoros, que andavam em duas pernas. Há cerca de 200 milhões de anos, o registro fóssil mostra abundância de *terópodas*, mas nada que se pareça mesmo vagamente com uma ave. Por volta de 70 milhões de anos atrás, vemos fósseis de aves que parecem bastante modernos. Se a evolução é um fato, então devemos esperar ver a transição réptil-ave em rochas entre 70 e 200 milhões de anos atrás.

E ela foi constatada. O primeiro elo de aves e répteis na realidade era do conhecimento de Darwin, que, curiosamente, mencionou isso de passagem em edições posteriores de *A origem*, e apenas como uma excentricidade. E há talvez a mais famosa de todas as formas transicionais: o *Archaeopteryx lithographica*, do tamanho de um corvo, descoberto em uma pedreira de calcário na Alemanha em 1860 (o nome *Archaeopteryx* significa "asa antiga" e "lithographica" vem do calcário Solnhofen, de granulação suficientemente fina para permitir fazer placas litográficas e preservar as impressões de penas macias). O *Archaeopteryx* tem justamente a combinação de traços que se poderia esperar encontrar numa forma transicional. E sua idade, de 145 milhões de anos, o coloca onde esperaríamos.

O *Archaeopteryx* é na verdade mais réptil do que ave. Seu esqueleto é quase idêntico ao de alguns dinossauros terópodas. De fato, alguns biólogos que não examinaram os fósseis de *Archaeopteryx* suficientemente de perto não viram as penas, e os classificaram de maneira equivocada como terópodas (a figura 9 mostra essa similaridade entre os dois tipos). Entre os traços reptilianos estão uma mandíbula com dentes, uma longa cauda com ossos, garras, dedos separados na asa (nas aves modernas esses ossos são fundidos, como você poderá ver ao inspecionar uma asa de galinha depois de saboreá-la), e um pescoço ligado ao crânio por trás (como nos dinossauros) e não a partir de baixo (como nas aves modernas). Os traços de ave são apenas dois: grandes penas e um grande dedo do pé opositor, provavelmente usado para se empoleirar. Ainda não é claro se essa criatura, apesar de suas muitas penas, era capaz de voar. Mas suas penas assimétricas – um lado de cada pena é maior que o outro – sugerem que poderia. Penas assimétricas, como asas de avião, criam a forma de "aerofólio" necessária para a aerodinâmica do voo. Mas mesmo que pudesse voar, o *Archaeopteryx* é principalmente dinossauriano. É também o que os evolucionistas chamam de um "mosaico". Em vez de ter cada aspecto como algo a meio caminho entre ave e réptil, o *Arhcaeopteryx* tem alguns aspectos bem próprios de ave, mas a maioria deles é de réptil.

Após a descoberta do *Archaeopteryx*, passaram-se anos sem que fossem encontrados outros intermediários entre réptil e ave, deixando aberto um intervalo entre as aves modernas e seus ancestrais. Então, em meados da década de 1990, uma enxurrada de impressionantes descobertas da China começou a preencher esse intervalo. Esses fósseis, encontrados em sedimentos de lago que preservam as impressões de partes moles, representam um verdadeiro desfile de dinossauros terópodas com penas.[8] Alguns deles têm estruturas de filamentos muito pequenas cobrindo o corpo todo – provavelmente antigas penas. Um deles é o notável *Sinornithosaurus millenii* (*Sinornithosaurus* significa "ave-la-

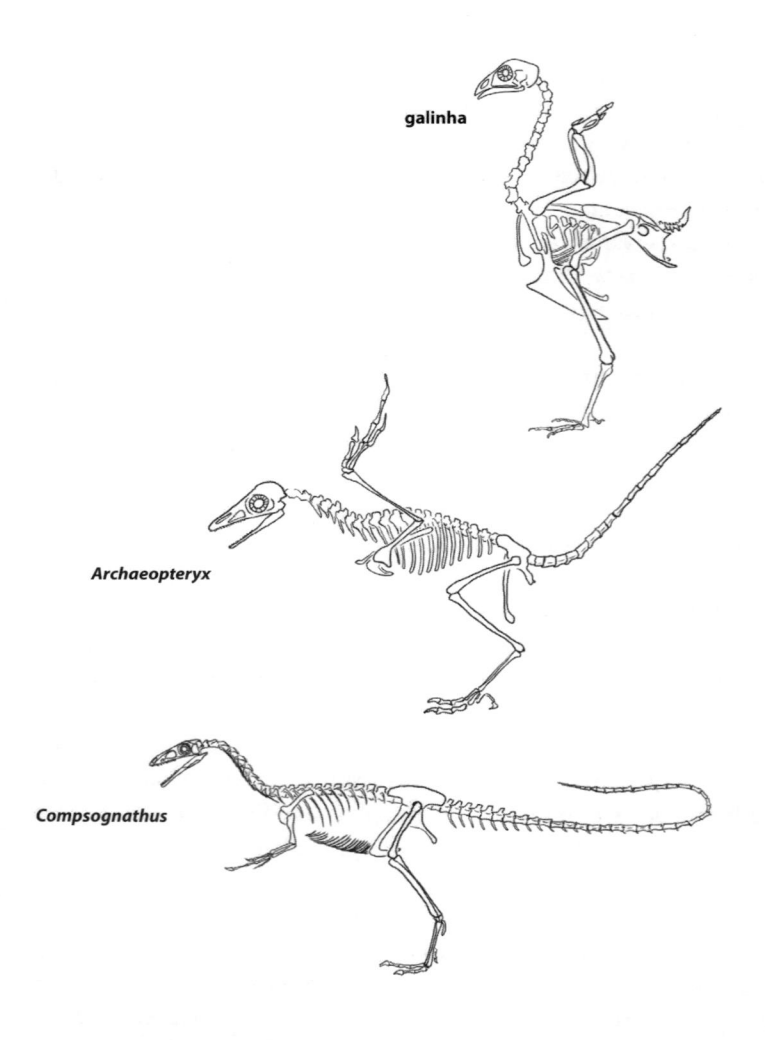

FIGURA 9. Esqueletos de uma ave moderna (galinha), uma forma transicional (*Archaeopteryx*) e um dinossauro terópoda pequeno, bípede, carnívoro (*Compsognathus*), similar a um dos ancestrais do *Archaeopteryx*. O *Archaeopteryx* tem uns poucos aspectos próprios das aves modernas (penas e um grande dedo opositor), mas seu esqueleto é muito similar àquele do dinossauro, incluindo dentes, pélvis reptiliana e uma longa cauda ossuda. O *Archaeopteryx* tinha mais ou menos o tamanho de um corvo; o *Compsognathus* era um pouco maior.

garto chinesa"), cujo corpo inteiro estava coberto com penas compridas e finas – penas tão pequenas que não poderiam tê-lo ajudado a voar (figura 10A). E suas garras, dentes e cauda comprida e ossuda claramente mostram que essa criatura estava longe de ser uma ave moderna.[9] Outros dinossauros mostram penas de tamanho médio na cabeça e nos membros anteriores. Outros ainda têm penas grandes nos membros anteriores e cauda, mais ou menos como as aves modernas. O mais impressionante de todos é o *Microraptor gui*, o "dinossauro de quatro asas". Ao contrário de qualquer ave moderna, essa bizarra criatura de 1 metro tem braços e pernas cobertos de penas (figura 10b) que, quando estendidos, provavelmente eram usados para planar.[10]

Os dinossauros terópodas não só tinham aspectos primitivos de aves, mas parece que também se comportavam de maneiras próprias das aves. O paleontólogo americano Mark Norell e sua equipe descreveram dois fósseis mostrando comportamento antigo – e, se fósseis podem ser chamados de "comoventes", esse é o caso. Um deles é um dinossauro com penas, que dorme com a cabeça enfiada debaixo de seu antebraço dobrado, similar a uma asa – exatamente do jeito que as aves modernas dormem (figura 11). O animal, que recebeu o nome científico de *Mei long* ("dragão profundamente adormecido", em chinês), deve ter morrido enquanto tirava uma soneca. O outro fóssil é uma fêmea de terópoda que morreu sentada em seu ninho de ovos, exibindo um comportamento de incubação similar ao das aves.

Todos os fósseis de dinossauros não voadores com penas datam de 135 a 110 milhões de anos atrás – época posterior aos 145 milhões de anos do *Archaeopteryx*. Isso significa que eles não poderiam ser ancestrais diretos do *Archaeopteryx*, mas poderiam ter sido seus primos. Dinossauros com penas provavelmente continuaram a existir depois que um de seus parentes deu origem às aves. Devemos então ser capazes de encontrar dinossauros com penas mais antigos ainda, que tenham sido os ancestrais do *Archaeopteryx*. O problema é que as penas são conservadas somente em sedimentos especiais – os lodos finamente granulados de ambientes tranquilos como leitos de lagos ou lagunas. E essas condições são muito raras. Mas podemos fazer outra predição evolucionária testável: a de que um dia iremos encontrar fósseis de dinossauros com penas mais velhos do que o *Archaeopteryx*.[11]

Não temos certeza se o *Archaeopteryx* é a única espécie que deu origem a todas as aves modernas. Parece improvável que tenha sido o "elo perdido". Mas, independentemente disso, trata-se de uma das mais longas sequências

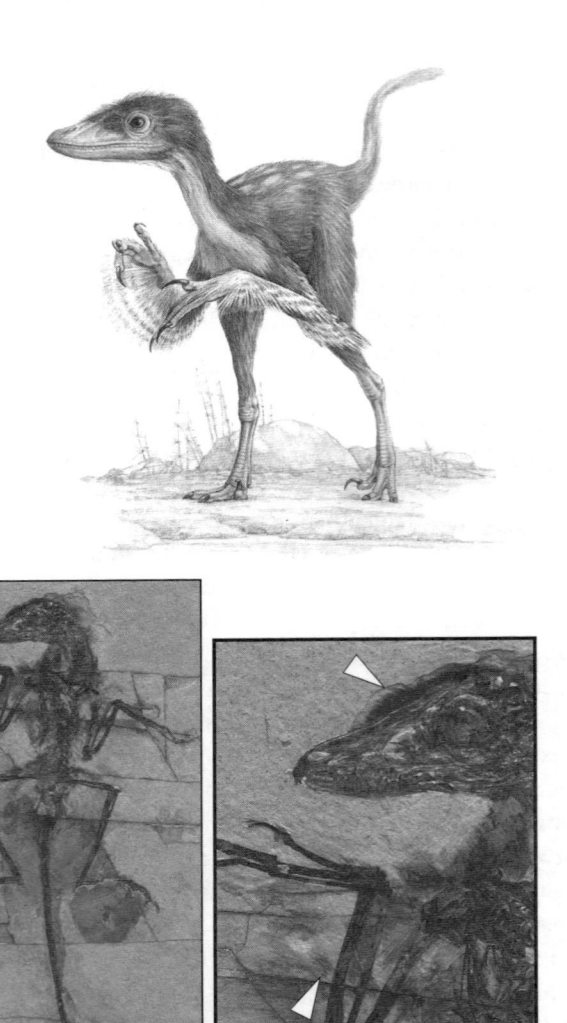

FIGURA 10A. O dinossauro com penas *Sinornithosaurus millenii*, fóssil originário da China (de cerca de 125 milhões de anos de idade), e uma reconstrução artística. O fóssil mostra penas filamentosas claramente impressas, especialmente na cabeça e nos membros anteriores (setas).

FIGURA 10B. O *Microraptor gui*, bizarro dinossauro "com quatro asas", que tinha longas penas tanto nos membros anteriores quanto nos posteriores. Essas penas (setas) são claramente visíveis no fóssil, que tem cerca de 120 milhões de anos. Não se sabe ao certo se esse animal era capaz de voar ou apenas de planar, mas as "asas" posteriores quase certamente o ajudavam a aterrar, como mostra o desenho.

FIGURA 11. Comportamento fóssil: *Mei long*, o dinossauro terópoda com penas (no alto), fossilizado numa posição empoleirada similar à das aves, e dormindo com a cabeça enfiada debaixo do membro anterior. No meio: uma reconstrução de *Mei long* a partir do fóssil. Embaixo: uma ave moderna (papagaio doméstico jovem) dormindo na mesma posição.

de fósseis (algumas delas encontradas pelo intrépido Paul Sereno) que documentam claramente o surgimento das aves modernas. Conforme esses fósseis se tornam mais jovens, vemos que o rabo reptiliano encolhe, os dentes desaparecem, as garras se fundem e algo com aparência de um grande osso de peito ancora os músculos de voo.

Colocados juntos, os fósseis mostram que o plano esqueletal básico das aves, e aquelas penas essenciais, evoluíram *antes* que as aves conseguissem voar. Havia muitos dinossauros com penas, e suas penas estão claramente relacionadas com as das aves modernas. Mas, se as penas não surgiram como adaptações para o voo, para que serviam elas então? De novo, não sabemos. Elas podem ter sido usadas para ornamentação ou ostentação – talvez para atrair parceiros de acasalamento. No entanto, parece mais provável que eram usadas como isolamento. Ao contrário dos répteis modernos, os terópodas podem ter sido parcialmente de sangue quente; e, mesmo que não fossem, as penas poderiam tê-los ajudado a manter a temperatura do corpo. E *do quê* as penas evoluíram é um mistério maior ainda. O melhor palpite é que elas derivaram das mesmas células que deram origem às escamas reptilianas, mas nem todos concordam com isso.

Apesar do que não se sabe, podemos tentar adivinhar algo sobre como a seleção natural moldou as aves modernas. Os antigos dinossauros carnívoros evoluíram membros anteriores e mãos mais longos, o que provavelmente os ajudou na preensão e na manipulação de suas presas. O tipo de preensão teria favorecido a evolução de músculos que permitissem estender rapidamente as pernas frontais e empurrá-las para dentro: exatamente o movimento usado no impulso para baixo do voo como tal. Depois veio a cobertura de penas, provavelmente para promover o isolamento. A partir dessas inovações, existem pelo menos duas maneiras pelas quais o voo poderia ter evoluído. A primeira é chamada de cenário "das árvores para baixo" ["trees down"]. Há evidência de que alguns terápodas viviam pelo menos parcialmente em árvores. Os membros anteriores com penas ajudariam esses répteis a deslizar de uma árvore para outra, ou da árvore ao chão, o que lhes permitiria escapar de predadores, encontrar alimento mais prontamente ou amortecer suas quedas.

Um cenário diferente – e mais provável – é a chamada teoria "do chão para cima" ["*ground up*"], que vê o voo evoluir como resultado de corridas e saltos com os braços abertos, que os dinossauros com penas fariam para agarrar suas presas. Asas mais longas poderiam também ter evoluído como auxiliares da corrida. A perdiz chukar, uma ave de caça estudada por Kenneth Dial na Universidade de Montana, representa um exemplo vivo desse passo. Essas perdizes quase nunca voam, e batem suas asas principalmente para poder correr montanha acima. Esse bater de asas lhes dá não só uma propulsão adicional, mas também maior tração contra o chão. Os filhotes recém-nascidos conseguem subir correndo encostas de até 45 graus, e os adultos sobem encostas de 105 graus – superando a vertical – simplesmente correndo e batendo as asas. A vantagem óbvia é que essa subida morro acima ajuda essas aves a fugir de predadores. O próximo passo na evolução para o voo seriam os curtos saltos no ar, como os que dão os perus e codornas ao fugir de algum perigo.

Tanto no cenário "das árvores para o chão" como no cenário "do chão para cima", a seleção natural poderia ter começado a favorecer indivíduos capazes de voar mais longe em vez de meramente planar, saltar ou fazer pequenos voos. Então viriam as outras inovações compartilhadas pelas aves modernas, como ossos ocos para maior leveza e o osso do peito maior.

Embora possamos especular sobre os detalhes, a existência de fósseis transicionais – e a evolução de répteis para aves – é um fato. Fósseis como o *Archaeopteryx* e seus parentes posteriores mostram uma mistura de traços de aves e de antigos répteis, e ocorrem no tempo certo dentro do registro fóssil. Cientistas previram que as aves evoluíram de dinossauros terápodas e, sem dúvida, encontramos dinossauros terápodas com penas. Vemos uma progressão ao longo do tempo dos primeiros terápodas com finas coberturas filamentosas no corpo para outros posteriores com penas características, que provavelmente eram planadores hábeis. O que vemos na evolução das aves é a remoldagem de antigos aspectos (membros anteriores com dedos e finos filamentos na pele) em novos aspectos (asas sem dedos e penas) – exatamente como a teoria evolucionária previu.

De volta para a água: a evolução das baleias

Duane Gish, uma criacionista americana, ganhou renome por suas palestras muito animadas e populares (embora totalmente equivocadas) atacando a evolução. Uma vez assisti a uma delas, na qual Duane ridicularizou a teoria dos biólogos de que as baleias descendem de animais terrestres relacionados com as vacas. Como seria possível, perguntava ela, que ocorresse uma transição como essa, já que a forma intermediária teria sido muito mal adaptada tanto à terra quanto à água, e portanto não poderia ser moldada pela seleção natural (isso lembra o argumento da meia asa, apresentado para refutar a evolução das aves). Para ilustrar seu ponto de vista, Duane mostrava um *slide* de um animal caricatural, similar a uma sereia, cuja parte frontal era uma vaca malhada e cuja metade posterior era um peixe. Visivelmente desconcertado por seu próprio destino evolucionário, esse animal claramente mal adaptado ficava em pé à beira d'água, com um ponto de interrogação enorme acima da sua cabeça. Esse desenho produzia o efeito pretendido: a plateia caía na gargalhada. Como é que os evolucionistas conseguiam ser tão estúpidos? – perguntava-se a plateia.

De fato, uma "sereia-vaca" é um exemplo ridículo de uma forma transicional entre mamíferos terrestres e aquáticos – um *"udder failure"*, como Duane comentou.* Mas vamos esquecer as piadas e a retórica e olhar para a natureza. Podemos encontrar algum mamífero que tenha vivido tanto em terra quanto na água, o tipo de criatura que supostamente não teria evoluído?

É fácil. Um bom candidato é o hipopótamo, que, embora relacionado de perto aos mamíferos terrestres, é um mamífero quase tão aquático quanto um mamífero terrestre pode ser (há duas espécies, o hipopótamo pigmeu e o hipopótamo "normal", cujo nome científico é, apropriadamente, *Hippopotamus amphibius*). Os hipopótamos passam a maior parte de seu tempo submersos em rios e pântanos tropicais, vigiando seu domínio com os olhos, nariz e orelhas, que estão implantados no alto de sua cabeça e podem ser bem fechados debaixo d'água. Os hipopótamos acasalam na água, e seus bebês, capazes de nadar antes de andar, são paridos e mamam debaixo d'água. Pelo fato de serem principalmente aquáticos, os hipopótamos têm adaptações especiais para virem à terra pastar: geralmente se alimentam à noite e, porque são propensos a queimaduras solares, secretam um fluido oleoso vermelho que contém um pigmento – ácido hipossudórico –, que age como filtro solar e provavelmente como antibiótico. Isso originou o mito de que os hipopótamos suam sangue. Os hipopótamos estão obviamente bem adaptados ao seu ambiente, e não é

---

* A autora faz um trocadilho, impossível de reproduzir em português, aproveitando a proximidade sonora em inglês entre *utter failure* ["fracasso completo"] e a expressão que ela cria, *ubber failure* ["fracasso do úbere"]. (N. do T.)

difícil ver que, caso pudessem encontrar alimento suficiente na água, poderiam acabar evoluindo em animais totalmente aquáticos, criaturas similares à baleia.

Mas não precisamos nos restringir a imaginar de que modo as baleias evoluíram a partir apenas de extrapolações de espécies vivas. As baleias, por sinal, têm um excelente registro fóssil, graças aos seus hábitos aquáticos e aos seus ossos robustos, fáceis de fossilizar. E o conhecimento sobre como elas evoluíram emergiu apenas nos últimos vinte anos. Elas são um dos nossos melhores exemplos de uma transição evolucionária, pois dispomos para elas de uma série de fósseis ordenada cronologicamente, talvez uma linhagem de ancestrais e descendentes mostrando sua movimentação da terra para a água.

Aceita-se desde o século 17 que as baleias e seus parentes, os golfinhos e os marsuínos, são mamíferos. Têm sangue quente, produzem filhotes que se alimentam com leite, e têm pelos em volta de seus orifícios respiratórios. E algumas evidências do DNA das baleias, do mesmo modo que traços vestigiais como seus rudimentos de pélvis e membros posteriores, mostram que seus ancestrais viveram em terra. As baleias, quase com certeza, evoluíram de uma espécie dos artiodáctilos: o grupo de mamíferos que têm um número par de dedos, como os camelos e os porcos.[12] Os biólogos agora acreditam que o parente vivo mais próximo da baleia é – você adivinhou – o hipopótamo, portanto talvez o cenário "de hipopótamo para baleia" não seja afinal tão forçado assim.

Mas as baleias têm seus aspectos únicos que as colocam à parte de seus parentes terrestres. Entre eles, a ausência de membros posteriores, de membros anteriores que estejam modelados como remos, um rabo achatado, um orifício de respiração (uma narina no alto da cabeça), um pescoço curto, dentes cônicos simples (diferentes dos dentes complexos, serrilhados, dos animais terrestres), conformação especial do ouvido que lhes permite ouvir debaixo d'água, e robustas projeções no alto das vértebras para ancorar os fortes músculos natatórios da cauda. Graças a uma impressionante série de achados fósseis feita no Oriente Médio, podemos traçar a evolução de cada um desses traços – exceto a cauda sem osso, que não se fossiliza – de uma forma terrestre até uma forma aquática.

Há 60 milhões de anos havia abundância de fósseis de mamíferos, mas nenhum fóssil de baleia. Criaturas que lembram as baleias modernas aparecem 30 milhões de anos mais tarde. Devemos ser capazes, então, de encontrar formas transicionais dentro desse intervalo. E, uma vez mais, é exatamente aí que elas estão. A figura 12 mostra, em ordem cronológica, alguns dos fósseis envolvidos nessa transição, abrangendo o período entre 52 e 40 milhões de anos atrás.

Não há necessidade de descrever essa transição em detalhes, já que os desenhos falam com clareza – quando não gritam – a respeito de como um animal que vivia na terra passou a viver na água. A sequência começa com um fóssil recentemente descoberto de um parente próximo da baleia, um animal do tamanho de um racum chamado *Indohyus*. Vivendo há 48 milhões de anos, o *Indohyus* era, como previsto, um arteodáctilo. Ele é claramente relacionado com as baleias porque tem aspectos especiais nas orelhas e nos dentes que são vistos apenas nas modernas baleias e seus ancestrais aquáticos. Embora o *Indohyus* apareça um pouco mais tarde do que os ancestrais basicamente aquáticos das baleias, ele é provavelmente muito similar aos ancestrais delas. E era pelo menos parcialmente aquático. Sabemos disso porque seus ossos eram mais densos do que os dos mamíferos totalmente terrestres, o que impedia as criaturas de ficarem boiando na água, e porque os isótopos extraídos de seus dentes mostram que absorvia um monte de oxigênio da água. Ele provavelmente vadeava em cursos d'água rasos ou lagos, para se alimentar da vegetação ou escapar de seus inimigos, de modo parecido ao que faz um animal similar, o atual trágulo aquático africano.[13] Essa vida em meio-expediente na água provavelmente colocou o ancestral das baleias a caminho de se tornar totalmente aquático.

O *Indohyus* não era o ancestral das baleias, mas era quase com certeza seu primo. No entanto, se retrocedermos 4 milhões de anos ou mais, para 52 milhões de anos atrás, veremos quem poderia muito bem ter sido esse ancestral. É um crânio fóssil de uma criatura do porte de um lobo chamada *Pakicetus*, que é um pouco mais similar à baleia do que o *Indohyus*, pois tem dentes mais simples e ouvido como o das baleias. O *Pakicetus* ainda não se parecia em nada com a baleia moderna; portanto, se você tivesse estado lá para vê-lo, não teria adivinhado que ele e seus parentes próximos iriam dar origem a uma importante radiação evolucionária. Então, segue-se, em rápida sucessão, uma série de fósseis que se tornam mais e mais aquáticos com o tempo. Há 50 milhões de anos, havia o notável *Ambulocetus* (literalmente, "baleia andante"), com crânio alongado e membros reduzidos mas robustos, membros que ainda terminavam em cascos, revelando sua ancestralidade. Ele provavelmente passava a maior parte do tempo em águas rasas, e deve ter vadeado em terra de modo desajeitado, mais ou menos como uma foca. O *Rodhocetus* (47 milhões de anos atrás)

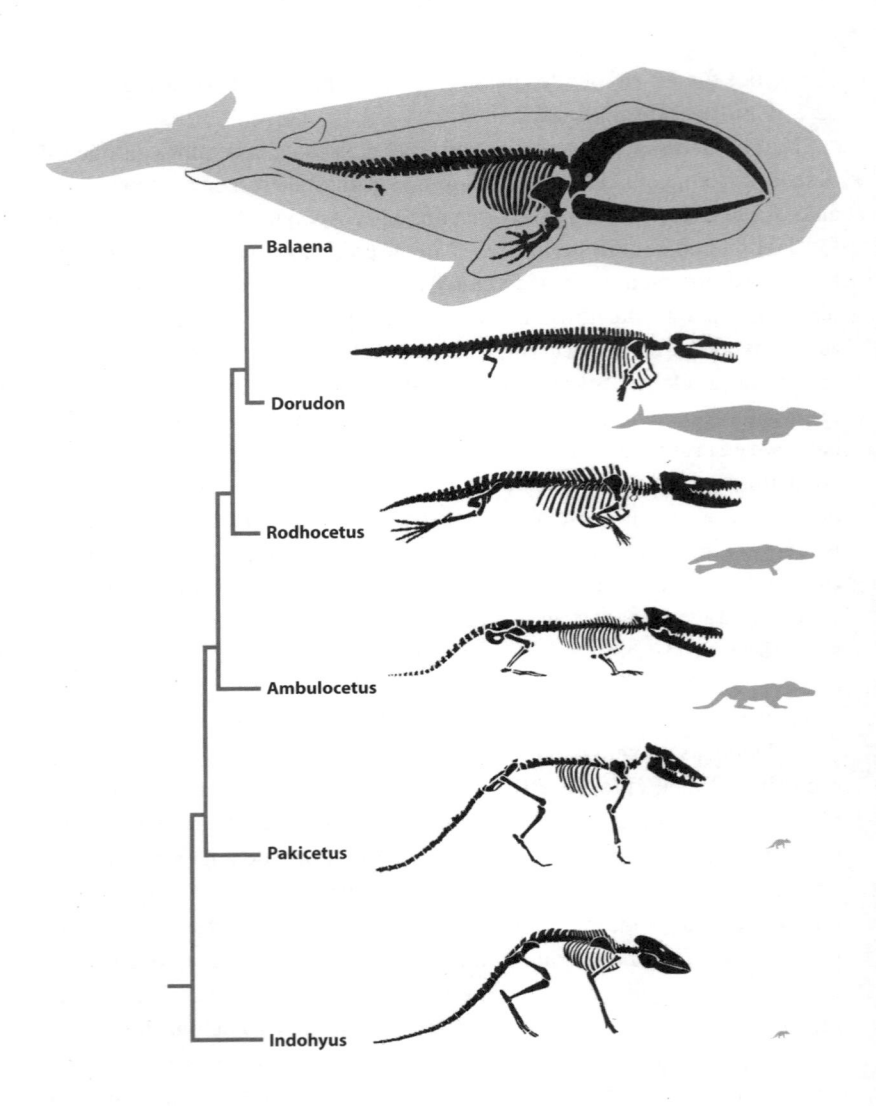

FIGURA 12. Formas transicionais na evolução da moderna baleia (Balaena é a moderna baleia de barbatana, com uma pélvis e membros posteriores vestigiais, enquanto as demais formas são fósseis transicionais). Os tamanhos relativos dos animais são mostrados em sombreado, à direita. A "árvore" mostra os relacionamentos evolucionários dessas espécies.

é ainda mais aquático. Suas narinas se moveram um pouco para trás, e ele tem um crânio mais alongado. Com extensões fortes na espinha dorsal para ancorar seus músculos da cauda, o *Rodhocetus* deve ter sido um bom nadador, mas tinha dificuldades em terra devido ao pequeno porte de sua pélvis e membros posteriores. Essa criatura com certeza passou a maior parte, se não todo o seu tempo, no mar. Finalmente, há 40 milhões de anos, encontramos os fósseis *Basilosaurus* e *Dorudon* – sem dúvida, mamíferos totalmente aquáticos, com pescoço curto e orifício de respiração no alto do crânio. Talvez não tenham passado nenhum tempo em terra, pois sua pélvis e membros posteriores eram reduzidos (o *Dorudon*, de 15 metros, tinha pernas com apenas 60 centímetros de comprimento) e estavam desconectados do restante do esqueleto.

A evolução das baleias a partir de animais terrestres foi notavelmente rápida: a maioria da ação teve lugar em apenas 10 milhões de anos. Isso não é muito mais do que o tempo que levou para que divergíssemos de nosso ancestral comum com os chipanzés, uma transição que envolveu bem menos modificações do corpo. Além disso, adaptar-se à vida no mar não exigiu a evolução de quaisquer traços inteiramente novos – apenas modificações nos já existentes.

Mas por que motivo algumas espécies voltam para a água? Afinal, milhões de anos antes seus ancestrais haviam invadido a terra. Não temos certeza de por que ocorreu uma migração reversa, mas há várias ideias a respeito. Uma das possibilidades envolve o desaparecimento dos dinossauros junto com seus ferozes primos marinhos, os comedores de peixes mosassauros, ictiossauros e plesiossauros. Essas criaturas teriam não apenas competido com mamíferos aquáticos por alimento, mas provavelmente feito deles sua refeição. Com seus competidores reptilianos extintos, os ancestrais das baleias podem ter encontrado um nicho disponível, livre de predadores e com abundância de alimento. O mar estava pronto para ser invadido. Todos os seus benefícios estavam apenas a algumas mutações de distância.

O QUE DIZEM OS FÓSSEIS

Se a esta altura você se sente sobrecarregado de fósseis, console-se, pois omiti centenas de outros que também mostram a evolução. Existe a transição entre répteis e mamíferos, tão amplamente documentada por meio de intermediá-

Sphecomyrma freyi

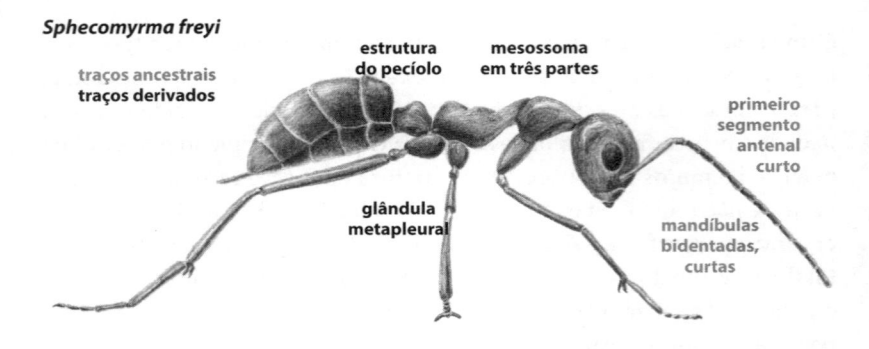

traços ancestrais
traços derivados

estrutura do pecíolo

mesossoma em três partes

primeiro segmento antenal curto

glândula metapleural

mandíbulas bidentadas, curtas

FIGURA 13. Inseto transicional: uma antiga formiga mostrando traços primitivos de vespa – o grupo ancestral previsto – e aspectos derivados de formiga. Um único espécime dessa espécie, o *Sphecomyrma freyi*, foi encontrado preservado em âmbar datando de 92 milhões de anos atrás.

rios "répteis similares a mamíferos" que são tema de vários livros. Depois há os cavalos, um ramo evolucionário que partiu de um pequeno ancestral de cinco pés até chegar à majestosa espécie com cascos de nossos dias. E, é claro, existe o registro fóssil humano, descrito no capítulo 8 – que é, sem dúvida, o melhor exemplo de uma predição evolucionária cumprida.

Correndo o risco de passar da conta, vou fazer breve menção a mais algumas importantes formas transicionais. A primeira é um inseto. A partir de similaridades anatômicas, os entomologistas há muito supõem que as formigas evoluíram de vespas não sociais. Em 1967, E. O. Wilson e seus colegas descobriram uma formiga "transicional", preservada em âmbar, que exibia a combinação exata de traços de formiga e vespa que os entomologistas haviam previsto (figura 13).

De modo similar, há muito tempo supõe-se que as cobras evoluíram de répteis como os lagartos que perderam suas pernas, já que répteis com pernas aparecem no registro fóssil bem antes das cobras. Em 2006, paleontologistas escavaram a Patagônia e encontraram um fóssil da mais antiga cobra conhecida, com 90 milhões de anos de idade. Exatamente como previsto, ela tinha uma pequena cintura pélvica e membros posteriores reduzidos. E talvez o achado mais impressionante de todos seja um fóssil de 530 milhões de anos da China, chamado *Haikouella lanceolata*, parecido com uma enguia pequena com uma barbatana dorsal ondulada. Ele tinha também cabeça, cérebro, coração e uma barra cartilaginosa ao longo das costas – a notocorda. Isso o caracteriza como talvez o mais antigo cordado, grupo que deu origem a todos os vertebrados – nós, inclusive. Nessa criatura complexa, com uma polegada de comprimento, podem estar as raízes da nossa própria evolução.

O registro fóssil nos ensina três coisas. Primeiro, ele fala de modo afirmativo e eloquente sobre a evolução. O registro nas rochas confirma várias predições da teoria evolucionária: mudança gradual dentro de linhagens, divisão de linhagens e a existência de formas transicionais entre espécies bem diferentes de organismos. Não há como contornar essa evidência, não há como deixá-la de considerar. A evolução aconteceu, e em muitos casos nós vemos como foi que ela se deu.

Segundo, quando encontramos formas transicionais, elas ocorrem no registro fóssil justamente onde deveriam. As primeiras aves aparecem depois dos dinossauros mas antes das aves modernas. Vemos baleias ancestrais abrangendo o intervalo de seus próprios ancestrais avessos ao mar e as baleias totalmente modernas. Se a evolução não fosse um fato, os fósseis não iriam ocorrer numa ordem que fizesse senso em termos evolucionários. Quando lhe perguntaram que observação poderia concebivelmente *invalidar* a evolução, o irascível biólogo J. B. S. Haldane teria grunhido: "Coelhos fósseis no pré-cambriano!" (esse é o período geológico que terminou há 543 milhões de anos). Nem é preciso dizer, nunca foram achados coelhos pré-cambrianos ou quaisquer outros fósseis anacrônicos.

Finalmente, a mudança evolucionária, mesmo uma de grande porte, quase sempre envolve remodelar o velho para produzir o novo. As pernas de animais terrestres são variações de membros robustos de peixes ancestrais. Os ossículos do ouvido médio dos mamíferos são maxilas remodeladas de seus ancestrais reptilianos. As asas de aves foram moldadas a partir de pernas de dinossauros. E baleias são animais terrestres expandidos cujos membros anteriores se tornaram nadadeiras e cujas narinas se deslocaram para o alto da cabeça.

Não faria sentido que um projetista celestial, ao modelar organismos a partir do zero como um arquiteto projeta edifícios, criasse novas espécies remodelando aspectos das espécies existentes. Cada espécie poderia ser construída a partir da estaca zero. Mas a seleção natural só age mudando o que já existe. Não é capaz de produzir novos traços a partir do nada. O darwinismo prevê, portanto, que novas espécies serão versões modificadas das mais velhas. O registro fóssil confirma amplamente essa previsão.

CAPÍTULO 3

RESTOS:
VESTÍGIOS, EMBRIÕES E MAUS PROJETOS

Nada em biologia faz sentido exceto à luz da evolução.
— Theodosius Dobzhansky

Na Europa medieval, antes que houvesse papel, os manuscritos eram feitos escrevendo-se em pergaminho, isto é, em finas folhas de pele animal seca. Eram de confecção difícil e por isso muitos escritores medievais simplesmente reutilizavam manuscritos antigos raspando as palavras e escrevendo nas páginas recém-apagadas. Esses manuscritos reciclados são chamados de "palimpsestos", do grego *palimpsestos*, que significa "raspado de novo".

Com frequência, porém, pequenos vestígios da escrita antiga persistiam. Isso se tem revelado crucial para o nosso entendimento do mundo antigo. Muitos textos antigos na verdade só chegaram ao nosso conhecimento porque alguém se ocupou em ler o que estava embaixo da camada de sobrescrita medieval que recobria as palavras originais. Talvez o mais famoso exemplo disso seja o Palimpsesto de Arquimedes, que primeiro foi escrito em Constantinopla no século 10 e depois raspado e sobrescrito três séculos adiante por um monge que fazia um livro de orações. Em 1906, um estudioso dinamarquês identificou o texto original como obra de Arquimedes. Desde então, uma combinação de raios X, reconhecimento óptico de caracteres e outros complexos métodos tem sido usada para decifrar o texto original subjacente. Esse trabalho árduo rendeu três tratados de Arquimedes escritos em grego antigo, dois deles antes desconhecidos e imensamente importantes para a história da ciência. Dessas maneiras arcanas recuperamos o passado.

Como esses textos antigos, os organismos são palimpsestos de história – história evolucionária. No corpo de animais e plantas estão as chaves de sua ancestralidade, as pistas que dão testemunho da evolução. E são várias. Estão aqui escondidos traços especiais, "órgãos vestigiais" que só fazem sentido como restos de traços que já foram úteis em algum ancestral. Às vezes encontramos "atavismos" – traços que constituem um salto atrás, produzido por um despertar ocasional de genes ancestrais, há muito tempo silenciados. Agora que podemos ler sequências de DNA diretamente, descobrimos que as espécies são também palimpsestos moleculares: em seu genoma está inscrito muito de sua história evolucionária, incluindo os destroços de genes que já foram úteis uma vez. Mais ainda, em seu desenvolvimento a partir de embriões, muitas espécies perfazem bizarros contorcionismos de forma: órgãos e outros aspectos surgem e depois mudam dramaticamente ou mesmo desaparecem de vez antes do nascimento. E as espécies tampouco são tão bem projetadas assim: muitas delas mostram imperfeições que são sinais não de uma engenharia celestial, mas de evolução.

Stephen Jay Gould chamou esses palimpsestos biológicos de "sinais insensatos de história". Mas na realidade não são insensatos, pois constituem algumas das evidências mais poderosas da evolução.

VESTÍGIOS

Depois de concluir meu curso de graduação em Boston, fui destinado a ajudar um cientista veterano que havia escrito um trabalho no qual discutia se era mais eficiente para animais de sangue quente correr sobre duas ou quatro pernas. Ele pretendia submeter o trabalho à apreciação da *Nature*, uma das mais prestigiosas publicações científicas, e me pediu para ajudá-lo a conseguir uma foto que tivesse impacto suficiente para ser capa da revista e chamar a atenção para o seu trabalho. Animado por poder sair um pouco do laboratório, passei uma tarde inteira perseguindo um cavalo e um avestruz em volta de um curral, na esperança de conseguir fazê-los correr lado a lado e registrar os dois tipos de corrida numa mesma foto. Nem é preciso dizer que os animais se recusaram a cooperar e, com todas as espécies envolvidas exaustas, finalmente desistimos. Apesar de não termos conseguido a foto14, a experiência foi como uma lição de biologia: o avestruz não consegue voar, mas ainda assim é capaz de usar suas asas. Quando corre, faz uso delas para se equilibrar, estendendo-as para os lados a fim de evitar tropeçar e cair. E quando um avestruz fica agitado – tende a ficar assim se você o persegue por um curral –, ele corre direto para cima do perseguidor com as asas estendidas, numa postura ameaçadora. É um sinal para você sair da frente, pois um avestruz zangado pode facilmente arrancar suas entranhas com um chute violento. Eles também usam as asas em exibições de acasalamento[15] e as abrem para proteger seus filhotes do forte sol africano.

A lição, no entanto, vai mais fundo. As asas do avestruz são um traço vestigial: um aspecto de uma espécie que funcionou como adaptação em seus ancestrais, mas que ou perdeu totalmente sua utilidade ou, como no avestruz, foi cooptado para novos usos. Como todas as aves não voadoras, os avestruzes descendem de ancestrais voadores. Sabemos disso não só por meio de evidência fóssil, mas pelo padrão de ancestralidade que as aves não voadoras carregam em seu DNA. Mas as asas, embora ainda presentes, não podem mais ajudar as aves a empreender voo para buscar alimento ou escapar de predadores e de estudantes chatos. Mesmo assim, não são inúteis – elas evoluíram novas funções. Ajudam a ave a manter o equilíbrio, a acasalar e ameaçar seus inimigos.

O avestruz africano não é a única ave não voadora. Ao lado das ratitas – grandes aves não voadoras como a sul-americana ema, o emu australiano e o quivi neozelandês –, dezenas de outras espécies de aves perderam independentemente a capacidade de voar. Entre elas estão o frango-d'água europeu, o mergulhão-caçador, o pato e, é claro, o pinguim. Talvez o mais bizarro seja o kakapo neozelandês, um papagaio não voador, atarracado, que vive principalmente no chão mas também é capaz de escalar árvores e saltar como se fosse de paraquedas até o chão da floresta. Os kakapos estão em grave ameaça de extinção: há menos de uma centena deles em vida selvagem. Incapazes de voar, são presa fácil para predadores introduzidos, como gatos e ratos.

Todas as aves não voadoras têm asas. Em algumas, como o quivi, as asas são tão pequenas – apenas alguns centímetros e enterradas sob suas penas – que não parecem ter nenhuma função. São apenas restos. Em outras, como vimos no caso do avestruz, as asas ganharam novos usos. Nos pinguins, as asas ancestrais evoluíram para nadadeiras, permitindo à ave nadar sob a água com uma velocidade impressionante. E, no entanto, elas têm exatamente os mesmos ossos que vemos nas asas das espécies que voam. Isso ocorre porque as asas das aves não voadoras não são fruto de um projeto deliberado (afinal, por que um criador usaria exatamente os mesmos ossos em asas voadoras e não voadoras, incluindo as asas de pinguins nadadores?), mas da evolução a partir de ancestrais voadores.

Os opositores da evolução sempre levantam o mesmo argumento quando os traços vestigiais são citados como prova da evolução. "Os traços *não* são inúteis", dizem eles. "Devem ser úteis para algo, ou quem sabe ainda não descobrimos sua utilidade." Em outras palavras, eles defendem que um traço não pode ser vestigial se ainda tem uma função, ou uma função ainda a ser descoberta.

Mas essa réplica foge da questão. A teoria evolucionária não afirma que as características vestigiais não tenham função. Um traço pode ser ao mesmo tempo vestigial e funcional. É vestigial não porque não tenha uma função, mas porque não desempenha mais a função para a qual evoluiu. As asas de um avestruz são úteis, mas isso não significa que *não nos digam nada a respeito da evolução*. Não seria estranho um criador ajudar um avestruz a se equilibrar melhor dando-lhe apêndices que por acaso têm exatamente o mesmo aspecto de asas reduzidas, e que são construídos exatamente da mesma maneira que as asas usadas para voar?

Na verdade, temos a expectativa de que os aspectos ancestrais evoluam para novos usos: é exatamente isso o que acontece quando a evolução constrói novos traços a partir dos antigos. O próprio Darwin observou que "um órgão que é tido, em hábitos alterados de vida, como inútil ou prejudicial para um determinado propósito, pode facilmente ser modificado e usado para outro propósito".

Mas, mesmo quando estabelecemos que um traço é vestigial, as questões não terminam aí. Em que ancestrais era funcional? Para que era usado? Por que perdeu sua função? Por que ainda está presente em vez de ter desaparecido por completo? E para que novas funções ele evoluiu, se é que isso ocorreu?

Vamos pegar de novo o exemplo das asas. Obviamente, há muitas vantagens em ter asas, vantagens compartilhadas pelos ancestrais voadores de aves não voadoras. Então, por que algumas espécies perderam sua capacidade de voar? Não temos absoluta certeza, mas sem dúvida contamos com algumas pistas sólidas. A maioria das aves que evoluíram como não voadoras fizeram

RESTOS: VESTÍGIOS, EMBRIÕES E MAUS PROJETOS

isso em ilhas – o extinto dodô nas Ilhas Maurício, o frango-d'água havaiano, o kakapo e o quivi na Nova Zelândia, e as muitas aves não voadoras que recebem o nome das ilhas que habitam (a saracura-três-potes de Samoa, o frango-d'água-da-ilha-gough, o marrequinho-das-ilhas-auckland, entre outros). Como veremos no próximo capítulo, um dos aspectos notáveis das ilhas remotas é a ausência nelas de mamíferos e répteis – espécies que predam as aves. Mas o que dizer das ratitas que vivem em continentes, como o avestruz? Todas elas evoluíram no hemisfério sul, onde havia bem menos mamíferos predadores do que no norte.

Em resumo: o voo é metabolicamente custoso, consumindo um monte de energia que poderia ser desviada para a reprodução. Se você voa principalmente para ficar a salvo de predadores, mas em ilhas geralmente não há predadores, ou se a comida já é fácil de obter no chão, como pode ser o caso em ilhas (que com frequência têm poucas árvores), então por que você precisaria de asas plenamente funcionais? Em tal situação, aves com asas reduzidas teriam uma vantagem reprodutiva e a seleção natural poderia favorecer o não voo. Além disso, as asas são apêndices grandes que podem ser facilmente machucados. Se forem desnecessárias, você pode evitar se machucar reduzindo-as. Em ambas as situações, a seleção favoreceria mutações que levassem a asas progressivamente menores, resultando numa incapacidade de voar.

Então, por que as asas não desapareceram completamente? Em alguns casos, quase fizeram isso: as asas do quivi são meras protuberâncias não funcionais. Mas, quando assumem novos usos, como no avestruz, as asas são mantidas pela seleção natural, embora numa forma que não permite o voo. Em outras espécies, as asas podem estar em processo de desaparecimento e nós simplesmente as vemos no meio desse processo.

Olhos vestigiais também são comuns. Muitos animais, incluindo cavadores de túneis e habitantes de cavernas, vivem na completa escuridão, mas sabemos a partir da construção de árvores evolucionárias que eles descendem de espécies que viveram na superfície e tinham olhos funcionais. Como as asas, os olhos são um fardo quando não se precisa deles. Eles consomem energia para ser construídos e podem ser machucados com facilidade. Portanto, quaisquer mutações que favoreçam sua perda serão claramente vantajosas quando o ambiente é escuro demais para se poder enxergar. Alternativamente, mutações redutoras da visão podem simplesmente ter-se acumulado ao longo do tempo, desde que nem ajudem nem machuquem o animal.

Foi exatamente uma perda de olhos evolucionária desse tipo que ocorreu no ancestral do rato toupeira cego do leste do Mediterrâneo. Trata-se de um roedor longo, cilíndrico, com pernas atarracadas, parecido com um salame coberto de pelos e de boca minúscula. Essa criatura passa a vida inteira debaixo da terra. Mesmo assim, ainda mantém vestígio de um olho – um pequeno órgão com apenas 1 milímetro de extensão e completamente escondido por uma camada protetora de pele. O olho restante não é capaz de formar imagens. A evidência molecular nos diz que, por volta de 25 milhões de anos atrás, o rato toupeira cego evoluiu a partir de roedores dotados de visão, e seus olhos murchos atestam essa ancestralidade. Mas por que afinal esses restos persistem? Estudos recentes mostram que eles contêm um fotopigmento que é sensível a baixos níveis de luz e ajuda a regular o ritmo de atividade diurno do animal. Essa função residual, estimulada por pequenas quantidades de luz que penetram no subsolo, poderia explicar a persistência dos olhos vestigiais.

As toupeiras verdadeiras, que não são roedores, mas insetívoros, perderam independentemente seus olhos, mantendo apenas um órgão vestigial, coberto de pele, que você pode ver puxando de lado os pelos de sua cabeça. Similarmente, em algumas serpentes fossoriais os olhos ficam ocultos por completo sob as escamas. Em muitos animais de cavernas também os olhos estão reduzidos ou ausentes. Isso ocorre com peixes (como o peixe-cego de caverna que você pode comprar em lojas de animais), aranhas, salamandras, camarões e besouros. Há também um camarão cego de caverna que ainda tem pedúnculos para sustentar os olhos, mas nenhum olho em cima deles!

As baleias são um tesouro em termos de órgãos vestigiais. Muitas espécies vivas têm uma pélvis vestigial e ossos de pernas, testemunhando, como vimos no capítulo anterior, sua descendência de ancestrais terrestres de quatro pernas. Se você observar um esqueleto completo de baleia em algum museu, é provável que veja o pequeno apêndice posterior e os ossos pélvicos pendendo do resto do esqueleto, suspensos por fios. Isso se dá porque nas baleias vivas eles não estão conectados ao resto dos ossos, ficando apenas embutidos no tecido. Já foram parte do esqueleto, mas ficaram desligados dele e reduzidos em tamanho a partir do momento em que não foram mais necessários. A lista de órgãos vestigiais em animais poderia encher um vasto catálogo. O próprio Darwin, ávido colecionador de besouros em sua juventude, destacou que alguns besouros não voadores ainda tinham vestígios de asas sob sua cobertura de asas fundidas (a "carapaça" do besouro).

RESTOS: VESTÍGIOS, EMBRIÕES E MAUS PROJETOS

Nós humanos temos vários aspectos vestigiais que provam que evoluímos. O mais famoso é nosso apêndice. Conhecido na medicina como apêndice vermiforme ("em forma de verme"), é um cilindro fino de tecido, como um lápis, que constitui o final de uma bolsa, ou ceco, assentada na junção dos intestinos grosso e delgado. Como muitos aspectos vestigiais, seu tamanho e grau de desenvolvimento são muito variáveis: em humanos, seu comprimento varia de cerca de uma polegada a mais de 30 centímetros. Algumas poucas pessoas nascem desprovidas dele.

Em animais herbívoros como coalas, coelhos e cangurus, o ceco e seu apêndice são maiores do que os nossos. Isso também é verdadeiro para primatas comedores de folhas como lêmures, lóris e macacos-aranha. A bolsa aumentada serve como um vaso de fermentação (como os "estômagos adicionais" das vacas), abrigando bactérias que ajudam o animal a quebrar a celulose em açúcares utilizáveis. Em primatas cuja dieta inclui menos folhas, como os orangotangos e os macacos, o ceco e o apêndice são reduzidos. Em humanos, que não comem folhas e não são capazes de digerir celulose, o apêndice quase desapareceu. Obviamente, quanto menos herbívoro for o animal, menores serão o ceco e o apêndice. Em outras palavras, nosso apêndice é simplesmente o que restou de um órgão que teve importância crucial para nossos ancestrais comedores de folhas, mas que não tem valor real para nós.

Será que um apêndice nos traz algum benefício? Se trouxer, ele não é óbvio. A sua remoção não produz nenhum efeito negativo nem aumenta a mortalidade (na verdade, a remoção parece diminuir a incidência de colite). Ao discutir o apêndice em seu famoso manual *The Vertebrate Body*, o paleontologista Alfred Romer observou de maneira lacônica: "Sua maior importância ao que parece é dar apoio financeiro à profissão de cirurgião". Mas, para sermos justos, ele pode ter alguma pequena utilidade. O apêndice contém trechos de tecido que podem funcionar como parte do sistema imune. Também já foi sugerido que ele provê um refúgio para bactérias intestinais úteis, quando alguma infecção as remove do resto de nosso sistema digestório.

Mas esses pequenos benefícios com certeza são superados pelos graves problemas que resultam do apêndice humano. Sua estreiteza faz com que fique facilmente obstruído, o que pode levar à sua infecção e inflamação, conhecida como apendicite. Se não tratado, um apêndice rompido pode matar a pessoa. Existe uma chance em quinze de você ter uma apendicite. Felizmente, graças à prática evolucionariamente recente da cirurgia, a probabilidade de você morrer se tiver apendicite é de apenas 1%. Mas, antes que os médicos começassem a remover apêndices inflamados no final do século 19, a mortalidade talvez superasse os 20%. Em outras palavras, antes dos dias da remoção cirúrgica, mais de uma pessoa em cada cem morria de apendicite. Esta é uma seleção natural bastante forte.

Ao longo do extenso período da evolução humana – mais de 99% dele – não tivemos cirurgiões e vivemos com essa bomba-relógio em nossas entranhas. Quando pesamos as diminutas vantagens de um apêndice em relação às suas imensas desvantagens, fica claro que na soma geral ter apêndice não é uma boa coisa. Mas, à parte a questão de se é bom ou não tê-lo, o apêndice continua sendo vestigial, pois não desempenha mais a função para a qual evoluiu.

Então, por que ainda temos um? Não sabemos a resposta. Na verdade, já poderia estar a caminho de desaparecer, mas a cirurgia quase eliminou a seleção natural voltada para pessoas com apêndices. Outra possibilidade é que a seleção simplesmente não consegue encolher mais o apêndice sem que este se torne ainda mais prejudicial: um apêndice menor pode criar um risco ainda maior de ser bloqueado. Isso talvez seja uma barreira evolucionária ao seu completo desaparecimento.

Nossos corpos estão cheios de outros restos de ancestralidade primata. Temos uma cauda vestigial: o cóccix – ou a terminação triangular da nossa espinha –, que é composto por várias vértebras fundidas pendendo abaixo de nossa pélvis. É o que restou da longa e útil cauda de nossos ancestrais (figura 14). Ele tem uma função (alguns músculos úteis ainda se prendem a ele), mas lembre-se de que sua vestigialidade é diagnosticada não por sua utilidade mas porque ele não tem mais a função para a qual originalmente evoluiu. Fato revelador, alguns humanos têm um músculo caudal rudimentar (o "extensor coccígeo"), idêntico ao que move a cauda de macacos e outros mamíferos. Esse músculo ainda se prende ao nosso cóccix, mas, como os ossos não podem mais se mover, o músculo ficou sem uso. Você pode ter um e nem saber disso.

Há outros músculos vestigiais que se tornam aparentes no inverno, ou quando assistimos a filmes de terror. São os *arrector pili*, os pequenos músculos que se prendem à base de qualquer pelo do corpo. Quando se contraem, os pelos ficam em pé, deixando-nos com a pele arrepiada, cheia de pequenos pontos protuberantes. Esses pontos e os músculos que os criam não têm uma função útil, pelo menos em nós humanos. Mas, em outros mamíferos, eles erguem os pelos promovendo melhor isolamento quando faz frio e fazem o animal parecer maior quando ele lança ou recebe ameaças. É o que acontece com um gato cujo pelo fica arrepiado quando faz frio ou quando ele está com raiva. Nossos pontos protuberantes vestigiais são produzidos exatamente pelos mesmos estímulos – frio ou um fluxo maior de adrenalina.

E há um exemplo final: se você consegue mexer as orelhas, está demonstrando a evolução. Temos três músculos sob nosso couro cabeludo que estão ligados às nossas orelhas. Na maioria dos indivíduos eles não têm uso, mas algumas pessoas podem acioná-los para mexer as orelhas (eu sou um desses felizardos e todo ano demonstro a proeza para minha classe de evolução, o que os alunos acham muito divertido). São os mesmos músculos usados por outros animais, como os gatos e cavalos, para mover suas orelhas e ajudá-los a localizar os sons. Nessas espécies, mover as orelhas é útil para detectar predadores, localizar seus filhotes e assim por diante. Mas nos humanos os músculos servem apenas para fazer graça.[16]

Parafraseando a citação do geneticista Theodosius Dobzhansky que abre este capítulo, os traços vestigiais fazem sentido apenas à luz da evolução. Às vezes úteis, mas com frequência não, eles são exatamente o que esperaríamos encontrar se a seleção natural gradualmente eliminasse os aspectos inúteis ou os remoldasse em aspectos novos, mais adaptativos. Asas diminutas, não funcionais, um apêndice perigoso, olhos que não conseguem ver e músculos bobos na orelha simplesmente não fazem sentido se você imagina que as espécies foram criadas.

ATAVISMOS

Ocasionalmente, um indivíduo exibe uma anomalia que parece ser ressurgimento de um traço ancestral. Um cavalo pode nascer com um dedo adicional, um bebê humano com uma cauda. Esses remanescentes de aspectos ancestrais que se expressam esporadicamente são chamados de *atavismos*, do latim *atavus*, "ancestral". Eles diferem dos traços vestigiais porque ocorrem apenas ocasionalmente e não em todos os indivíduos.

Os verdadeiros atavismos devem recapitular um traço ancestral, e de modo exato. Não são simples monstruosidades. Um humano que nasça com uma perna a mais, por exemplo, não será um caso de atavismo, pois nenhum de nossos ancestrais tinha cinco membros. Os atavismos genuínos mais famosos são provavelmente as pernas de baleias. Já vimos que algumas

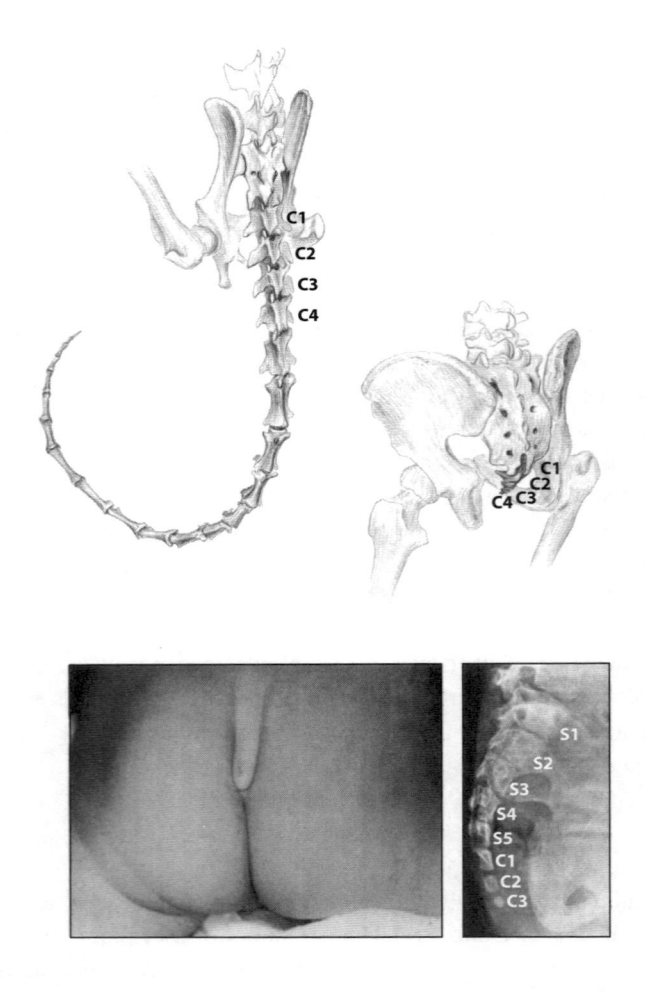

FIGURA 14. Caudas vestigial e atávica. No alto, à esquerda: em nossos parentes que têm cauda, como o lêmure branco e preto (*Varecia variegates*), as vértebras caudais não estão fundidas (as primeiras quatro são identificadas como C1 a C4). Mas na "cauda" humana, ou cóccix (no alto, à direita), as vértebras caudais estão fundidas para formar uma estrutura vestigial. Embaixo: a cauda atávica de um bebê israelita de três meses. O raio-X da cauda (direita) mostra que as três vértebras caudais são maiores e mais bem desenvolvidas que o normal. Não estão fundidas e têm quase o tamanho das vértebras sacras (S1 a S5). A cauda foi mais tarde removida cirurgicamente.

espécies de baleia conservam pélvis vestigiais e ossos dos membros posteriores, mas apenas uma em cerca de quinhentas baleias nasce de fato com uma perna posterior que se projeta para fora da parede do corpo. Esses membros mostram todos os graus de refinamento e muitos deles contêm claramente os principais ossos da perna dos mamíferos terrestres – o fêmur, a tíbia e a fíbula. Alguns têm até pés e dedos dos pés!

Por que atavismos como esses ocorrem, afinal? Nossa melhor hipótese é que eles vêm de uma expressão tardia de genes que eram funcionais em ancestrais, mas foram silenciados pela seleção natural quando deixaram de ser necessários. Mesmo assim, esses genes em dormência podem às vezes voltar a ser despertados quando ocorre algo imprevisto no desenvolvimento. As baleias ainda contêm alguma informação genética para a produção de pernas – não pernas perfeitas, já que a informação se degradou durante os milhões de anos em que elas residiram sem uso no genoma, mas, mesmo assim, pernas. E essa informação está ali porque as baleias descendem de ancestrais de quatro pernas. Assim como a ubíqua pélvis da baleia, a rara perna da baleia é uma evidência da evolução.

Os cavalos modernos, que descendem de ancestrais menores, com cinco dedos, mostram atavismos similares. O registro fóssil documenta a perda gradual dos dedos ao longo do tempo, de modo que nos cavalos modernos restou apenas o dedo do meio – o casco. Acontece que o embrião do cavalo começa o desenvolvimento com três dedos, que crescem em ritmo igual. Mais tarde, porém, o dedo do meio passa a crescer mais rápido que os outros dois, que no nascimento ficam como finas "canelas" ao longo de cada lado da perna (tais canelas são aspectos vestigiais genuínos; quando se inflamam, diz-se que o cavalo está com a "canela estressada"). Em raras ocasiões, porém, os dígitos adicionais continuam a se desenvolver até se tornarem de fato dedos "a mais", com cascos e tudo. Com frequência, esses dedos atávicos não tocam o chão, a não ser que o cavalo esteja correndo. Era assim o antigo cavalo *Merychippus*, há 15 milhões de anos. Cavalos com dedos adicionais já foram considerados maravilhas sobrenaturais: conta-se que tanto Júlio César quanto Alexandre, o Grande, preferiam cavalos assim. E, de certo modo, eles são maravilhas – maravilhas da evolução –, pois mostram bem o parentesco genético dos cavalos antigos com os modernos.

O atavismo mais impressionante na nossa própria espécie é a chamada "projeção coccídea", mais conhecida como cauda humana . Como veremos a seguir, bem cedo no desenvolvimento humano os embriões apresentam uma cauda de porte razoável, similar à dos peixes, que começa a desaparecer após cerca de sete semanas de desenvolvimento (seus ossos e tecidos são simplesmente reabsorvidos pelo corpo). No entanto, em casos raros ela não regride completamente, e nasce um bebê com uma cauda projetando-se da base de sua espinha (figura 14). As caudas são extremamente variadas: algumas são "moles", sem osso, enquanto outras contêm vértebras – as mesmas vértebras que normalmente estão fundidas no nosso osso caudal. Algumas caudas têm 3 centímetros, outras quase 30. E elas não são meras dobras de pele, podendo ter pelos, músculos, vasos sanguíneos e nervos. Algumas até abanam! Felizmente, essas protusões embaraçosas são facilmente removidas por cirurgia.

O que isso pode querer dizer, além de que carregamos ainda um programa de desenvolvimento para caudas? Na verdade, trabalhos genéticos recentes mostraram que temos exatamente os mesmos genes que produzem caudas em animais como ratos, mas esses genes estão normalmente desativados em fetos humanos. Ao que parece, caudas são atavismos genuínos.

Alguns atavismos podem ser produzidos em laboratório. Os mais impressionantes de todos são esses paradigmas da singularidade, os dentes de galinha. Em 1980, E. J. Kollar e C. Fisher, da Universidade de Connecticut, combinaram os tecidos de duas espécies, colocando o tecido que recobre a boca de um embrião de galinha em cima do tecido do maxilar de um rato em desenvolvimento. Surpreendentemente, o tecido da galinha acabou produzindo estruturas dentárias, algumas com raízes e coroas nítidas. Como o tecido de rato subjacente sozinho não era capaz de produzir dentes, Kollar e Fisher inferiram que moléculas do rato despertaram nas galinhas um programa de desenvolvimento dormente destinado à produção de dentes. Isso significava que as galinhas tinham todos os genes necessários para produzir dentes, mas faltava-lhes a centelha que o tecido dos ratos era capaz de prover. Vinte anos depois, cientistas passaram a entender melhor a biologia molecular e mostraram que a sugestão de Kollar e Fisher estava correta: as aves realmente têm caminhos genéticos para a produção de dentes, mas não os produzem porque falta uma única proteína crucial. Quando essa proteína é fornecida, formam-se estruturas dentárias no bico. Você deve estar lembrado que as aves evoluíram de répteis com dentes. Elas perderam esses dentes há mais de 60 milhões de anos, mas claramente carregam ainda alguns genes para produzi-los – genes que são remanescentes de sua ancestralidade reptiliana.

GENES MORTOS

Atavismos e traços vestigiais nos mostram que, quando um traço não é mais usado ou se torna reduzido, os genes que o produzem não desaparecem instantaneamente do genoma: a evolução interrompe sua ação desativando-os, mas não os remove do DNA. Isso permite fazer uma previsão: podemos encontrar, nos genomas de várias espécies, genes silenciados ou "mortos", isto é, genes que uma vez foram úteis, mas não estão mais intatos ou sendo expressos. Em outras palavras, devem existir genes vestigiais. Em contraste com isso, a ideia de que todas as espécies foram criadas a partir da estaca zero faz prever que tais genes não existem, já que não haveria ancestrais comuns nos quais esses genes tivessem sido ativos.

Há trinta anos, não éramos capazes de testar essa previsão, porque não tínhamos como ler o código do DNA. Agora, é relativamente fácil sequenciar o genoma completo das espécies e isso foi feito para várias delas, incluindo os humanos. Temos, assim, uma ferramenta única para estudar a evolução quando entendemos que a função normal de um gene é produzir uma proteína – uma proteína cuja sequência de aminoácidos é determinada pela sequência de bases nucleotídeas que compõem o DNA. E, a partir do momento em que temos a sequência de DNA de um dado gene, podemos em geral dizer se ele é expresso normalmente – ou seja, se produz uma proteína funcional – ou se está silenciado e não produz nada. Podemos, por exemplo, ver se houve mutações que alteraram o gene de modo que uma proteína utilizável não possa mais ser produzida, ou se as regiões de "controle" responsável pela ativação de um gene foram desativadas. Um gene que não funciona é chamado de *pseudogene*.

E essa previsão evolucionária, de que encontraremos pseudogenes, tem-se cumprido – amplamente. Quase toda espécie abriga genes mortos, muitos deles ainda ativos em seus parentes. Isso implica que esses genes eram também ativos num ancestral comum e foram mortos em alguns descendentes, mas não em outros.[17] Nós humanos, por exemplo, temos cerca de 30 mil genes, dos quais mais de 2 mil são pseudogenes. Nosso genoma – e o de outras espécies – é na verdade um cemitério bem povoado de genes mortos.

O pseudogene humano mais famoso é o *GLO*, assim chamado porque em outras espécies ele produz uma enzima chamada L-gulono-gama-lactone oxidase. Essa enzima é usada na produção de vitamina C (ácido ascórbico) a partir do açúcar simples da glicose. A vitamina C é essencial para um metabolismo adequado e quase todos os mamíferos têm o caminho para produzi-lo – quer dizer, todos exceto os primatas, os morcegos frugívoros e os porquinhos-da-índia. Essas espécies obtêm a vitamina C diretamente de sua alimentação, com as dietas normais em geral provendo a quantia suficiente. Se não ingerimos vitamina C suficiente, ficamos doentes: o escorbuto era comum entre os marinheiros do século 19, privados de frutas. A razão pela qual os primatas e esses outros poucos mamíferos não produzem sua própria vitamina C é que não precisam. No entanto, a sequência do DNA nos diz que os primatas ainda carregam a maioria da informação genética necessária para produzir a vitamina.

Acontece que o caminho para produzir vitamina C a partir da glicose envolve uma sequência de quatro passos, cada um a cargo do produto de um gene diferente. Os primatas e porquinhos-da-índia ainda têm genes ativos para os primeiros três passos, mas o último passo, que requer a enzima *GLO*, não se dá. O *GLO* foi desativado por uma mutação. Virou um pseudogene, chamado *ψGLO* (ψ é a letra grega psi, que aqui significa "pseudo"). O *ψGLO* não atua devido à falta de um único nucleotídeo na sequência de DNA do gene. E é exatamente o mesmo nucleotídeo que falta em outros primatas. Isso mostra que a mutação que destruiu nossa capacidade de produzir vitamina C estava presente no ancestral de todos os primatas e foi transmitida a seus descendentes. A desativação do *GLO* em porquinhos-da-índia ocorreu independentemente, pois envolve mutações diferentes. É muito provável que, pelo fato de os morcegos frugívoros, porquinhos-da-índia e primatas terem muita vitamina C em sua dieta, não tenha havido prejuízo em desativar o caminho que a produzia. Isso pode até ter sido benéfico, pois eliminou uma proteína que poderia estar sendo custosa de produzir.

O fato de haver um gene morto numa espécie e de ele ser ativo em seus parentes é uma evidência da evolução, mas há mais evidências. Quando observamos o *ψGLO* em primatas vivos, descobrimos que a sua sequência é mais similar entre parentes próximos do que entre parentes mais distantes. As sequências de *ψGLO* de humanos e chipanzés, por exemplo, são muito parecidas, mas diferem mais do *ψGLO* dos orangotangos, que são parentes mais distantes. Além disso, a sequência de *ψGLO* do porquinho-da-índia é muito diferente da sequência dos primatas.

Só a evolução e uma ancestralidade comum podem explicar esses fatos. Todos os mamíferos herdaram uma cópia funcional do gene *GLO*. Há cerca de 40 milhões de anos, no ancestral comum de todos os primatas, um gene que não era mais necessário foi desativado por uma mutação. Todos os primatas herdaram essa mesma mutação. Depois que o *GLO* foi silenciado, outras mutações continuaram a ocorrer no gene que não era mais expresso. Essas mutações se acumularam ao longo do tempo – são inofensivas quando ocorrem em genes que já estão mortos – e foram transmitidas a espécies descendentes. Como os parentes próximos compartilham um ancestral comum mais recentemente, os genes que mudam em dependência do tempo seguem o padrão da ancestralidade comum, levando a sequências de DNA mais similares em parentes próximos do que nos distantes. Isso ocorre quer um gene esteja morto, quer não. A sequência de ψGLO em porquinhos-da-índia é diferente porque foi desativada independentemente, numa linhagem que já havia divergido da dos primatas. E o ψGLO não é o único a exibir tais padrões: há muitos outros pseudogenes assim.

Mas, se você acredita que primatas e porquinhos-da-índia são fruto da criação especial, essas coisas não farão sentido. Por que um criador estabeleceria um caminho que produzisse vitamina C em todas essas espécies para depois desativá-lo? Não seria mais fácil simplesmente omitir esse caminho desde o início? Por que introduzir a mesma mutação desativadora em todos os primatas e prover o porquinho-da-índia de uma mutação diferente? Qual o sentido de fazer com que as sequências do gene morto espelhem com exatidão o padrão de similaridade previsto a partir da ancestralidade conhecida dessas espécies? E, principalmente, por que os humanos têm milhares de pseudogenes?

Nós também abrigamos genes mortos que vêm de outras espécies, a saber, os vírus. Alguns, chamados "retrovírus endógenos", podem fazer cópias de seu genoma e inseri-las no DNA das espécies que infectam (o HIV é um retrovírus). Se os vírus infectarem as células que produzem espermas e óvulos, poderão ser transmitidos a futuras gerações. O genoma humano contém milhares desses vírus, quase todos eles tornados inofensivos pelas mutações. Eles são os restos de antigas infecções. Mas alguns desses restos ficam exatamente na mesma localização nos cromossomos de humanos e chipanzés. Ou seja, com certeza eram vírus que infectaram nosso ancestral comum e foram transmitidos a ambos os descendentes. Como quase não há possibilidade de os vírus se inserirem independentemente no mesmo momento em duas espécies, isso nos dá uma forte indicação de ancestralidade comum.

Outra história curiosa sobre os genes mortos envolve nosso sentido do cheiro, ou melhor, nosso precário sentido do cheiro, já que os humanos são de fato precários em olfato entre os mamíferos terrestres. Mesmo assim, ainda sabemos reconhecer mais de 10 mil odores diferentes. Como é que conseguimos tal feito? Até recentemente, isso era um completo mistério. A resposta está no nosso DNA – nos nossos vários genes de receptores olfativos (RO).

A história dos RO foi elaborada por Linda Buck e Richard Axel, que receberam o Prêmio Nobel de 2004 por esse feito. Vamos examinar os genes de RO num campeão do olfato: o rato.

Os ratos dependem muito de seu sentido do olfato, não só para encontrar alimento e evitar predadores, mas também para detectar os feromônios uns dos outros. O universo sensorial do rato é muito diferente do nosso, no qual a visão é muito mais importante que o cheiro. Os ratos têm cerca de mil genes de RO ativos. Todos descendem de um único gene ancestral surgido há milhões de anos e duplicado muitas vezes, de modo que cada gene difere ligeiramente dos demais. E cada um produz uma proteína diferente – um "receptor olfativo" –, que reconhece uma molécula diferente suspensa no ar. Cada proteína de RO é expressa num diferente tipo de célula receptora nos tecidos que recobrem o nariz. Odores diferentes contêm diferentes combinações de moléculas e cada combinação estimula um grupo diferente de células. As células enviam sinais ao cérebro, que integra e decodifica os diferentes sinais. É assim que os ratos conseguem distinguir o cheiro de gatos do cheiro de queijo. Ao integrar combinações de sinais, os ratos (e outros mamíferos) conseguem reconhecer bem mais odores do que o número de genes de RO que eles têm.

A capacidade de reconhecer diferentes cheiros é útil: permite que você distinga parentes de não parentes, encontre um parceiro sexual, localize alimento, reconheça predadores e saiba quem costuma invadir seu território. As vantagens de sobrevivência são enormes. De que modo a seleção natural organiza isso? Primeiro, um gene ancestral foi duplicado um número de vezes. Tal duplicação acontece de tempos em tempos como um acidente durante a divisão celular. Aos poucos, as cópias duplicadas vão divergindo uma da outra, com o produto de cada gene vinculando-se a uma diferente molécula de odor. Um tipo diferente de célula evoluiu para cada um dos mil genes de RO. E, ao mesmo tempo, o cérebro refez suas ligações para combinar os sinais dos vários tipos de células a fim de criar as sensações de odores diferentes.

Esse é um fato da evolução verdadeiramente assombroso, impulsionado pelo puro valor de sobrevivência de um olfato discriminador! Nosso sentido do olfato nem sequer chega perto do sentido de que o rato é dotado. Uma razão é que expressamos menor número de genes de RO – apenas uns quatrocentos. Mas ainda carregamos um total de oitocentos genes de RO, que constituem perto de 3% de nosso genoma total. E metade desses são pseudogenes, desativados permanentemente por mutações. O mesmo vale para a maioria dos demais primatas. Como foi que isso aconteceu? Provavelmente porque nós primatas, que somos ativos durante o dia, confiamos mais na visão do que no cheiro e portanto não precisamos discriminar tantos odores. Genes não necessários acabam sendo descartados pelas mutações. Previsivelmente, primatas com visão colorida e, portanto, maior discriminação do ambiente têm maior número de genes de RO mortos.

Se você examinar as sequências de genes de RO humanos, tanto ativos quanto inativos, verá que são mais similares àqueles dos outros primatas, menos similares àqueles dos mamíferos "primitivos", como o ornitorrinco, e menos similares ainda aos genes de RO de parentes distantes, como os répteis. Por que os genes mortos deveriam mostrar essa relação se não fosse devido à evolução? E o fato de abrigarmos tantos genes inativos é uma evidência ainda maior em favor da evolução: carregamos essa bagagem genética porque ela foi necessária aos nossos ancestrais distantes, que confiavam num aguçado sentido do olfato para poder sobreviver.

Mas o exemplo mais impressionante da evolução dos genes de RO – ou de uma evolução em sentido contrário – é o golfinho. Os golfinhos não precisam detectar odores voláteis no ar, já que vivem debaixo da água e têm um conjunto de genes totalmente diferente para detectar elementos químicos na água. Como se poderia prever, os genes de RO dos golfinhos estão desativados. Na verdade, *80% deles* estão desativados. Centenas desses genes ainda descansam em silêncio no genoma do golfinho, testemunhas mudas da evolução. E se você examinar as sequências de DNA desses genes mortos de golfinhos verá que elas se parecem com as dos mamíferos terrestres. Isso faz sentido quando lembramos que os golfinhos evoluíram de mamíferos terrestres cujos genes de RO se tornaram inúteis quando eles passaram para a água.[19] Isso não faria sentido se os golfinhos fossem resultantes de criação especial.

Os genes vestigiais podem andar de mãos dadas com estruturas vestigiais. Nós mamíferos evoluímos de ancestrais reptilianos que punham ovos. Com a exceção dos "monotremados" (a ordem de mamíferos que inclui a équidna australiana e o ornitorrinco bico de pato), os mamíferos têm dispensado a postura de ovos, e as mães nutrem sua prole diretamente pela placenta em vez de prover um estoque de gema. E os mamíferos carregam três genes que, em répteis e aves, produzem a proteína nutricional vitelogenina, responsável por preencher o saco da gema. Mas em praticamente todos os mamíferos esses genes estão mortos, completamente desativados por mutações. Apenas os monotremados que põem ovos ainda produzem vitelogenina, por terem um gene ativo e dois genes mortos. Além disso, mamíferos como nós ainda produzem o saco da gema – mas um saco vestigial e sem gema, um grande balão cheio de fluido ligado às entranhas do feto (figura 15). No segundo mês da gravidez humana, ele se desprende do embrião.

Com seu bico de pato, rabo gordo, esporas com ponta venenosa nos membros posteriores dos machos, e fêmeas capazes de pôr ovos, o ornitorrinco australiano é bizarro em vários aspectos. Se há alguma criatura que pareça ter sido projetada de modo não inteligente – ou então concebida para entretenimento de seu criador –, é justamente ele. Mas o ornitorrinco tem mais um aspecto extravagante: não possui estômago. Ao contrário de quase todos os vertebrados, que têm um estômago em forma de bolsa no qual as enzimas digestivas quebram a comida, o "estômago" do ornitorrinco é apenas uma leve dilatação do esôfago no ponto em que este se junta ao intestino. O estômago é totalmente desprovido das glândulas que produzem enzimas digestivas em outros vertebrados. Não sabemos ao certo por que a evolução eliminou o estômago – talvez a dieta leve do ornitorrinco, à base de insetos moles, não exija muito processamento –, mas sabemos que o ornitorrinco vem de ancestrais providos de estômago. Uma das razões é que o genoma do ornitorrinco contém dois pseudogenes para enzimas relacionadas com a digestão. Ao não serem mais necessárias, eles foram desativados por mutações, mas ainda dão testemunho da evolução desse estranho animal.

PALIMPSESTOS EM EMBRIÕES

Bem antes da época de Darwin, os biólogos ocupavam-se em estudar tanto a embriologia (de que modo um animal se desenvolve) como a anatomia comparada (as similaridades e diferenças na estrutura dos diferentes ani-

RESTOS: VESTÍGIOS, EMBRIÕES E MAUS PROJETOS

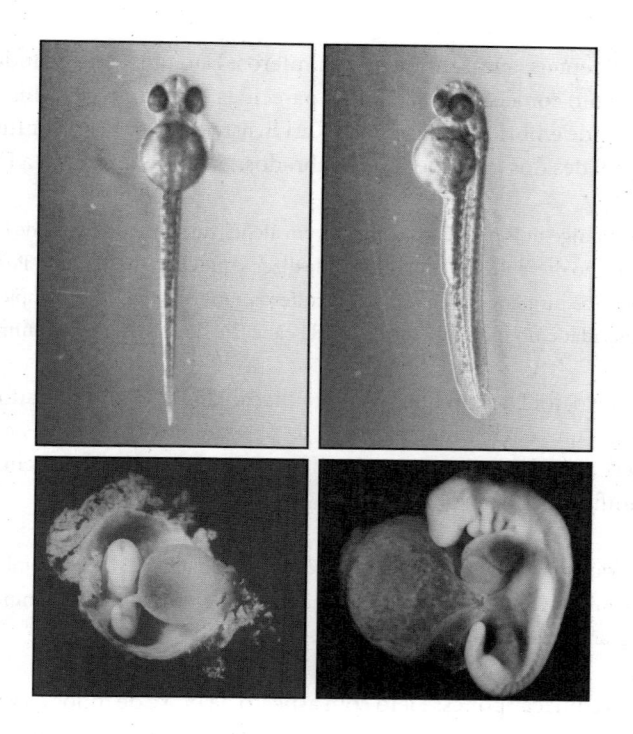

FIGURA 15. Sacos de gema normal e vestigial. Fotos do alto: saco de gema cheio, de embrião de peixe-zebra, *Danio rerio*, extraído da casca do ovo aos dois dias, pouco antes de ser chocado. Fotos de baixo: saco de gema vestigial vazio de um embrião humano com cerca de quatro semanas. O embrião humano embaixo à direita mostra os arcos branquiais, o início do membro posterior e a "cauda" abaixo do membro posterior.

mais). Seu trabalho revelou várias peculiaridades que, na época, não faziam sentido. Por exemplo, todos os vertebrados começam seu desenvolvimento do mesmo jeito, bastante semelhantes a um peixe embrionário. Conforme o desenvolvimento avança, diferentes espécies começam a divergir – mas de maneiras estranhas. Alguns vasos sanguíneos, nervos e órgãos que no início estão presentes nos embriões de todas as espécies de repente desaparecem, enquanto outros fazem estranhas contorções e migrações. No final, a dança do desenvolvimento culmina em formas adultas tão diferentes quanto as dos peixes, répteis, aves, anfíbios e mamíferos. Não obstante, quando o desenvolvimento começa, elas são muito parecidas. Darwin conta a história de como o grande embriologista alemão Karl Ernst von Baer ficou confuso com as similaridades dos embriões de vertebrados. Von Baer escreveu a Darwin:

> Tenho comigo dois pequenos embriões em álcool cujos nomes deixei de fazer constar e no presente sou bem incapaz de dizer a que classe pertencem. Podem ser lagartos ou pequenas aves, ou mamíferos muito jovens, tão completa é a similaridade no modo de formação da cabeça e do tronco nesses animais.

E, de novo, foi Darwin que fez a conciliação dos fatos disparatados sobre embriologia que enchiam os manuais da época e mostrou que os aspectos desconcertantes do desenvolvimento de repente faziam perfeito sentido sob a ideia unificadora da evolução:

> A embriologia ganha muito mais interesse quando olhamos para o embrião como um retrato mais ou menos obscurecido da forma parental comum de cada grande classe de animais.

Vamos começar por esse feto com aspecto de peixe de todos os vertebrados – sem membros e ostentando uma cauda como a de um peixe. Talvez o aspecto de peixe mais impactante seja uma série de cinco a sete bolsas, separadas por reentrâncias, que ficam de cada lado do embrião, perto de sua futura cabeça. Essas bolsas são chamadas de arcos branquiais, mas vamos chamá-las apenas de "arcos" para abreviar (figura 16). Cada arco contém tecidos que se desenvolvem até virar nervos, vasos sanguíneos, músculos e ossos ou cartilagens. Conforme os embriões de peixes e tubarões se desenvolvem, o primeiro arco se torna a maxila e o resto tornam-se as estruturas das guelras: as fendas entre as bolsas se abrem e viram as aberturas das guelras, e as bolsas desenvolvem nervos para controlar o movimento das guelras, vasos sanguíneos para retirar oxigênio da água e barras de osso ou cartilagem para sustentar a estrutura das guelras. Em peixes e tubarões, portanto, o desenvolvimento das guelras a partir dos arcos embrionários é mais ou menos direto: esses aspectos embrionários simplesmente aumentam de tamanho sem muita mudança para formar o aparelho respiratório adulto.

Mas, em outros vertebrados que não têm guelras quando adultos, esses arcos se transformam em estruturas muito diferentes – estruturas que compõem a cabeça. Em mamíferos, por exemplo, formam os três ossículos do ouvido médio, a trompa de Eustáquio, a artéria carótida, as amígdalas, a laringe e os nervos cranianos. Às vezes, as reentrâncias das guelras embrionárias não se fecham nos embriões humanos, produzindo um bebê com um quisto no

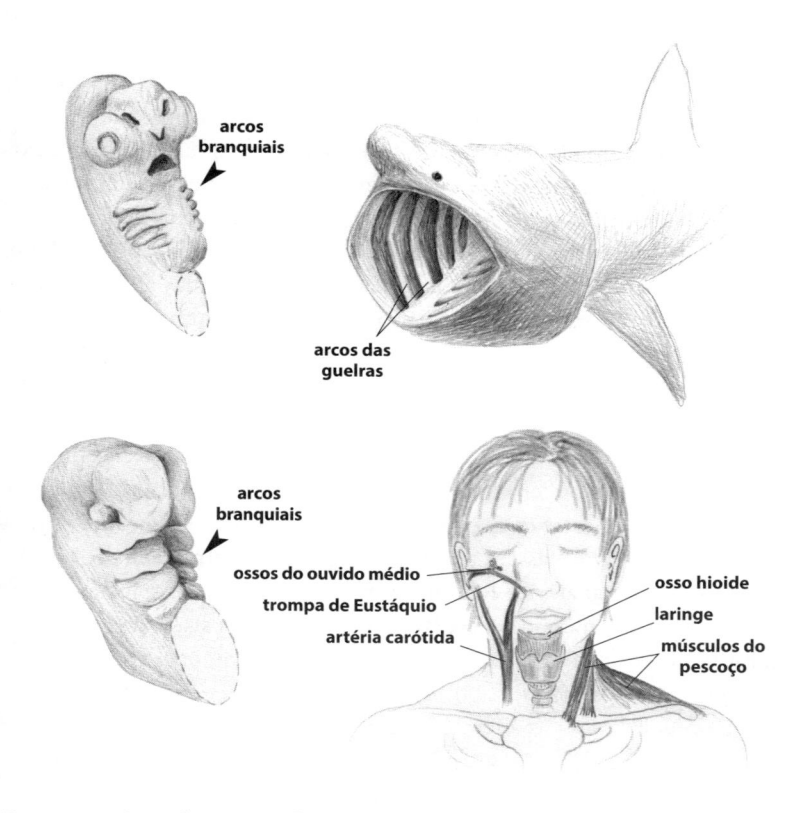

FIGURA 16. Arcos branquiais de um embrião de tubarão (no alto, à esquerda) e um embrião humano (embaixo, à esquerda). Em tubarões e peixes (como o tubarão-elefante *Cetorhinus maximus* mostrado no alto, à direita), os arcos desenvolvem-se diretamente até formar as estruturas das guelras do adulto, enquanto nos humanos (e em outros mamíferos) eles se desenvolvem para formar várias estruturas na cabeça e na parte superior do corpo do adulto.

pescoço. Essa condição, um resto atávico de nossos ancestrais peixes, pode ser corrigida com cirurgia.

Nossos vasos sanguíneos experimentam contorções particularmente estranhas. Em peixes e tubarões, o padrão embrionário dos vasos desenvolve-se sem muita mudança até chegar ao sistema adulto. Mas, no desenvolvimento de outros vertebrados, os vasos se movem de lugar e alguns deles desaparecem. Mamíferos como nós são deixados com apenas três vasos principais, dos seis originais. A coisa realmente curiosa é que, conforme nosso desenvolvimento avança, as mudanças parecem formar uma sequência evolucionária. Nosso sistema circulatório, similar ao de um peixe, transforma-se num sistema similar ao de anfíbios embrionários. Nos anfíbios, os vasos embrionários transformam-se diretamente em vasos adultos, mas os nossos continuam a mudar – e se assemelham ao sistema circulatório de répteis embrionários. Nos répteis, esse sistema depois se desenvolve diretamente até produzir o adulto. Mas os nossos mudam ainda mais, acrescentando algumas alterações que transformam o sistema num verdadeiro sistema circulatório de mamíferos, com as artérias carótida, pulmonar e dorsal (figura 17).

Esses padrões levantam uma série de questões. Primeiro, por que diferentes vertebrados, que acabam tendo um aspecto bem diverso um do outro, começam todos com um desenvolvimento que os faz parecer embriões de peixe? Por que os mamíferos formam sua cabeça e rosto a partir das mesmas estruturas embrionárias que se tornam guelras dos peixes? Por que os embriões de vertebrados passam por essa sequência tão intrincada de mudanças no sistema circulatório? Por que os embriões humanos, ou os embriões de lagartos, não começam o desenvolvimento com seu sistema circulatório adulto desde o princípio, em vez de fazer uma série de mudanças naquilo que foi desenvolvido primeiro? E por que nossa sequência de desenvolvimento imita a ordem de nossos ancestrais (de peixe para anfíbio, réptil e depois mamífero)? Como Darwin defende em *A origem*, não é porque os embriões humanos experimentam uma série de ambientes durante o desenvolvimento aos quais eles devem sucessivamente adaptar-se – primeiro, um próprio dos peixes, depois outro, reptiliano, e assim por diante:

> Os pontos de estrutura, nos quais os embriões de animais muito diferentes da mesma classe se parecem uns com os outros, com frequência não têm relação direta com suas condições de existência. Por exemplo, não podemos

RESTOS: VESTÍGIOS, EMBRIÕES E MAUS PROJETOS

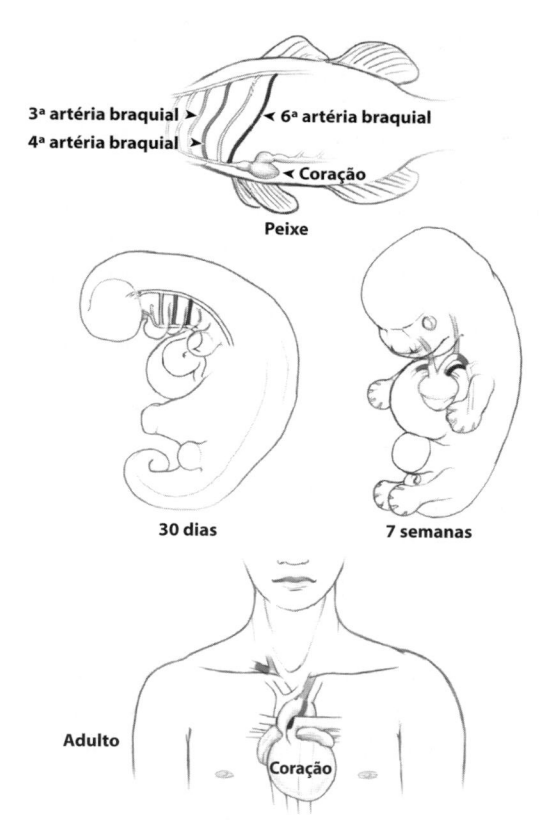

FIGURA 17. Os vasos sanguíneos de embriões humanos começam semelhantes aos de embriões de peixe, com um vaso superior e outro inferior conectados por vasos paralelos, um de cada lado ("arcos aórticos"). No peixe, esses vasos laterais carregam sangue das guelras e para elas. Peixes embrionários e adultos têm seis pares de arcos; esse é o plano básico que aparece no início do desenvolvimento de todos os vertebrados. No embrião humano, o primeiro, segundo e quinto arcos formam-se no início do desenvolvimento, mas desaparecem logo, por volta da quarta semana, quando se formam o terceiro, quarto e sexto arcos (identificados por diferentes tons de cinza). Por volta da sétima semana, os arcos embrionários já se rearranjaram e se parecem mais com os vasos embrionários de um réptil. Na configuração final do adulto, os vasos sofrem mais um rearranjo – alguns vasos desaparecem, outros se transformam em outros vasos. Os arcos aórticos dos peixes não sofrem essa transformação.

supor que nos embriões dos vertebrados o peculiar percurso recurvado das artérias perto das reentrâncias branquiais esteja relacionado com condições similares – no filhote de mamífero que é nutrido na placenta da mãe, no ovo da ave que é chocado no ninho e nas ovas de um sapo debaixo da água.

Podemos ver a "recapitulação" de uma sequência evolucionária na sequência de desenvolvimento de outros órgãos – nossos rins, por exemplo. No desenvolvimento, o embrião humano na realidade forma três diferentes tipos de rim, um depois do outro, com os dois primeiros sendo descartados antes que nosso rim final apareça. E esses rins embrionários transitórios são similares àqueles que encontramos em espécies que evoluíram antes de nós no registro fóssil – peixes sem maxilar e répteis, respectivamente. O que isso significa?

Você poderia responder a essa questão de modo superficial da seguinte maneira: cada vertebrado desenvolve-se passando por uma série de estágios e a sequência desses estágios por alguma razão tem a sequência evolucionária de seus ancestrais. Por exemplo, quando um lagarto começa a se desenvolver, parece um peixe embrionário; algum tempo depois, parece um anfíbio embrionário; por fim, parece um réptil embrionário. Os mamíferos passam pela mesma sequência, mas acrescentam o estágio final de um mamífero embrionário.

Essa resposta está correta, mas apenas levanta questões mais profundas. Por que o desenvolvimento com frequência ocorre de fato desse modo? Por que a seleção natural não elimina o estágio "embrião de peixe" do desenvolvimento humano, já que uma combinação de rabo, arcos branquiais e um sistema circulatório como o dos peixes não parece necessária para um embrião humano? Por que não começamos o desenvolvimento simplesmente como humanos pequeninos – como alguns biólogos do século 17 acreditavam que acontecia – e vamos apenas ficando maiores e maiores até nascer? Por que toda essa transformação e rearranjo?

A resposta provável – e é uma boa resposta – envolve reconhecer que, conforme uma espécie evolui para outra, o descendente herda o programa de desenvolvimento de seu ancestral: ou seja, herda todos os genes que formam as estruturas ancestrais. E o desenvolvimento é um processo muito conservador. Muitas estruturas que se formam mais tarde no desenvolvimento requerem "pistas" bioquímicas de traços que aparecem antes. Se, por exemplo, você tentasse alterar o sistema circulatório remodelando-o desde o início do desenvolvimento, poderia produzir efeitos colaterais adversos de todo tipo na formação de outras estruturas, como os ossos, que não devem ser mudadas. Para evitar esses efeitos colaterais deletérios, costuma ser mais fácil simplesmente introduzir mudanças menos drásticas naquilo que já é um plano de desenvolvimento sólido e básico. É melhor que as coisas que evoluíram depois sejam programadas para se *desenvolver* depois no embrião.

Esse princípio de "acrescentar coisas novas às antigas" também explica por que a sequência de mudanças de desenvolvimento reflete a sequência evolucionária dos organismos. Conforme um grupo evolui a partir de outro, ele com frequência sobrepõe seu programa de desenvolvimento ao antigo.

Observando esse princípio, Ernst Haeckel, um evolucionista alemão e contemporâneo de Darwin, formulou uma "lei genética" em 1866, sintetizada numa famosa expressão: "A ontogenia recapitula a filogenia". Isso significa que o desenvolvimento de um organismo simplesmente reencena sua história evolucionária. Mas essa noção é verdadeira apenas num sentido restrito. Os estágios embrionários não têm o aspecto das formas adultas de seus ancestrais, como Haeckel afirmou, mas o aspecto das formas embrionárias dos seus ancestrais. O feto humano, por exemplo, nunca se parece com um peixe ou um réptil adultos, mas de certa forma se parece com o peixe e o réptil embrionários. Além disso, a recapitulação não é nem estrita nem inevitável: não é todo o traço de um embrião de um ancestral que aparece nos seus descendentes, e nem todos os estágios do desenvolvimento se manifestam numa ordem evolucionária rigorosa. Além do mais, algumas espécies, como as plantas, prescindem de quase todos os traços de sua ancestralidade durante o desenvolvimento. A lei de Haeckel caiu em descrédito não só porque não era estritamente verdadeira, mas também porque Haeckel foi acusado, em grande parte de forma injusta, de falsear alguns desenhos de embriões precoces para torná-los mais similares do que realmente eram.[19] No entanto, não devemos jogar fora o bebê junto com a água do banho. Os embriões ainda exibem uma forma de recapitulação: aspectos que surgem antes na evolução com frequência aparecem antes no desenvolvimento. E isso faz sentido apenas se as espécies têm uma história evolucionária.

Bem, não estamos absolutamente seguros sobre a razão pela qual algumas espécies retêm a maior parte de sua história evolucionária durante o desenvolvimento. O princípio de "acrescentar coisas novas às antigas" é apenas uma hipótese – uma explicação para os fatos da embriologia. É difícil provar que seria mais fácil para um programa de desenvolvimento evoluir numa direção e não em outra. Mas os fatos da embriologia continuam aí e só fazem sentido à luz da evolução. Todos os vertebrados no início do seu desenvolvimento parecem peixes embrionários porque todos descendemos de um ancestral similar a um peixe, que tem um embrião desse tipo. Vemos estranhas contorções e desaparecimentos de órgãos, vasos sanguíneos e aberturas de guelras porque os descendentes ainda carregam os genes e os programas de desenvolvimento de seus ancestrais. E a sequência de mudanças no desenvolvimento também faz sentido: num estágio do desenvolvimento os mamíferos têm um sistema circulatório embrionário como o dos répteis; mas nós não vemos ocorrer a situação inversa. Por quê? Porque os mamíferos descendem de répteis anteriores e não o inverso.

Quando escreveu *A origem*, Darwin considerou a embriologia a sua evidência mais forte da evolução. Hoje, ele provavelmente daria o lugar de honra ao registro fóssil. Não obstante, a ciência continua a acumular traços intrigantes do desenvolvimento que dão sustentação à evolução. As baleias e golfinhos embrionários formam brotos de membros posteriores – protuberâncias de tecido que em mamíferos de quatro pernas se tornam as patas posteriores. Mas em mamíferos marinhos esses brotos são reabsorvidos logo depois de se formarem. A figura 18 mostra essa regressão no desenvolvimento do golfinho pintado. As baleias, que não têm dentes mas cujos ancestrais eram baleias dentadas, desenvolvem dentes embrionários que desaparecem antes do nascimento.

Um dos meus casos favoritos de evidência embriológica da evolução é o feto humano com pelos. Somos conhecidos como "macacos pelados" porque, ao contrário de outros primatas, não temos uma densa capa de pelos. Mas, na realidade, por um curto período, temos – quando embriões. Por volta dos seis meses após a concepção, ficamos totalmente cobertos com uma camada fina e felpuda de pelos, chamada lanugo. O lanugo é eliminado geralmente cerca de um mês antes do nascimento, quando é substituído por pelos mais esparsamente distribuídos, com os quais nascemos (mas bebês prematuros às vezes nascem com o lanugo, que cai logo em seguida). Bem, um embrião humano não tem necessidade de contar com uma camada transitória de pelos. Afinal, a temperatura no útero é acolhedora – 36,5 graus. O lanugo pode ser explicado apenas como um vestígio de nossa ancestralidade primata; fetos de macaco também desenvolvem uma capa de pelos mais ou menos no mesmo estágio de desenvolvimento. Seu pelo, no entanto, não cai, mas persiste e se

RESTOS: VESTÍGIOS, EMBRIÕES E MAUS PROJETOS

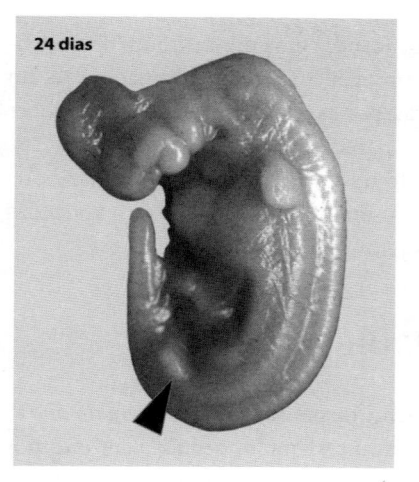

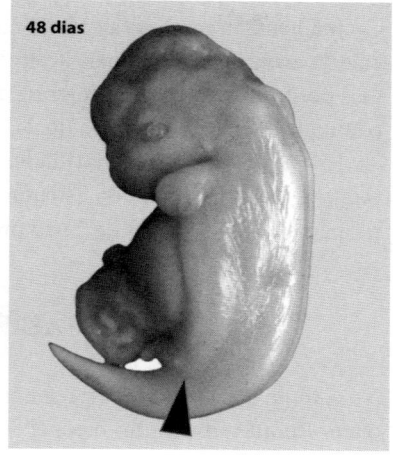

FIGURA 18. O desaparecimento das estruturas dos membros posteriores no golfinho-
-pintado (*Stenella attenuata*) – vestígios evolucionários de seu ancestral de quatro
pernas. No embrião de 24 dias de idade (à esquerda), o broto do membro posterior
(indicado por uma seta) é bem desenvolvido, apenas um pouco menor do que o broto
do membro anterior. Aos 48 dias (à direita), os brotos dos membros posteriores quase
desapareceram, enquanto os dos membros anteriores continuaram a se desenvolver
naquilo que serão as barbatanas.

torna a camada adulta. E, como os humanos, os fetos de baleia também têm lanugo, um vestígio de quando seus ancestrais viveram em terra.

O exemplo final dos humanos que apresentaremos a seguir nos leva ao reino da especulação, mas tem um apelo forte demais para que seja omitido. Trata-se do "reflexo de agarre" dos bebês recém-nascidos. Se você tiver acesso fácil a um bebê, toque suavemente a palma de sua mão. O bebê vai mostrar uma reação de reflexo agarrando o seu dedo com a mão. Na verdade, o aperto é tão firme que um bebê pode, usando as duas mãos, ficar vários minutos dependurado de um cabo de vassoura. (Atenção: não tente fazer esse experimento em casa!) O reflexo de agarre, que desaparece alguns meses após o nascimento, pode muito bem ser um comportamento atávico. Macacos recém-nascidos têm o mesmo reflexo, mas ele persiste ao longo do estágio juvenil, permitindo ao jovem ficar dependurado do pelo de sua mãe quando é carregado por ela.

Infelizmente, embora a embriologia forneça uma mina de ouro de evidências da evolução, os manuais de embriologia com frequência não destacam esse ponto. Tenho conhecido obstetras, por exemplo, que sabem tudo sobre o lanugo, exceto a razão pela qual ele aparece.

Assim como há peculiaridades do desenvolvimento embrionário, há também peculiaridades da estrutura animal que só podem ser explicadas pela evolução. São casos de "mau projeto".

MAU PROJETO

Num filme que afora isso é perfeitamente dispensável – *O homem do ano* –, o ator Robin Williams faz o papel de um apresentador de *talk-show* que, por meio de uma série de incidentes bizarros, se torna presidente dos Estados Unidos. Em debate na campanha eleitoral, o personagem de Williams é questionado sobre o Projeto Inteligente. Ele responde: "As pessoas falam em Projeto Inteligente – devemos ensinar o projeto inteligente. Olhe para o corpo humano; vocês acham isso inteligente? Temos uma fábrica de processamento de resíduos do lado de uma área de lazer!".

Um bom argumento. Embora os organismos pareçam projetados para se adequar ao seu ambiente natural, a ideia de projeto perfeito é uma ilusão. Toda espécie é imperfeita de diversas maneiras. Os quivis têm asas que não servem para nada, as baleias têm pélvis vestigiais e nosso apêndice é um órgão nefando.

O que eu quero dizer com "mau projeto" é a noção de que, se os organismos fossem construídos a partir do zero por um projetista – alguém que usasse os materiais de construção biológicos, como nervos, músculos, ossos e assim por diante –, eles não teriam essas imperfeições. O projeto perfeito seria sem dúvida o sinal de um projetista talentoso e inteligente. O projeto imperfeito é a marca da evolução: na verdade, é justamente aquilo que esperamos da evolução. Aprendemos que a evolução não começa do zero. Partes novas evoluem das antigas e têm que funcionar bem com as partes que já evoluíram. Por causa disso, devemos esperar acomodações; ou seja, alguns aspectos que funcionam bem, mas não tão bem como poderiam, ou alguns aspectos – como as asas do quivi – que absolutamente não funcionam, pois são resquícios evolucionários.

Um bom exemplo de mau projeto é o linguado, cuja popularidade como peixe de cozinha vem em parte do fato de ser achatado, o que o torna fácil de desossar. Existem na realidade cerca de quinhentas espécies de peixes achatados – halibutes, rodovalhos, linguados e seus parentes –, todos eles da ordem dos Pleuronectiformes. Essa palavra significa "nadadores de lado", uma descrição que dá a chave para o seu *design* precário. Os peixes achatados nascem como peixes de aparência normal, que nadam verticalmente, com um olho de cada lado de um corpo em formato de panqueca. Mas, um mês depois, acontece uma coisa estranha. Um olho começa a se mover para cima. Ele migra por cima do crânio e se junta ao outro olho para formar um par de olhos de um dos lados do corpo, que pode ser tanto o direito quanto o esquerdo, dependendo da espécie. O crânio também modifica sua forma para promover esse movimento e há mudanças ainda nas barbatanas e na cor. De maneira harmônica, o linguado inclina-se sobre o seu lado que acabou de ficar sem olho, de modo que os dois olhos agora se situam na parte de cima. Ele se torna então um habitante do fundo do mar, achatado, camuflado, que preda outros peixes. Quando precisa nadar, faz isso de lado. Os linguados são os vertebrados mais assimétricos do mundo; examine um de seus espécimes da próxima vez que for ao mercado.

Se você tivesse que projetar um linguado, não o faria desse modo. Produziria um peixe como a arraia, que já é achatada de nascença e se apoia na barriga – e não um peixe que para conseguir ser achatado tenha que ficar de lado, movendo os olhos de lugar e deformando seu crânio. O linguado tem um *design* pobre. Mas esse *design* pobre deve-se à sua herança evolucionária. Sabemos a partir de sua árvore familiar que os pleuronectiformes, como o linguado, evoluem a partir de peixes simétricos "normais". Evidentemente, eles acham vantajoso inclinar-se de lado e ficar deitados sobre o leito marinho, escondendo-se tanto de predadores quanto de presas. Isso, é claro, criou um problema: o olho de baixo acabaria revelando-se inútil e fácil de ser machucado. Para evitá-lo, a seleção natural empreendeu o caminho tortuoso mas disponível de mover-lhe o olho de lugar, além de lhe deformar o corpo.

Um dos piores desenhos da natureza é mostrado pelo recorrente nervo laríngeo dos mamíferos. Percorrendo desde o cérebro até a laringe, esse nervo nos ajuda a falar e a engolir. A coisa curiosa é que ele é bem mais longo do que precisaria ser. Em vez de fazer um percurso direto do cérebro à laringe – uma distância de cerca de 30 centímetros em humanos –, o nervo desce até o peito, dá uma volta em torno da aorta e do ligamento derivado de uma artéria e depois sobe outra vez ("recorre") para se conectar à laringe (figura 19). Ele se enrola e chega a ter 90 centímetros de comprimento. Em girafas o nervo faz um percurso similar, só que nesse caso desce por todo o longo pescoço do animal e depois sobe: uma distância metro e meio maior do que o percurso direto! Da primeira vez que ouvi falar desse estranho nervo, achei difícil acreditar. Querendo ver com os próprios olhos, juntei coragem para fazer uma incursão no laboratório de anatomia humana e inspecionar meu primeiro cadáver. Um professor muito gentil me mostrou o nervo, traçando seu percurso com um lápis até o peito e de volta até a garganta.

Esse caminho tortuoso do nervo laríngeo recorrente é não só um projeto pobre, mas até mal adaptado. O comprimento extra torna-o mais propenso a ferimentos. Ele pode, por exemplo, ser danificado por um golpe no peito, dificultando falar ou engolir. Mas o caminho faz sentido quando entendemos como o nervo laríngeo recorrente evoluiu. À maneira da artéria aorta dos mamíferos, ele desce daqueles arcos brânquias dos nossos ancestrais similares a peixes. Nos primeiros embriões similares a peixes de todos os vertebrados, o nervo vai de cima para baixo junto ao vaso sanguíneo do sexto arco branquial; é uma ramificação de um nervo maior, o nervo vago, que corre ao longo das costas a partir do cérebro. E no peixe adulto o nervo permanece nessa posição, ligando o cérebro às guelras e ajudando-as a bombear água.

No decorrer de nossa evolução, o vaso sanguíneo que vem do quinto arco desapareceu e os vasos que vêm do quarto e sexto arcos moveram-se para baixo, para o futuro torso, podendo assim tornar-se a aorta e um ligamento que conecta a aorta à artéria pulmonar. Mas o nervo laríngeo, ainda atrás do sexto arco, precisava continuar conectado às estruturas embrionárias que depois se tornam a laringe – estruturas que permaneceram perto do cérebro. Quando a futura aorta evoluiu para trás em direção ao coração, o nervo laríngeo foi obrigado a evoluir junto com ela. Teria sido mais eficiente que o nervo fizesse o retorno em volta da aorta, mudando de direção e reformulando-se para seguir um percurso mais direto, mas a seleção natural não conseguiu fazer isso, pois cortar e rejuntar um nervo é um passo que reduz a sua aptidão. Para acompanhar a evolução para trás da aorta, o nervo laríngeo precisou tornar-se longo e recorrente. E esse caminho evolucionário é recapitulado durante o desenvolvimento, já que, como embriões, nós começamos com o padrão ancestral de nervos e vasos sanguíneos, similar ao dos peixes. No final, somos deixados com o mau projeto.

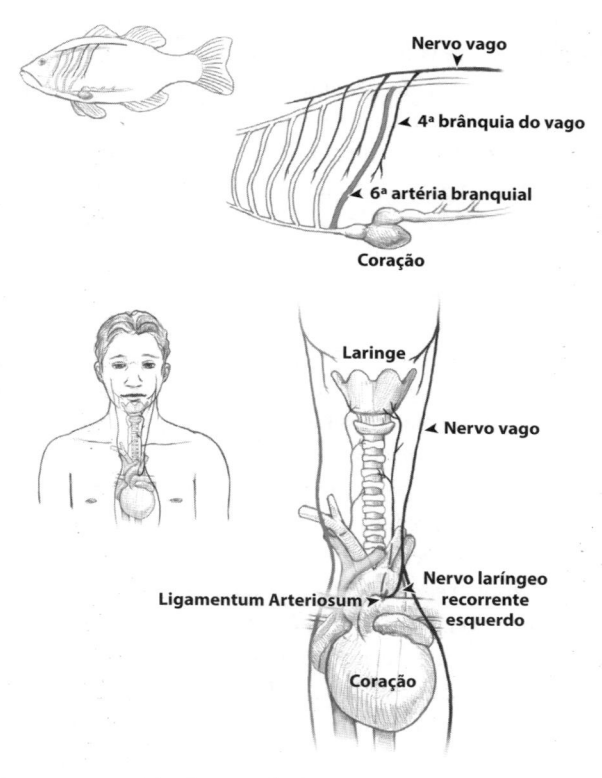

FIGURA 19. O tortuoso caminho do nervo laríngeo recorrente esquerdo nos humanos é uma evidência de sua evolução a partir de um ancestral similar a um peixe. Nos peixes, o sexto arco branquial, que mais tarde se tornará uma guelra, é servido pelo sexto arco aórtico. A quarta ramificação do nervo vago corre por trás desse arco. Essas estruturas continuam sendo parte do equipamento da guelra no peixe adulto, inervando e trazendo sangue das guelras. Nos mamíferos, porém, parte do arco branquial evoluiu e formou a laringe. A laringe e seu nervo continuaram ligados nesse processo, mas o sexto arco aórtico do lado esquerdo do corpo desceu para o peito para se tornar um vestígio não funcional, o *ligamentum arteriosum*. Como o nervo permaneceu atrás desse arco mas ainda ligado à estrutura do pescoço, foi forçado a evoluir e criar um caminho que descesse até o peito, desse a volta pela aorta e pelos vestígios do sexto arco aórtico, e depois voltasse e subisse para a laringe. O caminho indireto desse nervo não reflete um projeto inteligente mas pode ser entendido apenas como o produto de nossa evolução a partir de ancestrais que tinham corpos muito diferentes do nosso.

Como cortesia da evolução, a reprodução humana é também cheia de aspectos que parecem fruto de alguma gambiarra. Já vimos que a descida dos testículos, resultado de sua evolução a partir das gônadas dos peixes, cria pontos frágeis na cavidade abdominal que podem causar hérnias. Os machos têm desvantagens adicionais devido ao desenho precário da uretra, que acabou correndo bem pelo meio da próstata, a glândula responsável pela produção de parte do nosso fluido seminal. Parafraseando Robin Williams, é um cano de esgoto correndo bem no meio de uma área de lazer. Uma grande parte dos machos desenvolve próstatas aumentadas na fase final da vida, o que esprime a uretra e torna a micção difícil e dolorosa (presume-se que isso não foi problema durante a maior parte da evolução humana, quando poucos homens viviam além dos trinta anos). Um projetista inteligente não colocaria um tubo dobrável atravessando um órgão propenso a infecções e a crescer de tamanho. Aconteceu desse jeito porque a próstata dos mamíferos evoluiu de tecido das paredes da uretra.

As mulheres não se deram muito melhor. Elas fazem o parto pela pélvis, um processo doloroso e ineficiente, que, antes da moderna medicina, matou um número apreciável de mães e bebês. O problema é que, conforme evoluímos um cérebro de maior porte, a cabeça dos bebês ficou grande demais em relação à abertura da pélvis, que teve de permanecer estreita para permitir um andar bípede eficiente. Essa conciliação levou às dificuldades e enormes dores do parto humano. Se você projetasse uma fêmea humana, não teria refeito o trato reprodutivo feminino de modo que a saída fosse pelo baixo abdome e não pela pélvis? Imagine como seria bem mais fácil parir um filho! Mas os humanos evoluíram a partir de criaturas que punham ovos ou que produziam nascimentos – de maneira menos dolorosa que nós – através da pélvis. Estamos coagidos por nossa história evolucionária.

E será que um projetista inteligente teria criado o pequeno intervalo do ovário humano às trompas de Falópio*, de modo que um óvulo tenha que atravessar esse intervalo antes de poder viajar pelo tubo e se implantar no útero? Algumas vezes um ovo fertilizado não consegue vencer esse intervalo e se implanta no abdome. Isso produz uma "gravidez abdominal", quase sempre fatal para o bebê e, se não houver cirurgia, para a mãe. O intervalo é um resquício

---

* Atualmente chamadas de tubas uterinas. (N. do T.)

de nossos ancestrais peixes e répteis, que depositavam ovos diretamente do ovário para o exterior de seu corpo. As trompas de Falópio são uma conexão imperfeita porque evoluíram mais tarde como um acréscimo nos mamíferos.[20]

Alguns criacionistas respondem que o projeto precário não é um argumento em favor da evolução – que um projetista inteligente sobrenatural poderia mesmo assim ter criado aspectos imperfeitos. Em seu livro *Darwin's Black Box* ["A Caixa Preta de Darwin"], o defensor do projeto inteligente Michael Behe afirma que "aspectos de um projeto que nos causam impacto como estranhos podem ter sido colocados ali pelo Projetista por alguma razão – por razões artísticas, para criar variedade, como uma forma de ostentação, por algum propósito prático ainda não detectado, ou por alguma razão impossível de conjeturar – ou sem nenhuma razão aparente". Mas isso é fugir do assunto. Certo, um projetista pode ter motivos insondáveis. Mas os maus projetos específicos que vemos fazem sentido *apenas pelo fato de evoluírem de traços de seus ancestrais*. Assim, se um projetista de fato teve motivos discerníveis ao criar espécies, um deles deve com certeza ter sido o de enganar os biólogos fazendo com que os organismos pareçam ser fruto da evolução.

CAPÍTULO 4

A GEOGRAFIA DA VIDA

> Quando estava a bordo do HMS Beagle como naturalista, fiquei muito impressionado com certos fatos sobre a distribuição dos habitantes da América do Sul e sobre as relações geológicas dos habitantes presentes com os habitantes passados desse continente. Tais fatos me pareceram lançar alguma luz sobre a origem das espécies – esse mistério dos mistérios, como tem sido chamado por um dos nossos maiores filósofos.
>
> Charles Darwin, *Sobre a origem das espécies*

Alguns dos lugares mais solitários da Terra são as ilhas vulcânicas isoladas dos oceanos do Sul. Em uma delas – Santa Helena, a meio caminho da África com a América do Sul –, Napoleão passou seus últimos cinco anos de cativeiro britânico, exilado da Europa. Mas as ilhas mais famosas por seu isolamento são as do arquipélago Juan Fernández: quatro pequenos pontos de terra totalizando cerca de 100 quilômetros quadrados, 650 quilômetros a oeste do Chile. Pois foi em uma dessas ilhas que Alexander Selkirk, o Robinson Crusoe da vida real, viveu seu solitário período como náufrago.

Nascido Alexander Selcraig em 1676, Selkirk era um escocês temperamental que partiu para o mar em 1703 como mestre-marinheiro do *Cinque-Ports*, um navio corsário britânico autorizado pela Coroa a saquear barcos espanhóis e portugueses. Preocupado com a imprudência de seu capitão de 21 anos de idade e com a condição degradada do navio, Selkirk pediu para desembarcar, na esperança de ser oportunamente resgatado, quando o *Cin-*

que *Ports* parou para abastecer de comida e água na ilha de Más a Tierra, no arquipélago Juan Fernández. O capitão concordou e Selkirk foi voluntariamente abandonado naquela ilha deserta, levando para terra apenas roupas, um colchão, algumas ferramentas, uma fecharia de pederneira, tabaco, uma chaleira e uma *Bíblia*. Assim começaram quatro anos e meio de solidão.

Más a Tierra era desabitada e os únicos mamíferos, além de Selkirk, eram cabras, ratos e gatos, todos introduzidos por outros marinheiros que haviam estado ali. Mas, após um período inicial de solidão e depressão, Selkirk se adaptou às circunstâncias, caçando cabras e coletando moluscos, comendo frutas e verduras plantadas por seus predecessores, fazendo fogo com dois gravetos, criando roupas de pele de cabra e afastando os ratos com os gatos que domesticou ao compartilhar seus alojamentos com eles.

Selkirk foi finalmente resgatado em 1709 por um navio britânico, pilotado – algo bem insólito – pelo capitão do *Cinque Ports* original. A tripulação assustou com aquele estranho homem vestido com pele de cabra que ficara sozinho por tanto tempo que seu inglês mal podia ser entendido. Depois de ajudar a carregar o navio de frutas e carne de cabra, Selkirk subiu a bordo para voltar à Inglaterra. Lá, juntou-se a um escritor e produziu um relato popular de suas aventuras, *The Englishman*, que, ao que parece, inspirou o *Robinson Crusoe* de Daniel Defoe.[21] No entanto, Selkirk não conseguiu adaptar-se a uma vida sedentária em terra. Voltou para o mar em 1720 e morreu de febre um ano depois no litoral da África.

As contingências de época e de personalidade produziram a história de Selkirk. Mas contingências são também a lição de uma história maior: a história dos habitantes não humanos do arquipélago Juan Fernández e de outras ilhas como essa. Pois, embora Selkirk não soubesse disso, Más a Tierra (hoje chamada de ilha Alejandro Selkirk) era habitada por descendentes de náufragos anteriores – plantas, aves e insetos que, do mesmo modo que Robinson Crusoe, acabaram se instalando na ilha por acidente, milhares de anos antes de Selkirk. Sem saber, ele estava vivendo num laboratório de mudança evolucionária.

Hoje, as três ilhas do arquipélago Juan Fernández são um museu vivo de plantas e animais raros e exóticos, com muitas espécies *endêmicas* – isto é, não encontradas em nenhum outro lugar do mundo. Entre elas estão cinco espécies de aves (incluindo um rouxinol gigante de 12 centímetros, o espetacular colibri-de-juan-fernández, 126 espécies de plantas (incluindo vários membros bizarros da família dos girassóis), uma foca peluda e um punhado de insetos. Nenhuma área comparável do mundo tem tantas espécies endêmicas. Mas a ilha é igualmente notável pelo que *falta* nela: ela *não abriga uma única espécie nativa de anfíbio, réptil ou mamífero* – grupos que são comuns em continentes do mundo todo. Esse padrão de formas de vida endêmica bizarras e florescentes, com vários grandes grupos surpreendentemente ausentes, repete-se muitas vezes em ilhas oceânicas. E, como veremos, é um padrão que fornece impressionante evidência da evolução.

Foi Darwin quem primeiro examinou de perto esses padrões. Em suas viagens de juventude no HMS *Beagle* e em sua volumosa correspondência com cientistas e naturalistas, ele compreendeu que a evolução era necessária para explicar não apenas as origens e formas de plantas e animais, mas também suas distribuições pelo globo. Essas distribuições levantaram uma série de questões. Por que as ilhas oceânicas têm floras e faunas tão desequilibradas em comparação com os conjuntos continentais? Por que quase todos os mamíferos nativos da Austrália são marsupiais, enquanto os mamíferos placentários predominam no resto do mundo? E se as espécies foram criadas, por que o criador preencheu áreas distantes, com terreno e clima similares, como os desertos da África e das Américas, com espécies que eram superficialmente similares na forma mas mostravam outras diferenças, mais fundamentais?

Ponderando essas questões, outros antes de Darwin lançaram as bases para a sua própria síntese intelectual – tão importante, que ocupa dois capítulos inteiros de *A origem*. Esses capítulos são com frequência considerados o documento fundador do campo da *biogeografia* – o estudo da distribuição das espécies na Terra. E a explicação evolucionária da geografia da vida dada por Darwin, que se mostrou em sua maior parte correta ao ser proposta pela primeira vez, foi refinada e apoiada por uma legião de estudos posteriores. A evidência biogeográfica da evolução é agora tão poderosa, que eu nunca vi um livro, artigo ou palestra criacionista que tenha tentado refutá-la. Os criacionistas simplesmente fazem de conta que essa evidência não existe.

Por ironia, as raízes da biogeografia estão profundamente assentadas na religião. Os antigos "teólogos naturais" tentaram mostrar de que modo a distribuição de organismos poderia ser conciliada com o relato bíblico da Arca de Noé. Todos os animais viventes eram entendidos como os descendentes de pares que Noé trouxe a bordo, pares que viajaram para suas localizações atuais a partir do lugar em que a Arca descansou após o dilúvio (tradicionalmente, perto do Monte Ararat, no leste da Turquia). Mas essa explicação tem problemas óbvios. Como é que os cangurus e as minhocas gigantes cruzaram os oceanos e chegaram ao seu lar atual na Austrália? O casal de leões não teria imediatamente transformado os antílopes em sua refeição? E, conforme os naturalistas continuaram a descobrir novas espécies de plantas e animais, até mesmo o mais convicto dos crentes compreendeu que nenhum barco poderia abrigar todas elas e muito menos abrigar a sua comida e a água necessárias para uma viagem de seis semanas.

Então surgiu outra teoria: a de *múltiplas* criações distribuídas pela superfície da Terra. Em meados do século 19, o renomado zoólogo suíço Louis Agassiz, então em Harvard, afirmou que "não só as espécies eram imutáveis e estáticas, mas também sua distribuição, com cada uma delas permanecendo no seu local de criação ou perto dele". Mas vários desdobramentos também tornaram essa noção insustentável, especialmente o crescente número de fósseis que derrubavam a afirmação de que as espécies eram "imutáveis e estáticas". Geólogos como Charles Lyell, amigo e mentor de Darwin, começaram a encontrar provas de que a Terra era não só muito velha, mas estava em contínua alteração. Na viagem do *Beagle*, também Darwin descobriu moluscos fósseis no alto dos Andes, provando que aquilo que hoje é montanha já foi fundo do mar. Os terrenos podiam erguer-se ou afundar e os continentes que vemos hoje podiam ter sido maiores ou menores no passado. E havia questões não respondidas sobre a distribuição das espécies. Por que a flora do sul da África é similar à do sul da América do Sul? Alguns biólogos propuseram que todos os continentes haviam sido antigamente ligados por gigantescas pontes de terra (Darwin observou a Lyell que essas pontes tinham sido concebidas "com tanta facilidade quanto a de um cozinheiro ao fazer panquecas"), mas sem nenhuma evidência de que elas de fato existiram.

Para lidar com essas dificuldades, Darwin propôs sua própria teoria. As distribuições das espécies, afirmou ele, eram explicadas não pela criação, mas pela evolução. Se plantas e animais tinham maneiras de se dispersar por grandes distâncias e podiam evoluir em novas espécies após sua dispersão, então isso – combinado com alguns deslocamentos antigos na terra, como os períodos de expansão glacial – poderia explicar muitas das peculiaridades de biogeografia que haviam desconcertado seus predecessores.

A GEOGRAFIA DA VIDA

Constatou-se depois que Darwin estava certo – mas não completamente. Sem dúvida, muitos fatos sobre biogeografia faziam sentido quando se admitia a dispersão, a evolução e uma terra mutável. Mas não todos os fatos. As grandes aves não voadoras, como os avestruzes, emas e emus, ocorrem na África, América do Sul e Austrália, respectivamente. Se todas elas tiveram um ancestral comum não voador, como poderiam ter-se dispersado tão amplamente? E por que o leste da China e o leste da América do Norte – áreas amplamente separadas – compartilham plantas, como as magnólias e o symplocarpus, que não ocorrem nas terras que se entrepõem?

Temos agora muitas das respostas que antes escaparam a Darwin, graças a dois desenvolvimentos que ele não poderia ter imaginado: os deslocamentos de continentes e a taxonomia molecular. Darwin sabia que a Terra havia mudado ao longo do tempo, mas não tinha ideia da extensão dessa mudança. Desde os anos 1960, os cientistas sabem que a geografia passada do mundo era muito diferente da atual, já que imensos supercontinentes se deslocaram, juntaram e fragmentaram.[22]

E, nos últimos quarenta anos, acumulamos informação de DNA e sequências de proteínas que nos falam não apenas da relação evolucionária das espécies, mas também das datas aproximadas em que elas divergiram de ancestrais comuns. A teoria evolucionária prevê e os dados sustentam a noção de que as espécies derivam de seus ancestrais comuns, que as suas sequências de DNA mudam de modo mais ou menos linear com o tempo. Podemos usar esse "relógio molecular", calibrado com ancestrais fósseis de espécies vivas, para avaliar as épocas das derivações de espécies que tenham registros fósseis precários.

Usando o relógio molecular, podemos fazer corresponder as relações evolucionárias das espécies com os movimentos conhecidos dos continentes e também com os movimentos de glaciares e a formação de pontes de terra genuínas como a do istmo do Panamá. Isso nos diz se as origens das espécies são concorrentes com a origem de novos continentes e habitats. Essas inovações transformaram a biogeografia no grande detetive da história: usando uma variedade de ferramentas e fatos aparentemente desconectados, os biólogos podem deduzir por que as espécies vivem onde vivem. Sabemos agora, por exemplo, que as similaridades das plantas africanas com as da América do Sul não são surpreendentes, pois seus ancestrais já habitaram um supercontinente – Gondwana – que se dividiu em diversas partes (as atuais África, América do Sul, Índia, Madagascar e Antártica) a começar há cerca de 170 milhões de anos.

Cada um desses trabalhos de detetive da biogeografia acaba dando suporte ao fato da evolução. Se as espécies não evoluíssem, sua distribuição geográfica, tanto das espécies vivas quanto das fósseis, não faria sentido. Examinaremos primeiro as espécies que vivem em continentes e depois as que vivem em ilhas, pois essas áreas díspares fornecem tipos diferentes de evidências.

CONTINENTES

Vamos começar com uma observação que causa impacto a qualquer um que viaje muito. Se você vai a duas áreas distantes que tenham clima e terreno similar, encontrará tipos diferentes de vida. Os desertos, por exemplo. Muitas plantas de deserto são suculentas: mostram uma combinação adaptativa de traços que inclui grandes caules carnudos para armazenar água, espinhos para dissuadir predadores e folhas pequenas ou ausentes para reduzir a perda de água. Mas desertos diferentes têm diferentes tipos de suculentas. Na América do Sul e na América do Norte, as suculentas são membros da família dos cactos. Já nos desertos da Ásia, Austrália e África não há cactos nativos e as suculentas pertencem a uma família totalmente diferente, a das eufórbias. Você pode observar a diferença entre os dois tipos de suculentas por suas flores e sua seiva, que é clara e aquosa nos cactos, mas leitosa e amarga nas eufórbias. Apesar dessas diferenças fundamentais, porém, a aparência de cactos e eufórbias pode ser quase similar. Tenho os dois tipos cultivados no peitoril da minha janela e os visitantes só conseguem saber a diferença lendo as etiquetas de identificação.

Por que um criador colocaria plantas fundamentalmente diferentes, mas parecidas, em áreas diversas do mundo que parecem ecologicamente idênticas? Será que não faria mais sentido colocar as mesmas espécies de plantas em áreas com o mesmo tipo de solo e clima?

Você pode replicar que, embora os desertos *pareçam* similares, os habitats diferem de maneiras sutis mas importantes, com os cactos e eufórbias tendo sido criados para ser mais adaptados a seu respectivo habitat. Mas essa explicação não se sustenta, porque, quando os cactos são introduzidos nos desertos do Velho Mundo, em que não ocorrem naturalmente, crescem muito bem. O cacto orelha-de-coelho da América do Norte, por exemplo, foi introduzido na Austrália no início do século 19, pois os colonizadores planejavam extrair um corante vermelho da cochonilha que se alimenta da planta (esse corante é o que dá a cor vermelho-carmesim aos tapetes persas). Por volta do século 20, o cacto orelha-de-coelho se havia espalhado tão rapidamente que se tornou uma praga séria, destruindo milhares de hectares de terras e levando à implantação de programas de erradicação drásticos – e ineficazes. A planta foi finalmente controlada em 1926 pela introdução da mariposa-de-cacto (*Cactoblastiscactorum*), cujas larvas devoram os cactos: um dos primeiros e mais bem-sucedidos exemplos de controle biológico. Ou seja, com certeza os cactos orelha-de-coelho podem florescer nos desertos australianos, embora as suculentas nativas sejam as eufórbias.

O exemplo mais famoso de espécies diferentes desempenhando papéis similares envolve os mamíferos marsupiais, hoje encontrados principalmente na Austrália (o gambá-da-virgínia é uma conhecida exceção), e os mamíferos placentários, que predominam no resto do mundo. Os dois grupos mostram importantes diferenças anatômicas, de maneira mais perceptível em seu sistema reprodutor (quase todos os marsupiais têm bolsa e produzem cria muito subdesenvolvida, enquanto os placentários têm placenta que permite à cria nascer em estágio mais avançado). Não obstante, em outros aspectos alguns marsupiais e placentários são surpreendentemente similares. Há toupeiras escavadoras marsupiais que parecem toupeiras placentárias e se comportam como elas, ratos marsupiais que parecem ratos placentários, o petauro-do-açúcar marsupial que desliza de uma árvore para outra como um esquilo voador e o tamanduá marsupial que faz exatamente o que o tamanduá sul-americano faz (figura 20).

De novo, podemos perguntar: se os animais foram especialmente criados, por que o criador produziria em diferentes continentes animais fundamentalmente diferentes, que não obstante têm aspecto e agem de modo muito parecido? Não é que os marsupiais sejam inerentemente superiores aos placentários na Austrália, porque os mamíferos placentários introduzidos foram muito bem-sucedidos ali. Os coelhos introduzidos, por exemplo, são uma praga tão séria na Austrália que estão desalojando marsupiais nativos como o *bilby* (um pequeno mamífero com orelhas muito compridas). Para ajudar a financiar a erradicação dos coelhos, os conservacionistas estão

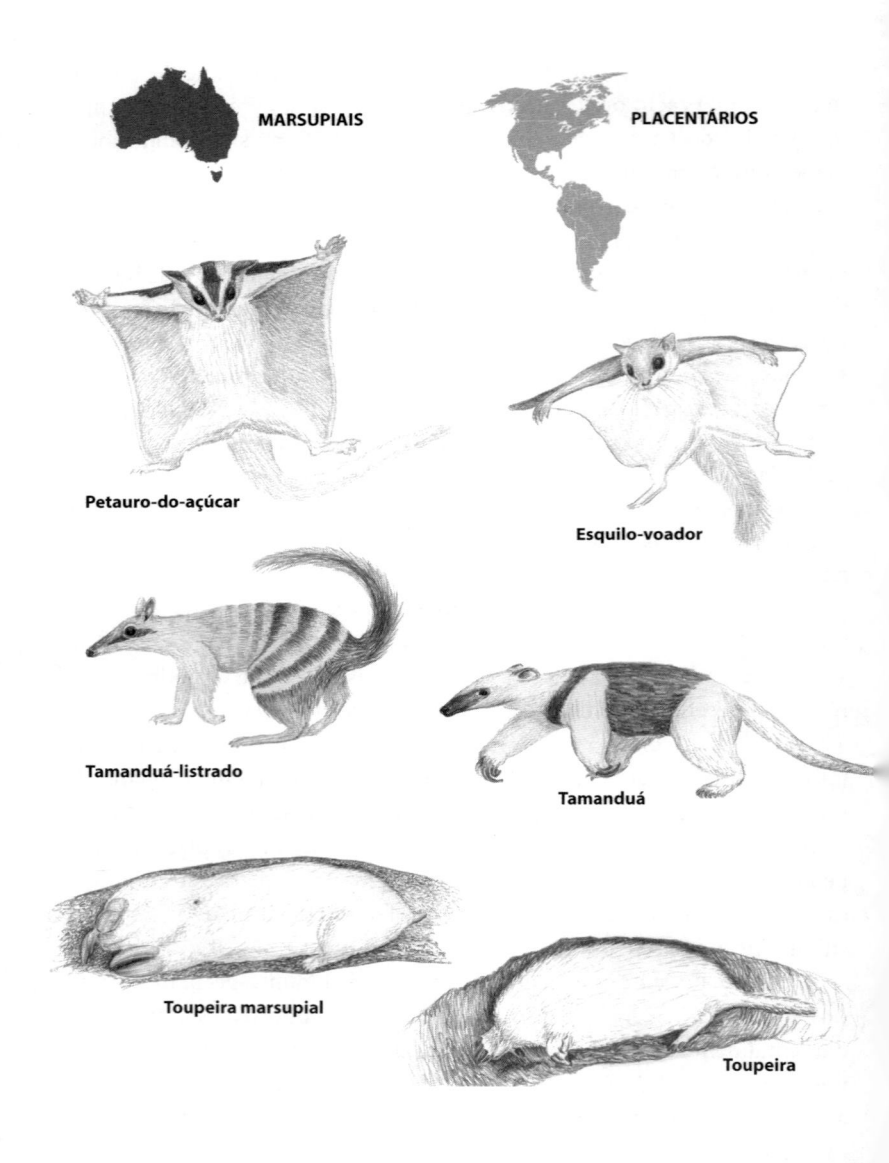

FIGURA 20. Evolução convergente de mamíferos. Tamanduás marsupiais, pequenos petauros e toupeiras evoluíram na Austrália independentemente de seus equivalentes mamíferos placentários nas Américas, embora tenham formas notavelmente similares.

fazendo campanha para que o coelho da Páscoa seja substituído pelo *bilby* da Páscoa: em todo o outono as prateleiras dos supermercados se enchem de *bilbys* de chocolate.

Nenhum criacionista, seja da variedade Arca de Noé ou de outra, jamais ofereceu uma explicação plausível do fato de que diferentes tipos de animais têm formas similares em lugares diferentes. Tudo o que podem fazer é invocar os inescrutáveis caprichos do criador. Mas a evolução de fato explica o padrão ao invocar um processo bem conhecido, chamado *evolução convergente*. É realmente muito simples. Espécies que vivem em habitats similares vão experimentar pressões de seleção similares do seu ambiente, portanto podem evoluir adaptações similares, ou convergir, e acabar com aspecto e comportamento muito semelhantes, embora não estejam relacionadas. Mas essas espécies ainda vão conservar diferenças-chave que dão pistas sobre a sua ancestralidade distante (um exemplo famoso de convergência é a coloração branca camufladora compartilhada por vários animais do ártico, como o urso-polar e a coruja-das-neves). O ancestral dos marsupiais colonizou a Austrália, enquanto os placentários dominaram o resto do mundo. Tanto placentários quanto marsupiais dividem-se numa variedade de espécies e essas espécies se adaptaram a diversos habitats. Se você sobrevive e se reproduz melhor por escavar sob a superfície da terra, a seleção natural vai encolher seus olhos e dar-lhe garras escavadoras maiores, quer você seja placentário ou marsupial. Mas você ainda vai manter alguns traços característicos de seus ancestrais.

Cactos e eufórbias também mostram traços convergentes. O ancestral das eufórbias colonizou o Velho Mundo e o dos cactos colonizou as Américas. As espécies que acabaram no deserto evoluíram adaptações similares: se você é uma planta num clima seco, é melhor que seja resistente e sem folhas, com um caule gordo para armazenar água. Portanto, a seleção natural moldou as eufórbias e os cactos com formas similares.

A evolução convergente demonstra três partes da teoria evolucionária trabalhando juntas: ancestralidade comum, especiação e seleção natural. A ancestralidade comum é responsável pelos marsupiais australianos compartilharem alguns traços (as fêmeas têm duas vaginas e um útero duplo, por exemplo), enquanto os mamíferos placentários compartilham outros aspectos (por exemplo, uma placenta de longa duração). A especiação é o processo pelo qual cada ancestral comum dá origem a vários descendentes diferentes. E a seleção natural torna cada espécie bem adaptada a seu ambiente. Junte tudo isso, acrescente o fato de que áreas distantes do mundo podem ter habitats similares, e você tem a evolução convergente – além de uma explicação simples de um grande padrão biogeográfico.

Quanto à questão referente a como os marsupiais chegaram à Austrália, isso é parte de outro conto evolucionário, um conto que leva a uma previsão testável. Os primeiros fósseis de marsupiais, com cerca de 80 milhões de anos de idade, são encontrados não na Austrália, mas na América do Norte. Conforme evoluíram, os marsupiais se espalharam para o sul, alcançando o que é hoje a ponta da América do Sul, há cerca de 40 milhões de anos. Os marsupiais chegaram à Austrália aproximadamente 10 milhões de anos depois e ali passaram a se diversificar nas duas centenas de estranhas espécies que vivem hoje.

Mas como foi que elas conseguiram atravessar o Atlântico Sul? A resposta é que o oceano ainda não existia. Na época da invasão marsupial, a América do Sul e a Austrália estavam unidas como parte do supercontinente sul de Gondwana. Essa massa de terra já havia começado a se separar, abrindo-se para formar o oceano Atlântico, que por sua vez estava ligado ao que hoje é a Austrália (ver figura 21). Como os marsupiais tiveram que ir por terra da América do Sul à Austrália, devem ter passado pela Antártica. Então, pode-se prever: deve haver fósseis de marsupiais na Antártica que datam de algum ponto entre 30 e 40 milhões de anos atrás.

Essa hipótese foi forte o suficiente para levar cientistas até a Antártica à procura de fósseis marsupiais. E, como era de esperar, eles foram encontrados: mais de uma dúzia de espécies de marsupiais (reconhecidas por seus dentes e maxilas características) foi descoberta na ilha Seymour, junto à península Antártica. Essa área fica bem em cima do antigo caminho livre de gelo entre a América do Sul e a Antártica. E os fósseis têm a idade certa: de 35 a 40 milhões de anos de idade. Após um achado em 1982, o paleontólogo polar William Zinsmeister ficou exultante: "Durante anos e anos as pessoas achavam que os marsupiais deviam estar lá. Isso permite ligar todas as suposições feitas sobre a Antártica. As coisas que encontramos são as que se podia esperar que fôssemos achar".

O que dizer dos muitos casos de espécies similares (mas não idênticas) que vivem em habitats similares, mas em continentes diferentes? O cervo-vermelho vive no norte da Europa, mas o alce, que se parece muito com ele, vive na América do Norte. Sapos aquáticos sem língua da família dos pipídeos ocorrem em dois lugares separados por grande distância: o leste da América do Sul e a África subtropical. E já comentamos a flora similar presente no leste da Ásia e no leste da América do Norte. Essas observações seriam desconcertantes para os evolucionistas se os continentes sempre tivessem estado na sua presente localização. Seria impossível a magnólia ancestral ter-se dispersado da China ao Alabama, ou os sapos de água doce cruzarem o oceano da África à América do Sul, ou que um ancestral do cervo tivesse ido da Europa para a América do Norte. Mas agora sabemos exatamente como essa dispersão ocorreu de fato: pela existência de antigas conexões dos continentes por terra (algo diverso das imensas pontes terrestres imaginadas pelos antigos biogeógrafos). A Ásia e a América do Norte já foram bem ligadas pela ponte de terra de Bering, por sobre a qual plantas e mamíferos (incluindo humanos) colonizaram a América do Norte. E a América do Sul e a África eram antes parte de Gondwana.

Conforme os organismos se dispersam e conseguem ser bem-sucedidos em colonizar uma nova área, com frequência eles evoluem. E isso leva a outra previsão, que fizemos no capítulo 1. Se a evolução aconteceu, espécies que vivem em uma área devem ser descendentes de espécies anteriores que viveram nesse mesmo lugar. Assim, se cavarmos em camadas de rocha mais rasas de uma determinada área, deveremos encontrar fósseis que se parecem com os organismos que andam por esse chão hoje.

E isso também se confirma. Onde é que podemos desencavar cangurus fósseis que mais se pareçam com os cangurus vivos? Na Austrália. Depois temos o tatu do Novo Mundo. Os tatus são os únicos mamíferos dotados de uma carapaça óssea – em espanhol, tatu é "armadillo", que significa "pequeno de armadura". Eles são encontrados apenas na América do Norte, Central e do Sul. Onde encontramos fósseis parecidos com eles? Nas Américas, o lar dos gliptodontes, mamíferos com carapaça, herbívoros, parecidos com um imenso tatu. Alguns desses antigos tatus eram do tamanho de um Fusca, pesavam uma tonelada, eram cobertos com uma carapaça de 5 cm de espessura e ostentavam bolas com espinhos no rabo, que brandiam como se fosse um cassetete. O criacionismo é muito pressionado a explicar esses padrões: para isso, teria que propor que houve um número infindável de sucessivas extinções e criações por todo o mundo e que cada conjunto de espécies novas era feito para se parecer com as antigas que haviam vivido no mesmo lugar. Já percorremos um bom caminho desde a Arca de Noé.

A ocorrência concomitante de ancestrais fósseis e descendentes leva a uma das mais famosas previsões da história da biologia evolucionária – a hipótese de Darwin, em *A descendência do homem* (1871), de que os humanos evoluíram na África:

> Somos levados naturalmente a inquirir: onde foi o local de nascimento do homem naquele estágio de descendência em que nossos progenitores divergiram da linhagem catarrina (macacos e apes do Velho Mundo)? O fato de eles pertencerem a essa linhagem demonstra claramente que habitavam o Velho Mundo, mas não a Austrália ou alguma ilha oceânica, como podemos inferir das leis da distribuição geográfica. Em cada grande região do mundo os mamíferos vivos estão relacionados de perto com espécies extintas da mesma região. É, portanto, provável que a África tenha sido antes habitada por apes extintos, íntimos aliados do gorila e do chipanzé; e, como essas duas espécies são agora aliadas próximas do homem, é de algum modo mais provável que nossos antigos progenitores tenham vivido no continente africano do que em qualquer outra parte.

Na época em que Darwin fez essa previsão, ninguém havia jamais visto quaisquer fósseis de antigos humanos. Como veremos no capítulo 8, eles foram encontrados pela primeira vez em 1924 e a descoberta foi feita – você adivinhou – na África. A profusão de fósseis transicionais ape-humano desencavados desde então, sendo os primeiros sempre africanos, não deixa dúvida de que a previsão de Darwin estava certa.

A biogeografia não só faz previsões, mas resolve charadas. Aqui vai uma delas, envolvendo glaciares e árvores fósseis. Os geólogos sabem há muito tempo que todos os continentes e subcontinentes do Sul experimentaram uma grande glaciação no período Permiano, há cerca de 290 milhões de anos. Sabemos disso porque, conforme os glaciares se movem, as rochas e seixos que eles carregam fazem arranhaduras na rocha subjacente. A direção dessas arranhaduras nos diz em que sentido os glaciares se moveram.

Ao examinar as arranhaduras em rochas Permianas das terras do Sul, veem-se padrões estranhos. Os glaciares parecem ter surgido em áreas como a África Central, que são agora muito quentes. E o que confunde ainda mais é que parecem ter-se movido dos mares para os continentes (veja a direção das setas na figura 21). Bem, isso é bastante improvável: os glaciares só podem formar-se em climas persistentemente frios e em terra seca, quando neves repetidas ficam compactadas em gelo, que começa a se mover sob seu próprio

A GEOGRAFIA DA VIDA

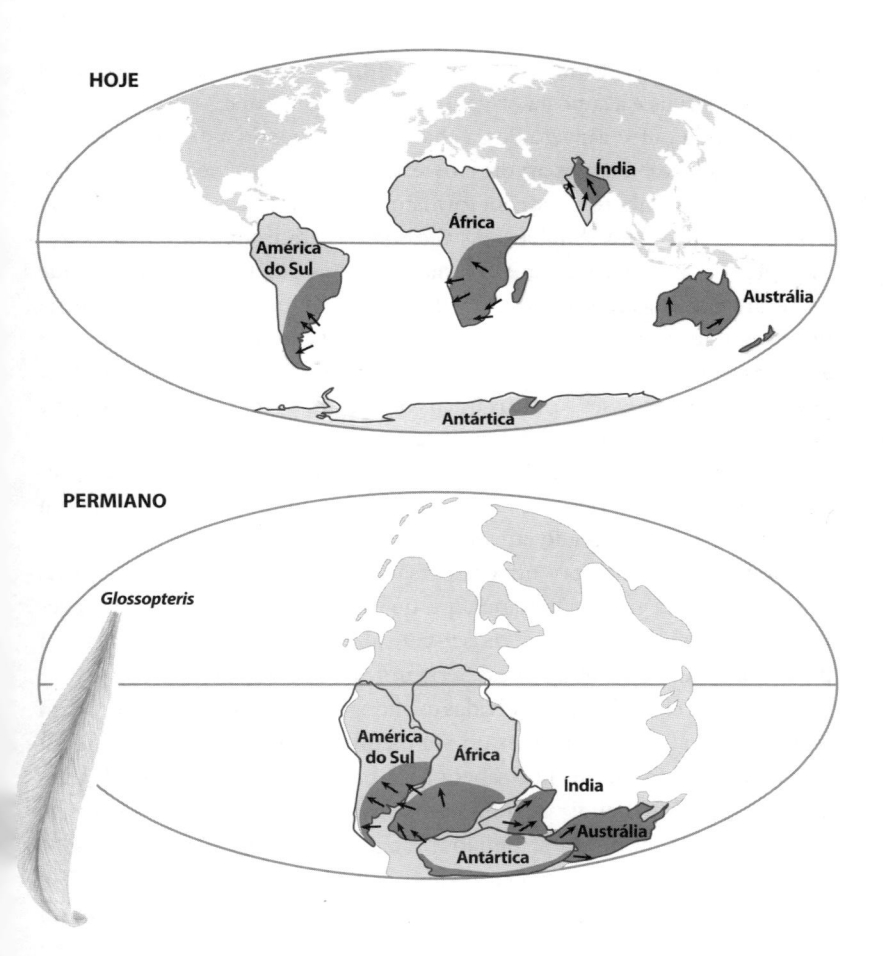

FIGURA 21. O deslocamento continental explica a biogeografia evolucionária da antiga árvore *Glossopteris*. No alto: a atual distribuição dos fósseis de *Glossopteris* (sombreados), em várias partes espalhadas pelos continentes, torna difícil o entendimento. Os padrões das arranhaduras glaciais nas rochas são igualmente misteriosos (setas). Embaixo: a distribuição de *Glossopteris* durante o período Permiano, quando os continentes estavam unidos num supercontinente. Esse padrão faz sentido porque as árvores rodeavam o polo sul permiano numa área de clima temperado. E as arranhaduras glaciais que vemos hoje também fazem sentido, já que todas elas apontam para fora do polo sul permiano.

peso. Então, como podemos explicar esses padrões aparentemente desconexos de estrias glaciais e a suposta origem dos glaciares no mar?

E há ainda outro aspecto dessa charada, envolvendo a distribuição não das arranhaduras, mas das árvores fósseis – espécies do gênero *Glossopteris*. Essas coníferas tinham folhas em formato de língua e não de agulha (*glossa* é o termo grego para "língua"). As *Glossopteris* eram uma das plantas dominantes da flora permiana. Por várias razões os botânicos acreditam que elas eram decíduas (perdiam suas folhas a cada outono, recuperando-as na primavera): elas mostram anéis de crescimento, sugerindo ciclos sazonais, e aspectos especializados indicando que as folhas estavam programadas para se separar da árvore. Esses e outros traços nos levam a crer que as *Glossopteris* viveram em áreas temperadas com invernos frios.

Quando mapeamos a distribuição dos fósseis de *Glossopteris* no hemisfério sul – a única região em que são encontrados (figura 21) –, eles formam um estranho padrão, espalhado em recortes pelos continentes do sul. O padrão não pode ser explicado por uma dispersão pelo mar, porque as *Glossopteris* tinham sementes grandes, pesadas, que quase com certeza não eram capazes de flutuar. Será que isso poderia ser considerado evidência de criação da planta em diferentes continentes? Seria uma conclusão apressada.

Essas duas charadas são resolvidas quando compreendemos onde estavam realmente os atuais continentes do Sul na última fase do permiano (figura 21): unidos como um quebra-cabeça no Gondwana. E, quando você junta as peças, a posição das arranhaduras glaciais e a distribuição das árvores de repente fazem sentido. As arranhaduras agora apontam todas para fora do centro da Antártica, que era a parte de Gondwana que passava sobre o Polo Sul no permiano. As neves teriam formado grandes glaciares que se afastavam desse local, produzindo arranhaduras exatamente nas direções observadas. Quando a distribuição das árvores *Glossopteris* é sobreposta ao mapa de Gondwana, o padrão não mais se mostra caótico: os recortes se encaixam, acomodando-se em volta da beirada dos glaciares. Esses são precisamente os locais frios em que as árvores decíduas temperadas foram encontradas.

Não foram, portanto, as árvores que migraram de um continente para outro distante: os continentes é que se moveram, carregando as árvores com eles. Esses enigmas fazem sentido à luz da evolução, enquanto o criacionismo se perde ao tentar explicar tanto o padrão das arranhaduras glaciais como a peculiar distribuição afastada das *Glossopteris*.

Há ainda uma nota trágica nessa história. Quando o grupo de Robert Scott foi encontrado em 1912, todos eles mortos e congelados depois da malsucedida tentativa de serem os primeiros a alcançar o Polo Sul (o norueguês Roald Amundsen chegou pouco antes), 15 quilos de fósseis de *Glossopteris* descansavam ao lado dos corpos. Embora tivesse dispensado grande parte de seu equipamento numa desesperada tentativa de sobreviver, o grupo arrastou essas pesadas rochas em trenós de mão, sem dúvida percebendo seu valor científico. Foram os primeiros espécimes de *Glossopteris* encontrados na Antártica.

A evidência da evolução encontrada em padrões de vida nos continentes é forte, mas a da vida em ilhas é, como veremos, mais forte ainda.

ILHAS

Compreender que a distribuição de espécies em ilhas fornece provas conclusivas da evolução foi uma das maiores linhas de investigação na história da biologia. Isso também se deve a Darwin, cujas ideias ainda pairam poderosamente sobre o campo da biogeografia. No capítulo 12 de *A origem*, Darwin relata fatos atrás de fatos, laboriosamente coletados após anos de observação e correspondência, montando sua defesa como um brilhante advogado. Quando ensino as evidências da evolução aos meus alunos, essa é a minha palestra favorita. É uma história de mistério com uma hora de duração, uma acumulação de dados aparentemente disparatados que no final se resolve numa defesa incontestável da evolução.

Mas, antes de chegarmos à evidência, precisamos distinguir dois tipos de ilhas. O primeiro, as ilhas continentais: aquelas que antes eram ligadas a um continente e depois se separaram, seja porque a elevação do nível do mar inundou antigas pontes de terra, seja pela movimentação das placas continentais. Alguns dos muitos exemplos dessas ilhas são as Ilhas Britânicas, o Japão, o Sri Lanka, a Tasmânia e Madagascar. Algumas delas são velhas (Madagascar separou-se da África há cerca de 160 milhões de anos), outras são mais novas (a Grã-Bretanha separou-se da Europa há uns 300 mil anos, provavelmente durante uma catastrófica inundação causada pelo transbordamento de um grande lago represado ao norte). Já as ilhas oceânicas são as que nunca estiveram ligadas a um continente; elas se erguem do leito marinho, inicialmente desprovidas de vida, como vulcões crescentes ou recifes de corais. Entre essas estão as ilhas havaianas, o arquipélago de Galápagos, Santa Helena e o grupo Juan Fernández, descrito no início deste capítulo.

O chamado argumento "das ilhas", em favor da evolução, começa com a seguinte observação: as ilhas oceânicas são desprovidas de muitos tipos de espécies nativas que vemos tanto nos continentes quanto nas ilhas continentais. Pegue o Havaí, um arquipélago tropical cujas ilhas ocupam cerca de 16.500 km^2, um pouco menos do que o estado de Massachusetts. Apesar de terem um bom estoque de aves, plantas e insetos nativos, essas ilhas carecem completamente de peixes de água doce, anfíbios, répteis e mamíferos terrestres. A ilha de Santa Helena, na qual Napoleão ficou exilado, e o arquipélago Juan Fernández também carecem desses mesmos grupos, mas ainda têm muitas plantas endêmicas, aves e insetos. As ilhas Galápagos abrigam, por certo, alguns répteis nativos (iguanas terrestres e marinhos, além das famosas tartarugas gigantes), mas também são desprovidas de mamíferos, anfíbios e peixes de água doce nativos. Por repetidas vezes, nas ilhas oceânicas que pontilham o Pacífico, o Atlântico Sul e o oceano Índico, vemos um padrão de grupos ausentes – mais exatamente, os mesmos grupos ausentes.

À primeira vista, essas ausências parecem bizarras. Se você pegar mesmo que seja um trecho muito pequeno de continente tropical ou uma ilha continental, digamos no Peru, na Nova Guiné ou no Japão, vai encontrar abundância de peixes, anfíbios, répteis e mamíferos nativos.

Como Darwin observou, essa disparidade é difícil de explicar em um cenário criacionista: "Aquele que aceita a doutrina da criação de cada espécie separada terá de admitir que um número suficiente das plantas e animais mais bem adaptados não foi criado em ilhas oceânicas". Mas como sabemos que mamíferos, anfíbios, peixes de água doce e répteis realmente são adequados a ilhas oceânicas? Talvez o criador não as tenha colocado ali porque elas não seriam bem-sucedidas. Uma resposta óbvia é que as ilhas *continentais* já têm esses animais; então, por que o criador colocaria diferentes tipos de animais em ilhas continentais *versus* ilhas oceânicas? Como a ilha foi formada não deveria fazer nenhuma diferença. Mas Darwin termina a frase acima com uma resposta ainda melhor: "... pois o homem de modo não intencional as preencheu a partir de fontes variadas, de maneira mais plena e perfeita do que a natureza".

Em outras palavras, mamíferos, anfíbios, peixes de água doce e répteis com frequência são bem-sucedidos quando os humanos os introduzem em ilhas oceânicas. Na verdade, eles muitas vezes dominam, acabando com as espécies nativas. Porcos e cabras introduzidos infestaram o Havaí, transformando as plantas nativas em sua refeição. Ratos e mangustos introduzidos destruíram ou ameaçaram de extinção muitas aves espetaculares do Havaí. O sapo-boi, um imenso anfíbio venenoso nativo da América tropical, foi introduzido no Havaí em 1932 para controlar besouros na cana-de-açúcar. Esses sapos são agora uma praga, reproduzindo-se prolificamente e matando gatos e cachorros que os confundem com comida. As ilhas Galápagos não têm anfíbios nativos, mas uma rã arbórea equatoriana, introduzida em 1998, estabeleceu-se em três ilhas. Em São Tomé, a ilha vulcânica junto à costa ocidental da África em que coletei moscas de fruta para minha própria pesquisa, cobras pretas foram trazidas do continente africano e introduzidas – talvez acidentalmente. E se deram tão bem, que simplesmente não podemos trabalhar em certas áreas da ilha, já que às vezes encontramos várias dezenas dessas serpentes letais e agressivas num único dia. Mamíferos terrestres são bem-sucedidos também em ilhas – cabras introduzidas ajudaram Alexander Selkirk a sobreviver em Más a Tierra e também prosperaram em Santa Helena. Por todo o mundo a história é a mesma: os humanos introduzem espécies que não existiam em ilhas oceânicas e essas espécies deslocam ou destroem as formas nativas. O suficiente para apresentar-se o argumento de que as ilhas oceânicas são de algum modo inadequadas para mamíferos, anfíbios, répteis e peixes.

O passo seguinte do argumento é este: embora as ilhas oceânicas sejam desprovidas de muitos tipos básicos de animais, os tipos que são efetivamente encontrados costumam estar presentes em profusão e compreendem muitas espécies similares. Tome-se como exemplo Galápagos. Em suas treze ilhas há 28 espécies de aves que não são encontradas em nenhum outro lugar. E, dessas 28, catorze pertencem a um único grupo de aves intimamente relacionadas: os famosos tentilhões de Galápagos. Nenhum continente ou ilha continental tem uma fauna aviária tão pesadamente dominada pelos tentilhões. No entanto, apesar de seus traços compartilhados de tentilhão, o grupo de Galápagos é ecologicamente bem diversificado, com diferentes espécies dando preferência a comidas tão diversas quanto insetos, sementes e ovos de outras espécies. O "tentilhão pica-pau" é uma das raras espécies que usam ferramentas – nesse caso, um espinho de cacto ou um galhinho para extrair insetos das árvores. Os tentilhões pica-pau cumprem o papel ecológico dos pica-paus, que não vivem nas Galápagos. E há ainda um "tentilhão vampiro", que bica a parte traseira das aves marinhas e depois lambe o sangue da ferida.

O Havaí tem uma radiação ainda mais espetacular de aves, os saís-verdes. Quando os polinésios chegaram ao Havaí há cerca de 1.500 anos, encontraram cerca de 140 espécies nativas de aves (sabemos disso a partir de estudos de "subfósseis" de aves: ossos preservados em antigos depósitos de lixo e tubos de lava). Cerca de sessenta dessas espécies – quase a metade da fauna aviária – eram saís, todos descendentes de um único tentilhão ancestral, que chegara às ilhas 4 milhões de anos atrás. Infelizmente, restaram apenas vinte espécies de saís-verdes, todas em risco de extinção. As demais haviam sido destruídas por caça, perda de habitat e predadores introduzidos pelo homem, como ratos e mangustos. Mas mesmo os poucos saís-verdes remanescentes exibem uma fantástica diversidade de papéis ecológicos, como mostrado na figura 22. O bico de uma ave pode nos dizer muita coisa sobre sua dieta. Algumas espécies têm bicos curvos para sorver

FIGURA 22. Uma radiação adaptativa: algumas espécies relacionadas de saís havaianos, evoluídas depois que seu ancestral similar ao tentilhão colonizou as ilhas. Cada tentilhão tem um bico que lhe permite usar comida diferente. O bico fino do 'i'iwi ajuda-o a sorver néctar das longas flores tubulares, o akepa tem um bico levemente cruzado que lhe permite procurar insetos e aranhas em brotos abertos, o maui bico-de-papagaio tem um bico grande para escarafunchar cascas de árvore e despedaçar galhinhos para encontrar larvas de besouro, e o bico curto porém forte do palila ajuda a abrir vagens de sementes para extraí-las.

néctar das flores, outras têm bicos robustos, como o do papagaio, para quebrar sementes duras ou rachar galhos, outras têm bicos finos e pontudos para pegar insetos da folhagem, e há também as de bicos curvos, para extrair insetos das árvores, preenchendo o papel de um pica-pau. Assim como nas Galápagos, vemos um grupo super-representado, com espécies preenchendo nichos ocupados por espécies muito diferentes em continentes ou ilhas continentais.

Ilhas oceânicas também abrigam radiações de plantas e insetos. Santa Helena, embora lhe faltem vários grupos de insetos, é o lar de dezenas de espécies de besouros pequenos não voadores, especialmente caruncros de madeira. No Havaí, o grupo que eu estudei – moscas de frutas do gênero *Drosophila* – é decididamente exuberante. Embora componham apenas 0,004% da terra do planeta, as ilhas do Havaí contêm quase metade das 2.000 espécies de *Drosophila* existentes no mundo. E depois há as notáveis radiações de plantas da família dos girassóis no arquipélago Juan Fernández e em Santa Helena, algumas das quais se tornaram pequenas árvores lenhosas. É só nas ilhas oceânicas que as pequenas plantas floríferas, livres da competição com arbustos maiores e árvores, evoluem e viram árvores.

Até aqui vimos dois conjuntos de fatos sobre ilhas oceânicas: elas não têm muitos grupos daquelas espécies que vivem em continentes e ilhas continentais e, no entanto, os grupos que são de fato encontrados em ilhas oceânicas mostram que, em comparação com outras áreas do mundo, a vida nas ilhas oceânicas é desequilibrada. Qualquer teoria de biogeografia que se preze tem que explicar esse contraste.

Mas há algo mais em relação a isso. Dê uma olhada na seguinte lista dos grupos que costumam ser nativos nas ilhas oceânicas e dos que geralmente estão faltando (Juan Fernández é apenas um grupo de ilhas que se enquadra na lista):

NATIVOS	AUSENTES
Mamíferos terrestres	Plantas
Répteis	Aves
Anfíbios	Insetos e outros
Peixes de água doce	artrópodes (como aranhas)

Qual a diferença nessas duas colunas? É só pensar um momento para obter a resposta. As espécies na primeira coluna podem colonizar uma ilha oceânica por meio de dispersão a longa distância; as espécies na segunda coluna não têm essa capacidade. Aves são capazes de voar por grandes distâncias sobre o mar, carregando com elas não apenas os próprios ovos mas também sementes de plantas que tenham comido (e que podem germinar a partir de seus excrementos), parasitas em suas penas e pequenos organismos grudados na lama de seus pés. As plantas podem chegar às ilhas como sementes, flutuando pelas vastidões do mar. As sementes com farpas ou coberturas grudentas podem viajar de carona até as ilhas nas penas dos pássaros. Os leves esporos de samambaias, fungos e musgos podem ser carregados a imensas distâncias pelo vento. Insetos também podem voar até ilhas ou ser levados pelos ventos.

Em contraste com isso, animais da segunda coluna têm grande dificuldade de cruzar vastas extensões de mar. Mamíferos terrestres e répteis são pesados e não podem nadar muito longe. E a maioria dos anfíbios e de peixes de água doce simplesmente não consegue sobreviver em água salgada.

Portanto, o tipo de espécies que encontramos em ilhas oceânicas são precisamente aquelas que podem vir de terras distantes atravessando o mar. Mas qual é a evidência de que elas fazem isso? Todo ornitólogo sabe da existência de aves "visitantes" ocasionais, encontradas a milhares de quilômetros de seu habitat, vítimas de ventos ou de uma navegação falha. Algumas aves até estabeleceram colônias de reprodução em ilhas oceânicas em tempos históricos. A galinhola púrpura, há tempos um visitante ocasional da remota ilha de Tristão da Cunha, no Atlântico Sul, finalmente começou a se reproduzir ali a partir da década de 1950.

Darwin mesmo fez alguns experimentos simples mas elegantes mostrando que as sementes de algumas espécies de plantas ainda eram capazes de germinar depois de prolongada imersão na água do mar. Sementes das Antilhas foram encontradas nas distantes praias da Escócia, obviamente carregadas pela Corrente do Golfo, e "sementes à deriva" de continentes ou de outras ilhas também são encontradas nas praias das ilhas do Pacífico Sul. Pássaros de gaiola podem reter sementes de plantas em seu trato digestivo por uma semana ou mais, mostrando a probabilidade de transporte em longa distância. E tem havido muitas tentativas bem-sucedidas de tomar amostras de insetos no ar, usando armadilhas presas a aviões ou navios bem distantes da terra. Entre as espécies coletadas encontraram-se gafanhotos, traças, mariposas, moscas, pulgões e besouros. Charles Lindbergh, numa viagem em 1933 de travessia do Atlântico, expôs lâminas de microscópio ao ar, capturando numerosos microrganismos e partes de insetos. Muitas aranhas se dispersam quando jovens ao fazer "balonismo" com paraquedas de seda; esses andarilhos têm sido encontrados a centenas de quilômetros da terra firme.

Animais e plantas também podem pegar carona até as ilhas em "balsas" – troncos ou massas de vegetação que flutuam escapando dos continentes, em geral saindo da foz de rios. Em 1995, uma dessas grandes balsas, provavelmente levada por um furacão, depositou uma carga de quinze iguanas verdes na ilha caribenha de Anguilla, na qual eles não existiam previamente, vindo de uma fonte situada a 320 quilômetros de distância. Troncos de pseudotsuga da América do Norte foram encontrados no Havaí e troncos da América do Sul conseguiram chegar à Tasmânia. Trajetos em balsa como esses explicam a presença de répteis ocasionais endêmicos em ilhas oceânicas, como os iguanas e as tartarugas de Galápagos.

Além disso, quando você olha para o tipo de insetos e plantas nativas das ilhas oceânicas, eles são de grupos que constituem os melhores colonizadores. Na maior parte os insetos são pequenos, justamente os que poderiam ser facilmente carregados pelo vento. Comparadas com as plantas mais magras, as árvores são relativamente raras nas ilhas oceânicas, quase certamente porque muitas árvores têm sementes pesadas que não podem flutuar nem são comidas por aves (o coqueiro, com suas sementes grandes e flutuantes, é uma notável exceção, ocorrendo em quase todas as ilhas do Pacífico e do Índico). A relativa raridade das árvores, na verdade, explica por que muitas plantas que são ervas baixas nos continentes evoluíram nas ilhas para formas lenhosas similares a árvores.

Mamíferos terrestres não são bons colonizadores e por isso estão ausentes nas ilhas oceânicas. Mas não são *todos* os mamíferos que estão ausentes. Isso nos traz duas exceções que confirmam a regra. A primeira delas foi observada por Darwin:

> Embora mamíferos terrestres não ocorram em ilhas oceânicas, mamíferos aéreos ocorrem em quase toda ilha. A Nova Zelândia possui dois morcegos que não são encontrados em nenhum outro lugar do mundo. A ilha Norfolk, o arquipélago Viti, as ilhas Bonin, os arquipélagos da Carolina e da Mariana [Marianas] e Maurício possuem, todos, seus morcegos peculiares. Por que, poderíamos perguntar, a suposta força criadora teria produzido morcegos e não outros mamíferos em ilhas remotas? A meu ver, essa pergunta pode ser facilmente respondida: porque nenhum mamífero terrestre pode ser transportado por um vasto espaço de mar, mas os morcegos podem atravessá-lo voando.

E também há mamíferos *aquáticos* em ilhas. O Havaí tem uma endêmica foca-monge e o grupo Juan Fernández tem uma foca-peluda nativa. Se os mamíferos nativos de ilhas oceânicas não são criados, mas descendem de colonizadores, pode-se prever que esses colonizadores ancestrais devem ter sido capazes de voar ou nadar.

Bem, é claro que a dispersão a longa distância de uma determinada espécie para uma ilha distante não pode ser um evento frequente. A probabilidade de que um inseto ou ave seja capaz não só de atravessar uma vasta extensão de mar para pousar numa ilha, mas também de estabelecer uma população reprodutiva ao chegar ali (isso requer ou uma fêmea já fertilizada ou pelo menos dois indivíduos de sexo oposto), deve ser muito baixa. E se a dispersão fosse comum, a vida nas ilhas oceânicas seria bem similar à dos continentes e das ilhas continentais. Não obstante, a maioria das ilhas oceânicas está aí há milhões de anos, tempo suficiente para permitir alguma colonização. Como o zoólogo George Gaylord Simpson observou, "qualquer evento que não seja absolutamente impossível... torna-se provável se decorrer tempo suficiente". Para pegar um exemplo hipotético, suponha que uma dada espécie tem apenas uma chance em 1 milhão de colonizar uma ilha a cada ano. É fácil demonstrar que depois de decorrido 1 milhão de anos existe grande probabilidade de que a ilha seja colonizada pelo menos uma vez: 63%, para sermos exatos.

Uma observação final fecha a cadeia lógica que dá sustento à evolução como justificativa do que ocorreu nas ilhas. E é a seguinte: com poucas exceções, os animais e plantas nas ilhas oceânicas são mais similares às espécies encontradas no continente mais próximo. Isso é verdadeiro, por exemplo, nas ilhas Galápagos, cujas espécies se parecem com as da costa ocidental da América do Sul. A similaridade não pode ser explicada pelo argumento de que as ilhas e a América do Sul têm habitats similares para espécies criadas divinamente, porque as Galápagos são secas, sem árvores e vulcânicas – bem diferentes dos exuberantes trópicos que predominam nas Américas. Darwin foi especialmente eloquente em relação a esse ponto:

> O naturalista, olhando para os habitantes dessas ilhas vulcânicas no Pacífico, distantes várias centenas de milhas do continente, sente que está em terras americanas. Por que isso? Por que deveriam as espécies que supostamente foram criadas no arquipélago de Galápagos, e em nenhum outro lugar, trazer

tão claramente estampada a afinidade com aquelas criadas na América? Não há nada nas condições de vida, na natureza geológica das ilhas, em sua altitude ou clima, ou nas proporções em que as várias classes estão associadas, que lembre de perto as condições da costa da América do Sul: na verdade, existe uma considerável dessemelhança em todos esses aspectos... Fatos como esses não admitem nenhum tipo de explicação pela via comum da criação independente; enquanto isso, na visão aqui sustentada, é óbvio que as ilhas Galápagos estariam propensas a receber colonizadores da América, seja por meios de transporte ocasionais ou (embora eu não acredite nessa doutrina) por uma anterior continuidade por terra... Tais colonizadores seriam passíveis de modificação – com o princípio da herança traindo seu local de nascimento original.

O que vale para as Galápagos vale também para outras ilhas oceânicas. Os parentes mais próximos das plantas e animais endêmicos de Juan Fernández vêm das florestas temperadas da parte meridional da América do Sul, o continente mais próximo. A maioria das espécies do Havaí é similar (mas não idêntica) à da vizinha região do Indo-Pacífico – Indonésia, Nova Guiné, Fiji, Samoa e Taiti – ou das Américas. Bem, devido aos caprichos dos ventos e à direção das correntes oceânicas, não esperamos que cada colonizador de ilha venha da fonte mais próxima. Quatro por cento das espécies de plantas havaianas, por exemplo, têm seus parentes mais próximos na Sibéria ou no Alasca. Mesmo assim, a similaridade das espécies insulares com as do continente mais próximo requer uma explicação.

Em resumo, as ilhas oceânicas têm aspectos que as distinguem tanto dos continentes quanto das ilhas continentais. As ilhas oceânicas têm biotas desequilibrados – faltam-lhes grandes grupos de organismos e esses mesmos grupos estão ausentes em ilhas diferentes. Os tipos de organismos que de fato estão ali com frequência compreendem várias espécies similares – uma *radiação* – e são os tipos de espécies, como aves e insetos, que podem dispersar-se mais facilmente por longos trechos de oceano. E as espécies mais similares às que habitam ilhas oceânicas são usualmente encontradas no continente mais próximo, mesmo que os habitats sejam diferentes.

Como é que essas observações se encaixam? Elas fazem sentido com uma simples explicação evolucionária: os habitantes de ilhas oceânicas descendem de espécies anteriores que colonizaram as ilhas, geralmente de continentes próximos, em eventos raros de dispersão a longa distância. Uma vez ali, colonizadores acidentais foram capazes de formar várias espécies porque as ilhas oceânicas oferecem abundância de habitats vazios em que faltam competidores e predadores. Isso explica por que a especiação e a seleção natural correm soltas nas ilhas, produzindo "radiações adaptativas" como a dos saís havaianos. Tudo se encaixa se se acrescentar dispersão acidental, que sabemos ocorrer, aos processos darwinianos de seleção, evolução, ancestralidade comum e especiação. Em resumo, as ilhas oceânicas demonstram cada princípio da teoria evolucionária.

É importante lembrar que esses padrões não têm validade geral para as ilhas *continentais* (veremos uma exceção num segundo), que compartilham espécies com os continentes aos quais já foram um dia ligadas. As plantas e animais da Grã-Bretanha, por exemplo, formam um ecossistema muito mais equilibrado, tendo espécies em grande medida idênticas às da Europa continental. Diferentemente das ilhas oceânicas, as ilhas continentais foram separadas com a maioria de suas espécies já estabelecidas.

Agora tente pensar numa teoria que explique os padrões que discutimos invocando a criação especial de espécies em ilhas oceânicas e continentes. Que razão teria um criador para deixar anfíbios, mamíferos, peixes e répteis de fora das ilhas oceânicas, mas não das continentais? Por que um criador produziria radiações de espécies similares em ilhas oceânicas, mas não nas continentais? E por que as espécies de ilhas oceânicas foram criadas para se parecer com as do continente mais próximo? Não há boas respostas – a não ser, é claro, que você suponha que a meta de um criador seria fazer as espécies *darem a impressão* de ter evoluído em ilhas. Ninguém se inclina a aceitar essa resposta, o que explica por que os criacionistas simplesmente fogem da biogeografia das ilhas.

Podemos agora fazer uma previsão final. Ilhas continentais muito velhas, que se separaram do continente há muitos éons, devem mostrar padrões evolucionários situados entre os das ilhas continentais jovens e os das ilhas oceânicas. Ilhas continentais velhas como Madagascar e a Nova Zelândia, separadas de seus continentes há 160 milhões e 85 milhões de anos, respectivamente, foram isoladas antes que vários grupos como primatas e plantas modernas tivessem evoluído. Depois que essas ilhas se separaram do continente, alguns de seus nichos ecológicos continuaram vagos. Isso abriu a porta para algumas espécies que evoluíram depois pudessem colonizar de modo bem-sucedido e se estabelecer. Podemos prever, então, que essas ilhas continentais velhas devem ter flora e fauna um pouco desequilibradas, mostrando algumas das peculiaridades biogeográficas das verdadeiras ilhas oceânicas. E, de fato, é exatamente isso o que encontramos. Madagascar é famosa por sua fauna e flora inusuais, incluindo muitas plantas nativas e, é claro, seus lêmures exclusivos – o mais primitivo dos primatas –, cujos ancestrais, depois de chegar a Madagascar há 60 milhões de anos, irradiaram-se em mais de 75 espécies endêmicas. A Nova Zelândia também tem muitas espécies nativas, das quais são mais conhecidas as aves não voadoras: a gigantesca moa, um monstro de 4 metros de altura caçado até extinguir-se em 1500, o kivi e aquele papagaio gordo que vive no chão, o kakapo. A Nova Zelândia também mostra um pouco do "desequilíbrio" das ilhas oceânicas: tem apenas uns poucos répteis endêmicos, apenas uma espécie de anfíbio e dois mamíferos nativos, ambos morcegos (embora um pequeno fóssil mamífero tenha sido descoberto recentemente). Ela também teve uma radiação – havia onze espécies de moas, todas extintas agora. E, como nas ilhas oceânicas, as espécies de Madagascar e da Nova Zelândia relacionam-se com as encontradas no continente mais próximo: África e Austrália, respectivamente.

COMENTÁRIO FINAL

A principal lição da biogeografia é que apenas a evolução pode explicar a diversidade da vida em continentes e ilhas. Mas há também outra lição: a distribuição da vida na Terra reflete uma mistura de acaso e necessidade. Acaso, porque a dispersão de animais e plantas depende de caprichos imprevisíveis como ventos, correntes e a oportunidade de colonizar. Se os primeiros tentilhões não tivessem chegado a Galápagos ou ao Havaí, poderíamos ver hoje aves muito diferentes ali. Se uma criatura ancestral similar ao lêmure não tivesse conseguido chegar a Madagascar, essa ilha (e provavelmente a Terra) não teria lêmures. A hora e o acaso determinam apenas quem vai ser abandonado como náufrago; poderíamos chamar isso de "efeito Robinson Crusoé". Mas existe também a necessidade. A teoria evolucionária prevê que muitos animais e plantas que chegam a habitats novos e não ocupados vão evoluir para poder prosperar ali e formarão novas espécies, preenchendo nichos ecológicos. E geralmente encontraremos seus parentes na ilha ou no continente mais próximos. Isso é o que podemos ver, repetidas vezes. Não é possível entender a evolução sem entender sua singular interação de acaso e necessidade – interação que, veremos no próximo capítulo, é de importância crucial para compreender a ideia de seleção natural.

Mas as lições da biogeografia vão além e adentram o reino da conservação biológica. Plantas e animais de ilhas se adaptam a seu ambiente e fazem isso isolados de espécies que vivem em outra parte, seus potenciais competidores, predadores e parasitas. Pelo fato de as espécies em ilhas não experimentarem a diversidade de vida encontrada nos continentes, não são muito boas em conviver com os outros. Ecossistemas de ilhas, portanto, são frágeis, facilmente devastados por invasores estrangeiros capazes de destruir habitats e espécies. Destes, os piores são os humanos, que não só derrubam florestas e caçam, mas também trazem com eles uma entourage de opúncias, carneiros, cabras, ratos e sapos. Muitas das espécies únicas das ilhas oceânicas já foram embora, vítimas da atividade humana, e podemos prever com certeza (e tristeza) que muitas mais vão desaparecer logo. No nosso tempo de vida poderemos ver o último dos saís havaianos, a extinção dos kakapos e kivis da Nova Zelândia, a dizimação dos lêmures e a perda de muitas plantas raras que, embora talvez menos carismáticas, não são menos interessantes. Cada espécie representa milhões de anos de evolução e, uma vez extinta, nunca mais poderá ser trazida de volta. E cada uma é um livro que contém histórias únicas sobre o passado. Perder qualquer uma delas significa perder parte da história da vida.

CAPÍTULO 5

O MOTOR DA EVOLUÇÃO

O que, se não os dentes do lobo, retalha tão bem
Os ágeis membros do antílope?
Que outra coisa, a não ser o medo, deu asas às aves, e a fome
Enfeitou os olhos como joias da grande cabeça do milhafre?
— Robinson Jeffers, *The Bloody Sire*

Uma das maravilhas da evolução é o marimbondo gigante asiático, uma vespa predadora especialmente comum no Japão. É difícil imaginar um inseto mais assustador. Maior marimbondo do mundo, tem o comprimento do seu polegar, com um corpo de 5 centímetros decorado por ameaçadoras listras laranja e preto. É armado com aterradoras maxilas para agarrar e matar suas presas – insetos – e um ferrão de 8 milímetros que se revela letal para várias dezenas de asiáticos por ano. Com envergadura de asa de quase 8 centímetros, pode voar a 40 quilômetros por hora (bem mais rápido do que você consegue correr) e cobrir quase 100 quilômetros num único dia.

Esse marimbondo é não só feroz, mas voraz. Suas larvas jovens são gordas, insaciáveis máquinas de comer, que com insistência batem a cabeça na colmeia sinalizando sua fome de carne. Para satisfazer suas exigências incansáveis de comida, os marimbondos adultos atacam os ninhos de abelhas e vespas sociais.

Uma das principais vítimas do marimbondo é a abelha do mel europeia, uma espécie introduzida. O ataque a um ninho de abelhas de mel envolve uma cruel chacina em massa que tem poucos paralelos na natureza. Começa quando um solitário marimbondo batedor encontra um ninho. Com seu abdome, o batedor marca o ninho condenado, colocando uma gota de feromônio perto da entrada da colônia de abelhas. Alertados por essa marca, os companheiros de ninho do batedor descem na mesma hora, um grupo de vinte ou trinta marimbondos preparados para atacar uma colônia de até 30 mil abelhas.

Mas não há combate. Avançando pela colmeia com as maxilas cortantes, os marimbondos decapitam as abelhas uma por uma. Cada marimbondo faz as cabeças das abelhas rolarem à velocidade de quarenta por minuto e em poucas horas a batalha se encerra – com todas as abelhas mortas e partes do seu corpo espalhadas pela colmeia. Então, os marimbondos estão com a despensa cheia. Ao longo da semana seguinte, assaltam sistematicamente o ninho, comendo mel e carregando as indefesas larvas de abelha para seu próprio ninho, onde são prontamente depositadas nas bocas abertas da prole voraz dos marimbondos.

Essa é a "natureza vermelha em dentes e garras", como o poeta Tennyson a descreveu.[23] Os marimbondos são terríveis máquinas de caça e as abelhas introduzidas são totalmente indefesas. Mas algumas abelhas conseguem lutar com o marimbondo gigante: as abelhas de mel nativas do Japão. E sua defesa é impressionante – outra maravilha de comportamento adaptativo. Quando o marimbondo batedor chega à colmeia, as abelhas de mel que estão perto da entrada correm para dentro, chamando as colegas de ninho às armas e ao mesmo tempo atraindo o batedor para dentro. Nesse ínterim, centenas de abelhas operárias se juntam no interior da entrada. Quando o batedor entra, é cercado e coberto por uma densa bola de abelhas. Vibrando o abdome, as abelhas rapidamente elevam a temperatura na bola para cerca de 47 graus centígrados. As abelhas conseguem sobreviver a essa temperatura, mas o marimbondo, não. Em vinte minutos o marimbondo batedor é *cozinhado até morrer* e o ninho é salvo – geralmente. Não consigo pensar em outro caso (exceto a Inquisição espanhola) de animais que matam os inimigos assando-os.[24]

Há várias lições evolucionárias nessa história intrincada. A mais óbvia é que o marimbondo é maravilhosamente adaptado para matar – dá a impressão de que foi *projetado* para extermínios em massa. Além disso, são muitos os traços que atuam juntos para fazer do marimbondo uma máquina assassina. Entre esses a forma do corpo (grande porte, ferrão, maxilas mortais, grandes asas), substâncias químicas (os feromônios para marcação e o veneno mortal do ferrão) e comportamento (voo rápido, ataques coordenados aos ninhos de abelhas e o comportamento larval "esfomeado" que desencadeia os ataques dos marimbondos). E depois temos a defesa das abelhas de mel nativas – o enxame coordenado e o subsequente ato de assar seu inimigo –, com certeza uma reação evoluída em repetidos ataques dos marimbondos (lembre-se, esse comportamento está geneticamente codificado num cérebro menor que a ponta de uma esferográfica).

Por outro lado, as recém-introduzidas abelhas de mel europeias são praticamente indefesas em relação ao marimbondo. Isso é bem o que poderíamos esperar, pois essas abelhas evoluíram numa área em que não havia marimbondos gigantes predadores e, portanto, a seleção natural não construiu uma defesa. No entanto, seria de prever que, com marimbondos predadores suficientemente fortes, as abelhas europeias ou seriam mortas e desapareceriam (caso não fossem reintroduzidas) ou encontrariam sua própria resposta evolucionária aos marimbondos – e não necessariamente a mesma das abelhas nativas.

Algumas adaptações ensejam táticas ainda mais sinistras. Uma delas envolve um nematelminto que parasita uma espécie da formiga da América Central. Quando infectada, a formiga empreende uma mudança radical tanto de comportamento quanto de aparência. Primeiro, seu abdome normalmente preto torna-se vermelho-vivo. A formiga depois fica morosa e ergue seu abdome para o ar, como uma insolente bandeira vermelha. A fina junção do abdome com o tórax torna-se quebradiça e frágil. E a formiga infectada não produz mais feromônios de alarme quando atacada, no que seria uma tentativa de alertar suas colegas de ninho.

Todas essas mudanças são causadas pelos genes do verme parasita, como um engenhoso plano para se reproduzir. O verme altera a aparência e o comportamento da formiga, que se anuncia às aves como um delicioso bago de fruta e ao fazer isso acarreta a própria morte. Seu abdome, vermelho como uma fruta, é erguido para que todas as aves o vejam e facilmente bicado devido à morosidade da formiga e à frágil junção do abdome ao resto do corpo. E as aves devoram esses abdomes cheios de ovos de vermes. As aves então transmitem os ovos em seus excrementos, que as formigas acabam recuperando e levando de volta aos seus ninhos para alimentar as larvas. Os ovos de verme são incubados na larva de formiga e crescem. Quando a larva de formiga vira uma pupa, os vermes migram do abdome da formiga e se reproduzem, multiplicando os ovos. E assim o ciclo é reiniciado.

São adaptações impressionantes como essa – as muitas maneiras pelas quais os parasitas controlam seus hospedeiros, para simplesmente poder passar adiante os genes de parasitas – que encantam os evolucionistas.[25] A seleção natural, agindo num simples verme, fez com que este tomasse conta de seu hospedeiro e mudasse sua aparência, comportamento e estrutura, transformando-o numa atraente fruta falsa.[26]

A lista de adaptações como essa é infindável. Há adaptações nas quais os animais parecem plantas, camuflando-se entre a vegetação para se esconder de seus inimigos. Alguns katydids, por exemplo, têm a aparência quase exata de folhas, até com padrões foliares e também "pontos podres" que parecem os buracos comuns nas folhas. O mimetismo é tão preciso, que você teria dificuldades em identificar os insetos dentro de uma caixa cheia de vegetação, e mais ainda num ambiente natural.

O inverso também ocorre: plantas que se parecem com animais. Algumas espécies de orquídeas têm flores que superficialmente parecem abelhas e vespas, até com pontinhos similares a olhos, além de pétalas no formato de asas. A semelhança é boa o suficiente para enganar muitos insetos machos míopes, que pousam na flor e tentam copular com ela. Enquanto fazem isso, os receptáculos de pólen da orquídea se prendem à cabeça do inseto. Quando o frustrado inseto vai embora sem consumar sua paixão, carrega sem saber o pólen para a próxima orquídea, fertilizando-a durante a "pseudocópula" infrutífera seguinte. A seleção natural moldou a orquídea na forma de um falso inseto porque os genes que atraem polinizadores desse modo têm maior probabilidade de ser passados para a geração seguinte. Algumas orquídeas têm um recurso adicional para seduzir seus polinizadores: produzem substâncias químicas com o cheiro dos feromônios sexuais de abelhas.

Encontrar comida, assim como encontrar um parceiro, pode envolver adaptações complexas. O pica-pau cristado, o maior pica-pau da América do Norte, ganha a vida martelando buracos nas árvores e catando insetos – principalmente formigas e besouros da madeira. Além de sua grande capacidade de detectar presas sob a casca (provavelmente ouvindo ou sentindo seus movimentos – não temos certeza), o pica-pau tem todo um conjunto de traços que o ajudam a caçar e martelar. Talvez o mais notável é sua língua ridiculamente comprida.[27] A base da língua é presa ao osso da maxila e depois a língua sobe por uma das narinas, por cima e em volta da parte de trás da cabeça, para finalmente entrar de novo no bico vindo por baixo. Na maior parte do tempo a língua fica retraída, mas pode ser estendida bem fundo na árvore para sondar formigas e besouros. Ela é pontuda e coberta com uma saliva grudenta, para ajudar a extrair aqueles saborosos insetos dos buracos. Pica-paus crestados também usam seu bico para escavar grandes cavidades em ninhos e para batucar nas árvores, atraindo parceiros e defendendo o território.

O pica-pau é uma britadeira biológica. Isso coloca um problema: como pode uma criatura delicada como essa perfurar madeira dura sem se machucar? (Pense na força que temos de fazer para enfiar um prego numa tábua.) O castigo que o crânio de um pica-pau crestado sofre é impressionante – a ave pode desferir até quinze golpes *por segundo* quando está "batucando" para se comunicar, e cada um desses golpes pode gerar uma força equivalente a bater sua cabeça na parede a 25 quilômetros por hora. É uma velocidade capaz de amassar seu carro. O pica-pau corre um risco real de machucar o cérebro, ou de fazer saltar seus olhos das órbitas com essa força extrema.

Para evitar danos ao cérebro, o crânio do pica-pau tem um formato especial e é reforçado por um osso adicional. O bico descansa sobre uma almofada de cartilagem e os músculos em volta do bico se contraem um instante antes de cada impacto para que a força do impacto se desvie do cérebro e recaia sobre a base reforçada do crânio. Durante cada golpe, as pálpebras do pássaro se fecham para que seus olhos não saltem fora. Há também um leque de delicadas penas cobrindo as narinas, de modo que o pássaro ao martelar não inale a serragem ou lascas de madeira. Ele usa um conjunto de penas muito duras da cauda para se apoiar na árvore e tem uma pata em forma de X, com quatro dedos (dois para a frente, dois para trás) para agarrar o tronco bem firme.

Por toda parte que se observe a natureza, vemos animais que *parecem* muito bem projetados para se adaptar a seu ambiente, seja quanto às circunstâncias de vida, como temperatura e umidade, seja em relação a outros organismos – competidores, predadores e presas – com os quais toda espécie tem que lidar. Não surpreende que os antigos naturalistas encarassem os animais como fruto de um projeto celestial, criados por Deus para o desempenho da sua tarefa.

Darwin descartou essa noção em *A origem*. Num único capítulo, ele substituiu completamente séculos de certeza a respeito de um projeto divino, colocando em seu lugar a noção de um processo não mental, materialista – a seleção natural –, que seria capaz de chegar ao mesmo resultado. É difícil superestimar o efeito que esse *insight* teve não só na biologia, mas na visão de mundo das pessoas. Muitos ainda não se recuperaram do choque e a ideia de seleção natural continua despertando reações furiosas e oposição irracional.

Mas a seleção natural também colocou vários problemas para a biologia. Qual é a evidência de que ela opera na natureza? Será que ela é capaz de explicar de fato as adaptações, incluindo as complexas? Darwin se apoiou muito na analogia para sustentar seu ponto de vista: o bem conhecido sucesso de criadores em transformar animais e plantas em organismos que se mostrem adequados seja como comida, bichos de estimação ou decoração. Ao mesmo tempo, porém, tinha pouca evidência direta da seleção agindo em populações naturais. E pelo fato de a seleção, como ele propôs, ser extremamente lenta, alterando populações ao longo de milhares ou milhões de anos, seria difícil observá-la agindo no período de uma vida humana.

Felizmente, graças ao trabalho de biólogos de campo e de laboratório, temos agora essa evidência – e em quantidade. A seleção natural, a nosso ver, está por toda parte, observando de perto indivíduos, identificando os não aptos e promovendo os genes dos mais aptos. É capaz de criar adaptações intrincadas, às vezes num tempo surpreendentemente curto.

A seleção natural é a parte mais mal compreendida do darwinismo. Para ver como funciona, vamos dar uma olhada numa adaptação simples: a cor da pelagem em ratos selvagens. Ratos de coloração normal, ou ratos *oldfield* (*Peromyscus polionotus*), têm pelagem marrom e fazem toca em solo escuro. Mas nas dunas de areia clara do golfo da Flórida vive uma raça de pelagem clara da mesma espécie, chamada "rato de praia": são quase todos ratos brancos, com apenas uma tênue listra marrom nas costas. Essa cor clara é uma adaptação para camuflar os ratos de seus predadores – falcões, corujas e garças –, que caçam nas dunas de areia branca. Como *sabemos* que isso é uma adaptação? Um experimento simples (embora um pouco horripilante), realizado por Donald Kaufman na Kansas State University, mostrou que os ratos sobrevivem melhor quando sua pelagem é da cor do solo em que vivem. Kaufman construiu grandes recintos ao ar livre, alguns com solo claro e outros com solo escuro. Em cada gaiola, colocou números iguais de ratos com pelagem clara e escura. Em seguida, soltou uma coruja esfomeada dentro de cada gaiola e voltou mais tarde para ver que ratos haviam sobrevivido. Como seria de esperar, os ratos cuja pelagem contrastava mais com a do solo foram pegos mais rapidamente, o que mostrou que ratos camuflados realmente sobrevivem melhor. Esse experimento também explica uma correlação geral que vemos na natureza: solos mais escuros abrigam ratos mais escuros.

Como a cor branca é única entre ratos de praia, eles presumivelmente evoluíram de ratos marrons do continente, possivelmente em época bem recente, há uns 6.000 anos, quando as barreiras de ilhas e suas dunas brancas foram isoladas pela primeira vez do continente. É aí que entra a seleção. Os ratos *oldfield* variam na cor da pelagem e, entre aqueles que invadiram a areia clara da praia, indivíduos com pelagem mais clara teriam tido maior chance de sobreviver do que os ratos mais escuros, facilmente localizados por predadores. Também sabemos que existe uma diferença genética entre ratos claros e escuros: os ratos de praia carregam as formas "claras" de vários genes de pigmentação que, juntos, lhes dão sua pelagem de cor clara. Os *oldfield*, mais escuros, têm a forma "escura" alternativa dos mesmos genes. Com o tempo, devido à predação diferencial, os ratos mais claros devem ter deixado mais cópias de seus genes claros (eles têm maior chance de sobreviver para reproduzir) e, conforme esse processo continuou por gerações e gerações, a população de ratos de praia teria evoluído de escuro para claro.

O que aconteceu aqui? A seleção natural, agindo na cor da pelagem, simplesmente mudou a composição genética de uma população, aumentando a proporção daquelas variantes genéticas (os genes da cor clara) que intensificavam a sobrevivência e a reprodução. E, embora eu tenha dito que a seleção natural age, isso não é muito preciso. A seleção não é um mecanismo imposto de fora a uma população. É mais um processo, uma descrição de como os genes que produzem melhores adaptações se tornam mais frequentes ao longo do tempo. Quando os biólogos dizem que a seleção age "em" um traço, estão meramente usando uma forma abreviada de dizer que o traço se submete a um processo. No mesmo sentido, as espécies não tentam se adaptar a seu ambiente. Não existe um querer envolvido, nenhum esforço consciente. A adaptação ao ambiente é inevitável se a espécie tem o tipo certo de variação genética.

Há três coisas envolvidas em criar uma adaptação por seleção natural. Primeiro, a população inicial precisa ser variável: ratos em uma população têm que mostrar alguma diferença em sua coloração de pelagem. Se não mostrarem, esse traço não poderá evoluir. No caso dos ratos, sabemos que isso é verdade porque os ratos de populações continentais mostram alguma variação na cor da pelagem.

Segundo, alguma proporção dessa variação tem que vir de mudanças nas formas dos genes, ou seja, a variação precisa ter alguma base genética (chamada *hereditariedade*). Se não houvesse diferença genética entre ratos claros e escuros, os claros ainda sobreviveriam melhor nas dunas, mas a diferença de cor na pelagem não se transmitiria à geração seguinte e não ocorreria mudança evolucionária. Sabemos que o requisito genético é também atendido nesses ratos. Na verdade, sabe-se exatamente quais são os dois genes que têm maior efeito na diferença de cor claro/escuro. Um deles é o Agouti, o mesmo gene cujas mutações produzem cor preta em gatos domésticos. O outro é o Mc1r, e uma de suas formas mutantes em humanos, especialmente comum nas populações irlandesas, produz pintas e cabelo ruivo.[28]

De onde vem essa variação genética? *Mutações* – mudanças acidentais na sequência de DNA que usualmente ocorrem como erros quando a molécula é copiada no curso da divisão celular. A variação genética gerada pela mutação é muito difundida: as formas mutantes de genes, por exemplo, explicam a variação na cor dos olhos humanos, o tipo sanguíneo e muitas das variações de altura, peso, bioquímica, além de inúmeros outros traços na nossa espécie – e em outras.

Com base em muitos experimentos de laboratório, cientistas têm concluído que as mutações ocorrem de modo aleatório. O termo "aleatório" tem aqui um sentido específico que é com frequência mal compreendido, mesmo por biólogos. Isso significa que *mutações ocorrem independentemente de serem úteis ou não para o indivíduo*. Mutações são simplesmente erros na replicação do DNA. A maioria delas é prejudicial ou neutra, mas algumas poucas se revelam úteis. Essas são a matéria-prima da evolução. Mas não há nenhum caminho biológico conhecido para aumentar a probabilidade de que uma mutação venha a atender às necessidades adaptativas atuais do organismo. Embora a pelagem clara seja melhor para os ratos que vivem em dunas de areia, a chance que eles têm de conseguir uma mutação útil como essa não é maior do que a dos ratos que vivem em solo escuro. Em vez de chamar as mutações de "aleatórias", portanto, parece mais acertado chamá-las de "indiferentes": ou seja, a chance de uma mutação surgir independe de ela ser útil ou prejudicial ao indivíduo.

O terceiro e último aspecto da seleção natural é que a variação genética deve afetar a probabilidade de um indivíduo deixar descendência. No caso de ratos, os experimentos de predação de Kaufman mostraram que os mais camuflados deixariam mais cópias de seus genes. A cor branca dos ratos de praia, portanto, atende a todos os critérios para ter evoluído como um traço adaptativo.

O MOTOR DA EVOLUÇÃO

A evolução por seleção é assim uma combinação de aleatoriedade e necessidade. Existe, primeiro, um processo "aleatório" (ou "indiferente") – a ocorrência de mutações que geram uma série de variantes genéticas, tanto boas como ruins (no exemplo do rato, a variedade de novas cores de pelagem); e, depois, um processo "necessário" – a seleção natural –, que ordena essa variação, mantendo o bom e separando o ruim (nas dunas, genes de cor clara aumentam à custa dos de cor escura).

Isso acarreta o que é, com certeza, o mal-entendido mais disseminado sobre o darwinismo: a ideia de que, na evolução, "tudo acontece por acaso" (também expresso como "tudo acontece por acidente"). Essa afirmação comum está absolutamente errada. Nenhum evolucionista – nem, com certeza, o próprio Darwin – jamais defendeu que a seleção natural se baseia no acaso. É bem o inverso. Afinal, será que um processo completamente aleatório poderia, sozinho, produzir o pica-pau martelador, a esperta orquídea-abelha ou os camuflados *katydids* e ratos de praia? É claro que não. Se a evolução fosse obrigada de repente a depender apenas de mutações aleatórias, as espécies rapidamente degenerariam e se extinguiriam. O acaso sozinho não pode explicar a maravilhosa adequação de indivíduos com seus ambientes.

E o acaso não faz isso. É verdade que as variações de indivíduos – a matéria-prima da evolução – são de fato produzidas por mutações aleatórias. Essas mutações ocorrem indiscriminadamente, não importando se serão boas ou ruins para o indivíduo. Mas é a *filtragem dessa variação por seleção natural* que produz adaptações e a seleção natural é manifestamente não aleatória. É uma poderosa força moldadora, acumulando genes que têm maior chance de ser transmitidos do que outros, e desse modo torna os indivíduos ainda mais capazes de lidar com seu ambiente. É, portanto, essa combinação única de mutação e seleção – de acaso e necessidade – que nos diz como os organismos se tornam adaptados. Richard Dawkins deu a mais concisa definição de seleção natural: é a "sobrevivência não aleatória de variantes aleatórias".

A teoria da seleção natural tem uma grande tarefa – a maior da biologia, que é explicar como *cada* adaptação evoluiu, passo a passo, a partir de traços que a precederam. Nisso estão não apenas a forma e a cor do corpo, mas os aspectos moleculares subjacentes a tudo. A seleção deve explicar a evolução de traços fisiológicos complexos: a coagulação do sangue, os sistemas metabólicos que transformam comida em energia, o maravilhoso sistema imune que pode reconhecer e destruir milhares de proteínas estranhas ao organismo. E o que dizer dos detalhes da própria genética? Por que pares de cromossomos se separam quando óvulos e esperma são formados? Por que afinal temos sexo, em vez de brotar clones, como fazem algumas espécies? A seleção tem que explicar comportamentos, tanto cooperativos quanto antagonistas. Por que os leões caçam cooperativamente em bando e, no entanto, quando machos intrusos deslocam machos residentes de um grupo social, por que esses intrusos matam todos os filhotes que não desmamaram?

E a seleção tem que moldar esses aspectos de uma maneira particular. Primeiro, tem que criá-los – com maior frequência, de modo gradual – passo a passo, a partir de precursores. Como vimos, cada traço recém-evoluído começa pela modificação de um aspecto anterior. As pernas dos tetrápodes, por exemplo, são simplesmente barbatanas modificadas. E cada passo do processo, cada elaboração de uma adaptação deve conferir um benefício reprodutivo aos indivíduos que a possuem. Se isso não acontecer, a seleção não vai funcionar. Quais foram as vantagens de cada etapa na transição de uma barbatana nadadora para uma perna andante? Ou de um dinossauro sem penas para outro provido tanto de penas quanto de asas? Não existe "piora" na evolução de uma adaptação, pois a seleção, por sua própria natureza, não pode criar uma etapa que não seja benéfica ao seu possuidor. No mundo da adaptação, nunca vemos aquela placa que atormenta quem viaja de carro por uma estrada: "desculpe o transtorno – estamos melhorando a estrada".

Se aceitamos que um traço "adaptativo" evoluiu por seleção natural em vez de ter sido criado, podemos fazer algumas previsões. Primeiro, devemos em princípio ser capazes de imaginar um cenário passo a passo plausível para a evolução desse traço, com cada etapa aumentando a "adaptação" (ou seja, o número médio de membros da prole) daquele que o possui. Para alguns traços isso é fácil: por exemplo, a alteração gradual do esqueleto que transformou animais terrestres em baleias. Para outros é mais difícil, especialmente para os caminhos bioquímicos que não deixam rastros no registro fóssil. No caso de muitos traços, não temos informação suficiente para reconstruir a sua evolução, ou mesmo, em espécies extintas, para compreender exatamente como esses traços funcionaram (para que serviam de fato as placas ósseas nas costas do *Stegosaurus*?). Mas é revelador que os biólogos não tenham encontrado uma única adaptação cuja evolução tenha exigido uma etapa intermediária que reduzisse a adaptabilidade dos indivíduos.

Eis outro requisito. Uma adaptação deve evoluir aumentando o *rendimento reprodutivo do seu possuidor*. Sim, porque é a reprodução, e não a sobrevivência, que determina quais genes são transmitidos para a próxima geração e promovem a evolução. É claro, transmitir um gene requer que você primeiro sobreviva até a idade em que seja capaz de gerar prole. Por outro lado, um gene que tira você de cena depois da idade reprodutiva não acarreta nenhuma desvantagem evolucionária. Ele vai continuar no conjunto de genes. Segue-se disso que um gene será de fato favorecido se ajudar você a se reproduzir em sua juventude, mesmo que o mate em sua idade avançada. Na verdade, o acúmulo de tais genes por seleção natural é aceito por muitos como explicação para o fato de nos deteriorarmos de tantas maneiras ("senescência") ao alcançar a idade avançada. Os mesmos genes que o ajudam a ter uma vida sexual exuberante na juventude podem dar-lhe rugas e uma próstata aumentada mais tarde na vida.

Segundo o modo de operação da seleção natural, ela não deverá produzir adaptações que ajudem um indivíduo a sobreviver sem que também promovam a reprodução. Por exemplo, não produzirá um gene que ajude as fêmeas humanas a sobreviver após a menopausa. Tampouco devemos esperar ver numa espécie adaptações que beneficiem apenas os membros de outra.

Podemos testar essa última previsão examinando traços de uma espécie que sejam úteis a membros de uma segunda espécie. Se esses traços surgem por seleção, podemos prever que serão também úteis para a primeira espécie. Pegue as acácias tropicais, dotadas de espinhos grandes e ocos que abrigam colônias de formigas que picam furiosamente. As árvores também secretam néctar e produzem corpos ricos em proteínas nas suas folhas, que fornecem comida às formigas. A impressão é que a árvore está abrigando e alimentando formigas à sua própria custa. Isso viola nossa previsão? De modo nenhum. Na verdade, abrigar formigas confere à árvore benefícios imensos. Primeiro, os insetos e mamíferos herbívoros que pararem para comer folhas serão repelidos por uma furiosa horda de formigas – como eu infelizmente descobri ao resvalar numa acácia na Costa Rica. As formigas também cortam as mudas em volta da base da árvore – mudas que, quando maiores, poderiam competir com a árvore por nutrientes e luz. É fácil ver que as acácias que foram capazes de alistar formigas para defendê-las, tanto de predadores como de competidores, produzem mais sementes do que as acácias que não têm essa capacidade. Em todo caso, quando uma espécie faz algo para ajudar outra, sempre ajuda a si mesma. Essa é uma previsão que pode ser extraída diretamente da evolução e que não seria cabível a partir da noção de criação especial ou de projeto inteligente.

E as adaptações sempre aumentam a aptidão do *indivíduo*, não necessariamente do grupo ou da espécie. A ideia de que a seleção natural age "para o bem da espécie", embora comum, é enganosa. Na verdade, a evolução pode produzir aspectos que, embora ajudem o indivíduo, são prejudiciais à espécie como um todo. Quando um grupo de leões machos desloca os machos residentes de um bando, isso é frequentemente seguido por uma horrível matança dos filhotes que ainda não desmamaram. Esse comportamento é mau para a espécie, já que reduz o número total de leões e aumenta a probabilidade de sua extinção. Mas é bom para os leões invasores, pois eles podem rapidamente fertilizar as fêmeas (elas voltam ao cio quando não estão mais amamentando) e substituir os filhotes abatidos por sua própria prole. É fácil – embora perturbador – ver como um gene que causa infanticídio se espalhará à custa de genes "mais bonzinhos", que fariam com que os machos invasores simplesmente cuidassem de seus filhotes não parentes. Como a evolução prediz, nunca vemos adaptações que beneficiem a espécie à custa do indivíduo – algo que talvez pudéssemos esperar se os organismos tivessem sido projetados por um criador benevolente.

EVOLUÇÃO SEM SELEÇÃO

Vamos fazer uma breve digressão aqui, pois é importante considerar que a seleção natural não é o único processo de mudança evolucionária. A maioria dos biólogos define a evolução como uma mudança na proporção de alelos (diferentes formas de um gene) numa população. Por exemplo, à medida que a frequência das formas de "cor clara" do gene Agouti aumenta numa população de ratos, a população e sua cor de pelagem evoluem. Mas essa mudança pode ocorrer também de outras maneiras. Cada indivíduo tem duas cópias de cada gene, que podem ser idênticas ou diferentes. Toda vez que ocorre reprodução sexual, um membro de cada par de genes de um dos pais consegue chegar à prole, junto com um do outro progenitor. É como decidir no cara ou coroa qual par de genes de cada pai chegará à geração seguinte. Se você tem um tipo sanguíneo AB, por exemplo (um alelo "A" e um alelo "B"), e produz apenas um filho, existe uma probabilidade de 50% de que ele tenha seu alelo A e uma probabilidade de 50% de que ele tenha seu alelo B. Numa família de um filho apenas, com certeza um dos seus alelos se perderá. O resultado é que, a cada geração, os genes dos progenitores participam de uma loteria cujo prêmio é a representação na geração seguinte. Como o número de descendentes é finito, os genes presentes na descendência não estarão presentes exatamente na mesma frequência com que aparecem nos pais. Essa "amostragem" de genes equivale exatamente a lançar uma moeda. Embora exista uma probabilidade de 50% de obter cara em todo lance realizado, se você só faz uns poucos lances há uma substancial probabilidade de que se desvie dessa expectativa (em quatro lances, por exemplo, existe uma probabilidade de 12% de obter só cara ou só coroa). Assim, em especial nas pequenas populações, a proporção de alelos diferentes pode mudar ao longo do tempo inteiramente por acaso. E novas mutações podem entrar na briga e subir ou cair de frequência devido a essa amostragem aleatória. No final, o "passeio aleatório" pode até fazer com que os genes se tornem fixos na população (ou seja, cresçam até 100% de frequência) ou, alternativamente, se percam de vez.

Tal mudança aleatória na frequência dos genes ao longo do tempo é chamada de *flutuação genética*. É um tipo legítimo de evolução, já que envolve mudanças nas frequências de alelos ao longo do tempo, mas não surge a partir de seleção natural. Um exemplo de evolução por flutuação podem ser as incomuns frequências de tipos sanguíneos (como no sistema ABC) em comunidades religiosas como as dos Amish da Velha Ordem e dos Dunker nos Estados Unidos. Nesses pequenos núcleos religiosos isolados, seus membros se casam no grupo – exatamente a circunstância certa para uma evolução rápida por flutuação genética.

Também podem ocorrer acidentes de amostragem quando uma população é fundada por apenas uns poucos imigrantes, como quando alguns indivíduos colonizam uma ilha ou uma nova área. A quase completa ausência de genes produtores do tipo sanguíneo B nas populações de nativos americanos, por exemplo, pode refletir a perda desse gene numa pequena população de humanos que colonizou a América do Norte vindo da Ásia há cerca de 12 mil anos.

Tanto a flutuação quanto a seleção natural produzem a mudança genética que reconhecemos como evolução. Mas há uma diferença importante. A flutuação é um processo aleatório, enquanto a seleção é a antítese da aleatoriedade. A flutuação genética pode mudar as frequências de alelos independentemente de quanto eles possam ser úteis a seus portadores. Já a seleção sempre se livra dos alelos nocivos e aumenta a frequência dos benéficos.

Sendo um processo puramente aleatório, a flutuação genética não pode causar a evolução de adaptações. Não poderia nunca construir uma asa ou um olho. Isso exige seleção natural não aleatória. O que a flutuação de fato pode fazer é causar a evolução de aspectos que não sejam nem úteis nem prejudiciais ao organismo. Sempre presciente, o próprio Darwin mencionou essa ideia em *A origem*:

> A essa preservação de variações favoráveis e rejeição de variações danosas eu chamo de seleção natural. Variações que não sejam úteis nem nocivas não serão afetadas pela seleção natural e serão deixadas como um elemento de flutuação, como talvez vejamos nas espécies chamadas polimórficas.

De fato, a flutuação genética é não apenas impotente para criar adaptações como pode na realidade *suplantar* a seleção natural. Especialmente em pequenas populações, o efeito de amostragem pode ser tão grande, que aumente a frequência de genes nocivos mesmo que a seleção esteja operando na direção oposta. Isso é quase com certeza a razão da alta incidência de doenças de base genética em comunidades humanas isoladas, como é o caso da doença de Gaucher em suecos do norte, de Tay-Sachs entre os cajuns da Louisiana e de retinite pigmentosa nos habitantes da ilha de Tristão da Cunha.

Como certas variações no DNA ou na sequência de proteínas podem mostrar-se, na expressão de Darwin, "nem úteis nem danosas" ("neutras", como diríamos hoje), tais variantes são especialmente propensas a evoluir por flutuação. Por exemplo, há algumas mutações num gene que não afetam a sequência da proteína que ele produz e, portanto, não mudam a aptidão de seu portador. O mesmo vale para mutações em pseudogenes não funcionais – velhos restos de genes que ainda perambulam pelo genoma. Quaisquer mutações nesses genes não têm efeito no organismo e portanto podem evoluir apenas por flutuação genética.

Muitos aspectos da evolução molecular, portanto, como é o caso de certas mudanças na sequência do DNA, podem refletir a flutuação e não a seleção. Também é possível que muitos aspectos exteriormente visíveis de organismos evoluam por flutuação, especialmente se não afetam a reprodução. Os diversos formatos de folhas de diferentes espécies de árvores – como as diferenças entre folhas de carvalho e folhas de bordo – já foram antes vistos como possíveis traços "neutros" que evoluíram por flutuação genética. Mas é difícil provar que um traço não tem nenhuma vantagem seletiva. Mesmo uma pequena vantagem, tão pequena a ponto de não ser mensurável ou observável por biólogos em tempo real, pode levar a uma importante mudança evolucionária ao longo de éons. Os biólogos ainda discutem acaloradamente a importância da flutuação genética em relação à seleção no quadro geral da evolução. Toda vez que deparamos com uma óbvia adaptação, como a corcova do camelo, vemos uma clara evidência de seleção. Mas aspectos cuja evolução seja de compreensão mais difícil podem refletir apenas nossa ignorância, em vez da flutuação genética. Não obstante, sabemos que a flutuação genética deve ocorrer, porque em qualquer população de tamanho finito há sempre efeitos de amostragem durante a reprodução. E a flutuação provavelmente teve um papel substancial na evolução de pequenas populações, embora não possamos apontar mais do que uns poucos exemplos.

CRIADORES DE ANIMAIS E PLANTAS

A teoria da seleção natural prevê que tipo de adaptações podemos encontrar e – mais importante – que tipo de adaptações não devemos esperar encontrar na natureza. E essas previsões se têm confirmado. Mas muitas pessoas querem mais: gostariam de ver a seleção natural em ação e testemunhar a mudança evolucionária no seu tempo de vida. Não é difícil aceitar a ideia de que a seleção natural pode causar, digamos, a evolução de baleias a partir de animais terrestres ao longo de milhões de anos, mas de algum modo a ideia da seleção torna-se mais atraente quando vemos o processo atuar diante de nossos olhos.

Essa exigência de ver a seleção e a evolução em tempo real, embora compreensível, é curiosa. Afinal, aceitamos com facilidade que o Grand Canyon é fruto de milhões de anos de um lento e imperceptível entalhe operado pelo rio Colorado, mesmo que não possamos ver o *canyon* ficando mais fundo no correr do nosso tempo de vida. Mas para algumas pessoas essa capacidade de extrapolar tempo para forças geológicas não se aplica à evolução. Como, então, podemos determinar se a seleção foi uma causa importante da evolução? Obviamente, não podemos reprisar a evolução das baleias para ver a vantagem reprodutiva de cada pequena etapa que as levou de volta para a água. Mas, se pudermos ver a seleção causando pequenas mudanças ao longo de apenas algumas gerações, então talvez fique mais fácil aceitar que, ao longo de milhões de anos, tipos similares de seleção poderiam causar as grandes mudanças adaptativas documentadas nos fósseis.

A evidência da seleção vem de muitas áreas. A mais óbvia é a seleção artificial – a criação de animais e plantas –, que, como Darwin percebeu, é um bom paralelo para a seleção natural. Sabemos que os criadores têm operado maravilhas, mudando plantas e animais selvagens e produzindo formas completamente diferentes, boas para comer ou para satisfazer nossas necessidades estéticas. E sabemos que isso tem sido feito selecionando a variação presente em seus ancestrais selvagens. Sabemos também que os criadores forjaram imensas mudanças num período de tempo notavelmente curto, pois a criação de animais e plantas vem sendo praticada há apenas alguns milhares de anos.

Pegue o cão doméstico (*Canis lupusfamiliaris*), uma única espécie representada com múltiplas formas, tamanhos, cores e temperamentos. Cada exemplar, de raça pura ou vira-lata, descende de uma única espécie ancestral – mais provavelmente o lobo cinza eurasiano –, que os humanos começaram a selecionar cerca de 10 mil anos atrás. O American Kennel Club reconhece 150 diferentes raças, muitas delas bem familiares: o pequeno e nervoso Chihuahua, que os toltecas do México criavam para se nutrir de sua carne; o robusto São Bernardo, de pelo denso e capaz de levar barriletes de conhaque a viajantes atolados na neve; o greyhound, criado para corridas, com suas longas patas e corpo de linhas esbeltas; o dachshund, alongado, de pernas curtas, ideal para pegar texugos em sua toca; os retrievers, criados para retirar caça abatida da água; e o felpudo lulu-da-pomerânia, criado como confortável cãozinho de estimação. Os criadores têm praticamente esculpido esses cães a seu gosto, mudando o tom e a grossura de sua pelagem, o comprimento e afunilamento das orelhas, o tamanho e a forma do esqueleto, os trejeitos de comportamento e temperamento e quase tudo o mais.

Pense na diversidade que você teria à sua frente se todos esses cães fossem enfileirados! Se de algum modo as raças reconhecidas existissem apenas como fósseis, os paleontólogos iam considerá-las não uma espécie, mas muitas – com certeza mais do que as 36 espécies de cães selvagens que vivem hoje na natureza.[29] Na verdade, a variação dos cães domésticos é muito maior do que a que vemos nas espécies de cães selvagens. Pegue apenas um traço: o peso. Os cães domésticos variam dos 900 gramas de um chihuahua aos 80 quilos de um mastiff inglês, enquanto o peso das espécies de cães selvagens varia de 900 gramas a apenas 27 quilos. E com certeza não existe nenhum cão selvagem com o formato de um dachshund ou o focinho de um pug.

O sucesso da criação de cães valida dois dos três requisitos da evolução por seleção. Primeiro, havia ampla variação de cor, tamanho, formato e comportamento na linhagem ancestral de cães, tornando possível a criação de todas as raças. Segundo, parte dessa variação foi produzida por mutações genéticas que podiam ser herdadas – caso contrário, os criadores não fariam nenhum progresso. O mais impressionante na criação de cães é a rapidez na obtenção de resultados. Todas essas raças foram selecionadas em menos de 10 mil anos – apenas 0,1% do tempo que as espécies de cães selvagens levaram para se diversificar na natureza a partir do seu ancestral comum. Se a seleção *artificial* pode produzir tal diversidade canina tão rapidamente, fica fácil aceitar que a menor diversidade dos cães selvagens surgiu por seleção *natural* atuando num período mil vezes mais longo.

Existe na realidade apenas uma diferença entre a seleção artificial e a natural. Na seleção artificial é o criador, e não a natureza, quem escolhe as variantes que são "boas" e "ruins". Em outras palavras, o critério do sucesso reprodutivo é o querer humano e não a adaptação a um ambiente natural. Às vezes esses critérios coincidem. Veja, por exemplo, o greyhound, que foi selecionado tendo em vista a velocidade e acabou sendo moldado muito como um guepardo. Esse é um exemplo de evolução convergente: pressões seletivas similares produzem resultados similares.

O cão é responsável pelo sucesso de outros programas de criação. Como Darwin observou em *A origem*: "Os criadores costumam se referir à organização de um animal como algo muito plástico, que podem modelar quase a seu bel-prazer". Vacas, carneiros, porcos, flores, vegetais e assim por diante – todos resultam de humanos escolhendo variantes presentes nos ancestrais selvagens, ou de variantes que surgiram por mutação durante a domesticação. Por meio da seleção, o esbelto peru selvagem tornou-se o nosso dócil, carnudo e praticamente sem gosto monstro do dia de Ação de Graças, com um peito tão grande que os perus domésticos machos não conseguem mais montar nas fêmeas, precisando estas ser inseminadas artificialmente. Também Darwin criava pombos e descreveu a grande variedade de comportamento e aparência das diferentes raças, todas selecionadas a partir do ancestral pombo-da-rocha. Você não reconheceria o ancestral da nossa espiga de milho, que era um capim insignificante. O tomate ancestral pesava apenas alguns gramas, mas agora foi transformado num mastodonte de 1 quilo (também sem gosto), capaz de ter longa vida na prateleira. O repolho silvestre deu origem a cinco verduras diferentes: brócolis, repolho doméstico, couve-rábano, couve-de-bruxelas e couve-flor, cada uma dessas selecionada para modificar uma parte diferente da planta (o brócolis, por exemplo, é simplesmente um punhado de flores espremidas e aumentadas). E a domesticação de todas as plantas de cultivo silvestres ocorreu nos últimos 12 mil anos.

Não surpreende, portanto, que Darwin tenha começado *A origem* não com uma discussão da seleção natural ou da evolução na natureza, mas com um capítulo chamado "Variação sob domesticação" – sobre a criação de plantas e animais. Ele sabia que, se as pessoas pudessem aceitar a seleção artificial – e elas tinham de fazê-lo, porque seu sucesso era por demais óbvio –, então não seria tão difícil fazê-las dar o salto para a seleção *natural*. Como ele argumentou:

> Sob domesticação, podemos dizer verdadeiramente que a organização toda se torna em certo grau plástica... Então, será que ainda podemos achar improvável, vendo que de fato ocorreram variações úteis ao homem, que outras variações úteis de algum modo a cada ser, na grande e complexa batalha da vida, possam às vezes ocorrer no curso de milhares de gerações?

Como a domesticação de espécies silvestres teve lugar apenas no período relativamente curto a partir do qual os humanos se civilizaram, Darwin soube que não seria muito "forçado" aceitar que a seleção natural poderia criar diversidade muito maior no decorrer de um período bem mais longo.

EVOLUÇÃO NO TUBO DE ENSAIO

Vamos avançar mais um passo. Em vez de fazer os criadores selecionarem as variantes desejadas, podemos deixar que isso aconteça "naturalmente" no laboratório, expondo uma população cativa a novos desafios ambientais. O mais fácil é usar micróbios como as bactérias, que podem dividir-se com frequência alta, às vezes de vinte em vinte minutos, permitindo-nos observar a mudança evolucionária por milhares de gerações em tempo real. E isso é mudança evolucionária *genuína*, que demonstra os três requisitos da evolução pela seleção: variação, hereditariedade e sobrevivência com reprodução diferenciada de variantes. Embora o desafio ambiental nesse caso seja criado por humanos, experimentos do mesmo tipo são mais naturais do que a seleção artificial, porque os humanos não escolhem os indivíduos que vão reproduzir-se.

O MOTOR DA EVOLUÇÃO

Comecemos com adaptações simples. Os micróbios se adaptam a praticamente qualquer coisa que os cientistas lhes apresentem no laboratório: temperaturas altas ou baixas, antibióticos, toxinas, ausência de alimento, novos nutrientes e seus inimigos naturais, os vírus. Provavelmente, o estudo mais longo desse tipo foi realizado por Richard Lenski na Michigan State University. Em 1988, Lenski colocou cepas geneticamente idênticas da bactéria comum de intestino *E. coli* sob condições nas quais sua comida, o açúcar glicose, era esgotada todo dia e depois renovada no dia seguinte. Esse experimento era, portanto, um teste da capacidade do micróbio de se adaptar a um ambiente do tipo banquete-e-fome. Pelos dezoito anos seguintes (40 mil gerações bacterianas), a bactéria continuou a acumular mutações, adaptando-as ao seu novo ambiente. Sob essas condições de comida variáveis, elas agora crescem 70% mais depressa do que a cepa original não selecionada. A bactéria continua a evoluir e Lenski e seus colegas identificaram pelo menos nove genes cujas mutações resultam em adaptação.

Mas as adaptações de "laboratório" podem também ser mais complexas e envolver a evolução de sistemas bioquímicos totalmente novos. Uma das experiências mais desafiadoras é simplesmente retirar um gene de que um micróbio necessita para sobreviver em ambiente particular e ver como ele reage. Será que ele consegue evoluir alguma maneira de contornar esse problema? A resposta geralmente é "sim". Num experimento radical, Barry Hall e seus colegas da Universidade de Rochester iniciaram um estudo deletando um gene do *E. coli*. Esse gene produz uma enzima que permite à bactéria quebrar o açúcar lactose em subunidades que podem ser usadas como alimento. As bactérias sem gene foram então colocadas num ambiente contendo lactose como única fonte de alimento. Inicialmente, é claro, elas careciam da enzima e não puderam crescer. Mas, após um breve tempo, a função do gene faltante foi assumida por outra enzima que, embora antes fosse incapaz de quebrar a lactose, agora fazia isso mesmo que precariamente mediante uma nova mutação. No final, ocorreu outra mutação adaptativa: a que aumentou a *quantidade* da nova enzima, de modo que fosse possível usar ainda mais lactose. Por fim, uma terceira mutação num outro gene permitiu à bactéria consumir lactose do ambiente com maior facilidade. No conjunto, esse experimento mostrou a evolução de um caminho bioquímico complexo que tornou possível à bactéria crescer com um alimento previamente indisponível. Além de demonstrar a evolução, esse experimento nos dá duas lições importantes. Primeiro, a seleção natural pode promover a evolução de sistemas bioquímicos complexos, interconectados, nos quais todas as partes são codependentes, apesar das afirmações dos criacionistas de que isso é impossível. Segundo, como temos visto repetidas vezes, a seleção não cria traços a partir do nada: ela produz "novas" adaptações modificando aspectos preexistentes.

Podemos até ver surgir espécies de bactérias novas, ecologicamente diversas, tudo em um único frasco de laboratório. Paul Rainey e seus colegas da Universidade de Oxford colocaram uma cepa da bactéria *Pseudomonas fluorescens* num pequeno recipiente contendo um caldo de nutrientes e simplesmente observaram (embora pareça surpreendente, um recipiente como esse na verdade contém vários ambientes; a concentração de oxigênio, por exemplo, é mais alta na parte de cima e mais baixa no fundo). Em dez dias – não mais do que umas poucas centenas de gerações –, a bactéria "lisa" ancestral que flutuava livremente havia evoluído em duas formas adicionais que ocupavam diferentes partes do béquer. Uma delas, que foi chamada de "espalhadora enrugada", formava uma esteira em cima do caldo. A outra, chamada de "espalhadora felpuda", formava um tapete no fundo. O tipo ancestral liso persistiu na parte média do ambiente líquido. Cada uma das duas novas formas era geneticamente diferente da ancestral, tendo evoluído por mutação e seleção natural para se reproduzir melhor em seus respectivos ambientes. Aqui, portanto, ocorreu no laboratório não só evolução mas também especiação: a forma ancestral produziu, e coexistiu com, dois descendentes ecologicamente diferentes – e no caso das bactérias essas formas são consideradas espécies distintas. Num período de tempo bem curto, a seleção natural na *Pseudomonas* produziu uma "radiação adaptativa" em pequena escala, o equivalente à maneira como animais ou plantas formam espécies quando encontram novos ambientes numa ilha oceânica.

RESISTÊNCIA A DROGAS E VENENOS

Quando os antibióticos foram introduzidos na década de 1940, todos achavam que finalmente resolveriam o problema das doenças infecciosas causadas por bactérias. As drogas atuavam tão bem, que quase todos os afetados por tuberculose, faringite séptica ou pneumonia podiam ser curados com um par de injeções ou um frasco de comprimidos. Mas estávamos esquecendo a seleção natural. Devido ao tamanho imenso de suas populações e ao seu curto tempo de geração – aspectos que tornam as bactérias ideais para estudos de laboratório sobre a evolução –, a chance de uma mutação produzir resistência a um antibiótico é alta. E essas bactérias resistentes a drogas são as que vão sobreviver, deixando descendências geneticamente idênticas também resistentes a drogas. Então a eficácia da droga diminui e temos outra vez um problema médico. Isso se tornou um grave problema para algumas doenças. Por exemplo, existem agora cepas de bactérias de tuberculose que evoluíram resistência a todas as drogas usadas pelos médicos contra elas. Após um longo período de curas e otimismo médico, a TB se torna de novo uma doença fatal.

Isso é seleção natural, pura e simples. Todos sabem que a resistência a remédios é um fato, mas o que muitas vezes não se compreende é que esse é o melhor exemplo de seleção em ação (se o fenômeno tivesse existido na época de Darwin, ele provavelmente o adotaria como tema central de *A origem*). Há uma crença disseminada de que a resistência a drogas ocorre porque de alguma forma os próprios pacientes mudam e isso torna a droga menos eficaz. Mas não é assim: a resistência vem da evolução do micróbio, e não porque o paciente se habituou à droga.

Outro exemplo importante de seleção é a resistência à penicilina. Quando foi introduzida no início da década de 1940, a penicilina era uma droga milagrosa, especialmente eficaz na cura de infecções causadas pela bactéria *Staphylococcus aureus* ("staph"). Em 1941, a droga era capaz de eliminar toda cepa de staph existente no mundo. Agora, setenta anos depois, mais de 95% das cepas de staph são resistentes à penicilina. O que aconteceu é que as mutações ocorridas nas bactérias individuais lhes deram a capacidade de destruir a droga – e, é claro, essas mutações se espalharam pelo mundo. Reagindo a isso, a indústria farmacêutica produziu um novo antibiótico, a meticilina, mas mesmo esse agora se torna ineficaz devido a novas mutações. Em ambos os casos, os cientistas têm identificado as mudanças precisas no DNA da bactéria que conferiram resistência à droga.

Os vírus, a menor forma de vida passível de evolução, têm também evoluído resistência a drogas antivirais, principalmente ao AZT (azidotimidina), que se destina a evitar a replicação do vírus HIV num corpo infectado. A evolução ocorre até no próprio corpo de um paciente, já que o vírus faz mutações em ritmo frenético, produz resistência e torna o AZT ineficaz. Agora estamos mantendo a AIDS sob controle com um coquetel diário de três drogas, e, se a história pode servir-nos de referência, isso também acabará parando de funcionar.

A evolução da resistência cria uma corrida armamentista dos humanos contra os microrganismos, na qual os vencedores não são apenas as bactérias, mas também a indústria farmacêutica, que constantemente concebe novas drogas para superar a eficácia decrescente das anteriores. Felizmente, há alguns casos espetaculares de microrganismos que não foram bem-sucedidos em evoluir resistência (devemos lembrar que a teoria da evolução não prevê que tudo vai evoluir: se as mutações certas não conseguem vingar ou não aparecem, a evolução não ocorre). Uma forma de *Streptococcus*, por exemplo, causa a "faringite séptica", infecção comum em crianças. Essas bactérias não conseguiram evoluir nem mesmo a mais leve resistência à penicilina, que continua sendo o tratamento de eleição. E, ao contrário dos vírus da gripe, os vírus da pólio e do sarampo não evoluíram resistência às vacinas, que são usadas há mais de cinquenta anos.

Há ainda outras espécies que se adaptaram pela seleção a mudanças causadas por humanos em seu ambiente. Os insetos tornaram-se resistentes ao DDT e a outros pesticidas, as plantas se adaptaram aos herbicidas e os fungos, minhocas e algas têm evoluído resistência aos metais pesados que poluem seu ambiente. Ao que parece, quase sempre há uns poucos indivíduos com mutações afortunadas que lhes permitem sobreviver e se reproduzir, fazendo-os evoluir rapidamente de uma população sensível a uma população resistente. Podemos, então, fazer uma inferência razoável: quando uma população sofre um estresse que não vem dos humanos, como uma mudança de salinidade, temperatura ou regime de chuvas, a seleção natural produzirá com frequência uma resposta adaptativa.

SELEÇÃO NA NATUREZA

As respostas que vimos, seja a um estresse, seja a substâncias químicas impostas por humanos, constituem seleção natural no sentido mais próprio. Mesmo que os agentes seletivos tenham sido concebidos por humanos, a resposta é puramente natural e, como vimos, pode ser bastante complexa. Mas

O MOTOR DA EVOLUÇÃO

talvez fosse ainda mais convincente ver o processo todo em ação na natureza – sem a intervenção humana. Ou seja, queremos ver uma população natural enfrentar um desafio natural, queremos saber qual é esse desafio e queremos ver a população evoluir para enfrentá-lo com nossos próprios olhos.

Não poderíamos esperar que essa circunstância fosse comum. Primeiro, a seleção natural na natureza é com frequência incrivelmente lenta. A evolução de penas, por exemplo, provavelmente levou centenas de milhares de anos. Mesmo que as penas estivessem evoluindo hoje, seria simplesmente impossível observar isso acontecendo em tempo real, e mais impossível ainda medir o tipo de seleção que estaria atuando para tornar as penas maiores. Se é que podemos ver algum tipo de seleção natural, terá que ser uma seleção *forte*, que cause rápida mudança. De preferência, deveremos voltar a atenção para animais ou plantas que tenham tempos de geração curtos, para que a mudança evolucionária possa ser vista ao longo de várias gerações. E temos ainda que encontrar exemplos melhores do que as bactérias: as pessoas querem ver a seleção nas chamadas plantas e animais "superiores".

Além disso, não devemos esperar ver mais do que pequenas mudanças em um ou em alguns poucos aspectos de uma espécie – o que é conhecido como mudança *microevolucionária*. Devido ao ritmo gradual da evolução, é pouco razoável esperar ver a seleção transformando um "tipo" de planta ou animal em outro – a chamada *macroevolução* – no período de uma vida humana. Embora a macroevolução esteja acontecendo hoje, simplesmente não ficaremos por aqui o tempo suficiente para vê-la. Lembre-se de que a questão não é se a mudança macroevolucionária acontece – já sabemos a partir do registro fóssil que ela ocorre –, mas se ela foi causada por seleção natural e se a seleção natural é capaz de construir aspectos e organismos complexos.

Outro fator que torna difícil ver seleção em tempo real é que os tipos muito comuns de seleção natural não levam a espécie a mudar. Toda espécie é muito bem adaptada, o que significa que a seleção já fez com que ela entrasse em sincronia com o ambiente. Episódios de mudança que ocorrem quando uma espécie encontra um novo desafio ambiental provavelmente são mais raros em comparação com os períodos em que não há nada de novo que exija adaptação. Mas isso não quer dizer que a seleção não esteja ocorrendo. Se uma espécie de aves, por exemplo, evoluiu até alcançar o tamanho de corpo ótimo para o seu ambiente, e esse ambiente não muda, a seleção vai agir apenas nas aves que sejam maiores ou menores do que o tamanho ótimo. Mas esse tipo de seleção, chamado *seleção estabilizadora*, não mudará o tamanho médio do corpo: se você examinar a população de uma geração para a seguinte, verá que não mudou muita coisa (mesmo que os genes para o tamanho tanto grande quanto pequeno tenham sido eliminados). Podemos ver isso, por exemplo, no peso de nascimento de bebês humanos. As estatísticas de hospital mostram que os bebês que têm peso de nascimento médio – por volta de 3 quilos e 400 gramas nos Estados Unidos e na Europa – sobrevivem melhor do que os bebês mais leves (nascidos prematuramente ou de mães mal nutridas) e que os bebês mais pesados (que criam dificuldades no parto).

Assim, se queremos ver a seleção em ação, devemos observar espécies que têm períodos curtos de geração e que estejam se adaptando a um novo ambiente. Isso é mais provável acontecer com espécies que estão invadindo um novo habitat ou que experimentam uma mudança ambiental severa. E, de fato, é aí que os exemplos estão.

O mais famoso deles, que não vou detalhar, pois já foi descrito minuciosamente (ver, por exemplo, o excelente livro de Jonathan Weiner, *The Beak of the Finch: A Story of Evolution in Our Time*), é a adaptação de uma ave a uma mudança anômala no clima. O tentilhão das terras médias das Ilhas Galápagos foi estudado por várias décadas por Peter e Rosemary Grant, da Universidade de Princeton, e seus colegas. Em 1977, uma seca muito acentuada em Galápagos reduziu drasticamente o suprimento de sementes na ilha Daphne Maior. Esse tentilhão, que normalmente prefere sementes pequenas e macias, foi forçado a procurar sementes maiores e mais duras. Experimentos mostraram que as sementes duras só são partidas com facilidade por aves maiores, que têm bico mais longo e mais forte. A conclusão foi que apenas indivíduos de bico grande conseguiam comida suficiente, enquanto os de bico menor passavam fome até morrer ou ficavam malnutridos demais para conseguir reproduzir-se. Os sobreviventes de bico maior deixaram mais descendentes e na geração seguinte a seleção natural havia aumentado o tamanho médio do bico em 10% (o tamanho do corpo também aumentou). Essa é uma velocidade de mudança evolucionária impressionante – muito maior do que qualquer coisa que possamos ver no registro fóssil. Basta comparar com o tamanho do cérebro da linhagem humana, que cresceu em média cerca de 0,001% por geração. Tudo o que exigimos da evolução por seleção natural foi amplamente documentado pelos Grant em outros estudos: indivíduos da população original variaram em profundidade de bico e uma grande proporção dessa variação era genética, e os indivíduos com bicos diferentes deixaram números diferentes de descendentes *na direção prevista*. Devido à importância do alimento para a sobrevivência, a capacidade de coletá-lo, comê-lo e digeri-lo de modo eficaz é uma grande força seletiva. Muitos insetos têm hospedeiros específicos: alimentam-se e põem seus ovos apenas numa única espécie de planta ou em algumas poucas. Nesses casos, o inseto precisa de adaptações para usar as plantas, incluindo o aparato de alimentação certo para sugar os nutrientes da planta, um metabolismo que desintoxique quaisquer venenos da planta e um ciclo reprodutivo que produza prole quando houver alimento disponível (o período de frutificação da planta). Como existem muitos pares de insetos intimamente relacionados que usam diferentes plantas hospedeiras, supõe-se que houve seguidas mudanças de uma planta para outra ao longo do tempo evolucionário. Essas mudanças, equivalentes a colonizar um habitat muito diferente, devem ter sido acompanhadas por forte seleção.

Na verdade, temos visto isso acontecer nas últimas décadas com o besouro soapberry (*Jadera haematoloma*) do Novo Mundo. O jadera vive em duas plantas nativas de partes diferentes dos Estados Unidos: o arbusto soapberry*, do centro-sul dos Estados Unidos, e a videira cardiosperma perene, do sul da Flórida. Com seu bico longo em forma de agulha, o besouro penetra o fruto dessas plantas e consome as sementes, liquefazendo seu conteúdo e sugando--o. Mas, nos últimos cinquenta anos, o besouro colonizou três outras plantas introduzidas no seu raio de ação. Os frutos dessas plantas são muito diferentes em tamanho dos de seu hospedeiro nativo: dois são maiores e um é bem menor.

Scott Carroll e seus colegas previram que essa mudança de hospedeiro causaria seleção natural para mudanças no tamanho do bico. Os besouros que colonizavam as espécies de frutos maiores deveriam evoluir bicos maiores para poder penetrar os frutos e alcançar as sementes, enquanto os besouros que colonizavam as espécies de frutos menores evoluiriam na direção oposta. Foi exatamente o que aconteceu, com o comprimento do bico mudando até 25% em poucas décadas. Isso pode não parecer muita coisa, mas, pelos padrões evolucionários, é enorme, particularmente no curto espaço de uma centena de gerações.[30] Para termos uma ideia, se essa velocidade de evolução do bico

---

* O soapberry é um arbusto americano de cujos frutos se faz sabão, daí o nome. (N. do T.)

fosse mantida apenas ao longo de 10 mil gerações (5.000 anos), os bicos cresceriam por um fator de aproximadamente 5 *bilhões*, chegando a ter por volta de 2.900 quilômetros e sendo capazes de alfinetar um fruto do tamanho da lua! Esse tamanho irreal e absurdo tem, é claro, a intenção de mostrar o poder cumulativo de mudanças que à primeira vista parecem pequenas.

Outra previsão: sob seca prolongada, a seleção natural levará à evolução de plantas que florescem antes de suas ancestrais. Isso ocorre porque, durante a seca, os solos secam rapidamente após a chuva. Se você é uma planta que não floresce nem produz sementes rapidamente na seca, não deixará descendentes. Por outro lado, sob condições de clima normais, compensa retardar o florescimento, de modo que você possa crescer mais e produzir ainda mais sementes.

Essa previsão foi testada num experimento natural envolvendo a planta mostarda silvestre (*Brassica rapa*), introduzida na Califórnia há cerca de trezentos anos. A partir de 2000, o sul da Califórnia sofreu uma grave seca de cinco anos. Arthur Weis e seus colegas da Universidade da Califórnia mediram o tempo de florescimento de mostardas no início e no fim desse período. Como esperado, a seleção natural mudou o tempo de florescimento exatamente da maneira prevista: após a seca, as plantas começaram a florescer uma semana antes do que faziam suas ancestrais.

Há muito mais exemplos, mas todos demonstram a mesma coisa: é possível testemunhar diretamente a seleção natural conduzindo a uma melhor adaptação. *Natural Selection in the Wild*, um livro do biólogo John Endler, documenta mais de 150 casos de evolução observada e em cerca de um terço desses temos uma boa ideia de como a seleção natural atuou. Vemos moscas de frutas adaptando-se a temperaturas extremas, abelhas de mel adaptando-se a competidores e peixes de aquário tornando-se menos coloridos para não ser notados por predadores. De quantos mais exemplos precisamos?

A SELEÇÃO PODE CONSTRUIR COMPLEXIDADE?

Mas, mesmo aceitando que a seleção natural de fato atua na natureza, quanto trabalho ela realmente faz? Certo, a seleção pode mudar o bico das aves ou o período de florescimento das plantas, mas será capaz de construir complexidade? O que dizer de traços intricados como os membros tetrápodes; ou de adaptações bioquímicas sofisticadas como a coagulação do sangue, que dá ensejo a uma sequência precisa de passos envolvendo várias proteínas; ou ainda do aparato mais complicado que já evoluiu – o cérebro humano?

Temos aqui uma espécie de impasse, porque, como sabemos, os traços complexos levam um longo tempo para evoluir e a maioria deles fez isso num passado distante, quando não estávamos ainda por aqui para ver como aconteceu. Então, como podemos estar certos de que a seleção estava envolvida? Como saber que os criacionistas estão errados quando dizem que a seleção pode fazer pequenas mudanças em organismos, mas é impotente para fazer grandes mudanças?

No entanto, primeiro devemos perguntar: Qual é a teoria alternativa? Não conhecemos nenhum outro processo natural que possa construir uma adaptação complexa. A alternativa sugerida com maior frequência nos conduz ao reino do sobrenatural. Estamos falando, é claro, do criacionismo, que em sua última encarnação é conhecido como "Projeto Inteligente". Os defensores do PI sugerem que um projetista sobrenatural interveio em diversas épocas na história da vida, seja trazendo de forma instantânea para a existência as complexas adaptações que a seleção natural supostamente não é capaz de fazer, seja produzindo "mutações milagrosas" que não poderiam ocorrer por acaso (alguns defensores do PI vão além: os radicais criacionistas da "Terra nova" acreditam que o planeta tem apenas 6.000 anos de idade e que a vida não tem história evolucionária nenhuma).

Em sua maior parte, o PI é não científico, pois consiste largamente em afirmações que não podem ser testadas. Como, por exemplo, podemos determinar se as mutações foram meros acidentes na replicação do DNA ou se passaram a existir pela vontade de um criador? Mas podemos ainda perguntar se há adaptações *que poderiam não ter sido construídas por seleção* e, portanto, exigem que pensemos em outro mecanismo. Os defensores do PI têm sugerido várias dessas adaptações, como os flagelos bacterianos (um pequeno aparato "cabeludo" com um complexo motor molecular, usado por algumas bactérias para autopropulsão) e o mecanismo da coagulação sanguínea. Trata-se na verdade de traços complexos: os flagelos, por exemplo, são formados por dezenas de proteínas separadas, com todas elas devendo trabalhar em conjunto para que o "propulsor cabeludo" se mova.

Os defensores do PI argumentam que tais traços, envolvendo muitas partes que devem cooperar para que esse traço possa funcionar, desafiam a explicação darwiniana. Portanto, em princípio, eles devem ter sido projetados por um agente sobrenatural. É o que se conhece comumente como argumento do "Deus das lacunas" e é um exemplo do "argumento da ignorância"*. O que ele diz na verdade é que, se nós não entendemos *tudo* a respeito de como a seleção natural constrói um traço, essa falta de compreensão por si só é uma prova da criação sobrenatural.

Você provavelmente é capaz de ver por que esse argumento não se sustenta. Nunca seremos capazes de reconstruir como a seleção criou tudo – a evolução ocorreu antes que estivéssemos em cena, com algumas coisas que sempre serão desconhecidas. Mas a biologia evolucionária é como toda ciência: tem mistérios, muitos dos quais são resolvidos um após o outro. Sabemos agora, por exemplo, de onde as aves provêm – elas não foram criadas do nada (como os criacionistas costumam sustentar), mas evoluíram gradualmente a partir dos dinossauros. E, toda vez que um mistério é solucionado, o PI é obrigado a recuar. Como o PI não faz ele mesmo afirmações científicas que possam ser testadas, mas apenas apresenta críticas mal acabadas ao darwinismo, sua credibilidade vai-se desfazendo a cada avanço da nossa compreensão. Além disso, a própria explicação do PI para os aspectos complexos – que seriam resultantes dos caprichos de um projetista sobrenatural – poderia também explicar *qualquer* observação concebível a respeito da natureza. Talvez tenha sido até um capricho do criador fazer a vida parecer como se tivesse evoluído (muitos criacionistas acreditam nisso, embora poucos admitam). Mas, se você não consegue pensar numa observação que seja capaz de contradizer uma teoria, essa teoria simplesmente não é científica.

Como podemos nós refutar a afirmação do PI de que alguns traços simplesmente desafiam toda origem por seleção natural, qualquer que seja ela? Em tais casos não é nos biólogos evolucionários que recai o ônus de esboçar um cenário passo a passo preciso, que documente exatamente como um traço complexo evoluiu. Isso requereria saber tudo a respeito do que aconteceu quando não estávamos ainda aqui – uma impossibilidade para a maioria dos traços e para quase todos os caminhos bioquímicos. Quanto à afirmação do PI de que os flagelos não poderiam ter evoluído, os bioquímicos Ford Doolittle e Olga Zhaxybayeva argumentam: "Os evolucionistas não precisam assumir o impossível desafio de apontar cada detalhe da evolução dos flagelos. Precisamos apenas mostrar que tal desenvolvimento, que põe em jogo processos e componentes que não são

---

* Também conhecido como "apelo à ignorância" (em latim, *argumentum ad ignorantiam*), trata-se de uma falácia lógica usada para tentar provar que algo é falso pelo mero fato de haver ignorância anterior sobre o assunto. (N. do T.)

diferentes dos que já conhecemos e em relação aos quais há acordo, é factível". E "factível" implica que deve haver precursores evolucionários para cada novo traço e que a evolução desse traço não viola o requisito darwiniano de que cada etapa na construção e adaptação beneficia aquele que o possui.

De fato, não sabemos de nenhuma adaptação cuja origem *não* tenha envolvido seleção natural. Como podemos estar certos disso? Para os traços anatômicos, podemos simplesmente indicar sua evolução (quando possível) no registro fóssil e ver em que ordem as diferentes mudanças tiveram lugar. Podemos então determinar se as sequências de mudança pelo menos traduzem um processo adaptativo passo a passo. E em cada caso podemos encontrar pelo menos uma explicação darwiniana plausível. Temos visto isso para a evolução de animais terrestres a partir de peixes, de baleias a partir de animais terrestres e de aves a partir de répteis. Não precisaria ser exatamente assim. O movimento das narinas para o alto da cabeça das baleias ancestrais, por exemplo, poderia ter precedido a evolução de barbatanas. Talvez isso pudesse ser visto como o ato providencial de um criador, mas não poderia ter evoluído por seleção natural. De todo modo, sempre vemos uma ordem evolucionária que faz sentido em termos darwinianos.

Compreender a evolução de aspectos e caminhos bioquímicos complexos não é tão fácil, pois eles não deixam traços no registro fóssil. Sua evolução precisa ser reconstruída de modo mais especulativo, tentando ver como tais caminhos poderiam ter sido arranjados a partir de precursores bioquímicos mais simples. E iríamos também querer saber as etapas de arranjo, para ver se cada novo passo seria capaz de trazer uma melhora na adaptação.

Embora os defensores do PI aleguem que há uma mão sobrenatural por trás desses caminhos, uma persistente pesquisa científica começa a fornecer cenários plausíveis (e testáveis) sobre como eles podem ter evoluído. Tomemos o caminho da coagulação do sangue entre os vertebrados. Ele envolve uma sequência de eventos que começa quando uma proteína se liga a outra na vizinhança de uma ferida aberta. Isso põe em marcha uma complicada reação em cascata, de dezesseis etapas, cada uma envolvendo uma interação de um par diferente de proteínas e culminando na formação do próprio coágulo. No total, estão envolvidas mais de vinte proteínas. De que modo isso poderia ter evoluído?

Ainda não sabemos com certeza, mas temos evidências de que o sistema pode ter sido construído de modo adaptativo a partir de precursores mais simples. Muitas das proteínas da coagulação são feitas de genes relacionados que se originaram por duplicação, uma forma de mutação na qual um gene ancestral, e depois seus descendentes, é todo ele duplicado numa cadeia de DNA devido a um erro na divisão celular. Depois que surgem, tais genes duplicados podem evoluir por caminhos separados, de modo que acabem desempenhando funções diversas, como o fazem agora na coagulação do sangue. E sabemos que outras proteínas e enzimas nesse caminho têm diferentes funções em grupos que evoluíram antes dos vertebrados. Por exemplo, uma proteína-chave no caminho da coagulação é o fibrinogênio, que está dissolvido no plasma sanguíneo. Na última etapa da coagulação do sangue, essa proteína é cortada por uma enzima e as proteínas mais curtas (chamadas fibrinas) grudam umas nas outras e se tornam insolúveis, formando o coágulo final. Dado que o fibrinogênio ocorre em todos os vertebrados como uma proteína da coagulação do sangue, ele presumivelmente evoluiu de uma proteína que tinha uma função diferente nos ancestrais invertebrados, que já existiam antes mas não tinham um caminho de coagulação. Embora um projetista inteligente pudesse inventar uma proteína adequada, a evolução não opera desse jeito. Deve ter havido uma proteína ancestral a partir da qual o fibrinogênio evoluiu.

Russell Doolittle, na Universidade da Califórnia, previu que iríamos encontrar tal proteína, e, como esperado, em 1990 ele e seu colega XunXu a descobriram no pepino-do-mar, um invertebrado às vezes usado na culinária chinesa. O pepino-do-mar ramificou-se de uma linhagem vertebrada há pelo menos 500 milhões de anos, mas mesmo assim tem uma proteína que, embora claramente relacionada com as proteínas de coagulação do sangue dos vertebrados, não é usada para coagular sangue. Isso significa que o ancestral comum do pepino-do-mar e dos vertebrados tinha um gene que mais tarde foi cooptado nos vertebrados para uma nova função, justamente como a evolução prevê. Desde então, tanto Doolittle quanto o biólogo celular Ken Miller têm concebido uma sequência plausível e adaptativa para a evolução de toda a cascata da coagulação do sangue a partir de fragmentos de proteínas precursoras. Todas essas precursoras são encontradas nos invertebrados, nos quais elas têm outras funções, não coaguladoras, e foram evolucionariamente cooptadas por vertebrados num sistema operante de coagulação. E a evolução do flagelo bacteriano, embora ainda não compreendida de todo, sabe-se também que envolve muitas proteínas cooptadas de outros caminhos bioquímicos.[31]

Questões difíceis com frequência cedem diante da ciência e, embora ainda não sejamos capazes de entender como cada sistema bioquímico complexo evoluiu, estamos aprendendo mais a cada dia. Afinal, a evolução bioquímica é um campo ainda em sua infância. Se a história da ciência nos ensina algo, é que aquilo que vence nossa ignorância é a pesquisa e não uma atitude de desistir e atribuir essa ignorância ao miraculoso trabalho de um criador. Quando você ouve alguém afirmar algo diferente disso, basta lembrar estas palavras de Darwin: "A ignorância gera confiança com maior frequência do que o conhecimento consegue fazê-lo: são os que sabem pouco, não os que sabem muito, que afirmam taxativamente ser tal ou qual questão impossível de resolver pela ciência".

Parece, portanto, que, em princípio, não existe problema real em afirmar que a evolução constrói complexos sistemas bioquímicos. Mas o que dizer em relação ao tempo? Será que houve de fato tempo suficiente para a seleção natural criar não só adaptações complexas mas também a diversidade das formas vivas? Com certeza, sabemos que houve tempo suficiente para que os organismos evoluíssem – o registro fóssil sozinho já nos diz isso –, mas será que a seleção natural era forte o suficiente para impulsionar essa mudança?

Uma das abordagens consiste em comparar a velocidade da evolução no registro fóssil com aquelas vistas em experimentos de laboratório que recorrem à seleção artificial, ou com dados históricos sobre mudança evolucionária ocorrida quando as espécies colonizaram novos habitats em tempos históricos. Se a evolução no registro fóssil fosse mais rápida do que em experimentos de laboratório ou em eventos de colonização – ambos envolvendo seleção muito forte –, talvez devêssemos repensar se a seleção poderia de fato explicar mudanças em fósseis. Mas, na realidade, os resultados são exatamente o oposto disso. Philip Gingerich, da Universidade de Michigan, mostrou que as taxas de mudança no tamanho e na forma dos animais durante estudos de laboratório e de colonização são realmente *mais rápidas* do que as taxas de mudança fóssil: desde quinhentas vezes mais rápidas (seleção durante colonizações) a cerca de um milhão de vezes mais rápidas (experimentos de seleção em laboratório). E mesmo as taxas de evolução mais rápidas no registro fóssil não são nem de longe tão rápidas quanto as taxas mais lentas que vemos quando humanos praticam a seleção em laboratório. Além disso, as taxas médias de evolução registradas em estudos de colonização são grandes o suficiente para fazer um ratinho ficar do tamanho de um elefante em apenas 10 mil anos!

A lição, portanto, é que a seleção é perfeitamente adequada para explicar mudanças que podemos ver no registro fóssil. Uma razão pela qual as pessoas levantam essa questão é porque não consideram (ou não conseguem considerar) os imensos intervalos de tempo que a seleção leva para atuar. Afinal, evoluímos para lidar com coisas que acontecem na escala do nosso tempo de vida – que provavelmente foi de cerca de trinta anos pela maior parte de nossa evolução. Uma duração de 10 milhões de anos está além da nossa compreensão intuitiva.

Finalmente, será que a seleção natural é suficiente para explicar um órgão *realmente* complexo, como o olho? O olho tipo "câmera" dos vertebrados (e de moluscos como a lula e o polvo) já foi muito caro aos criacionistas. Notando seu arranjo complexo de íris, lente, retina, córnea e assim por diante – os quais precisam trabalhar juntos para criar uma imagem –, os opositores da seleção natural afirmavam que o olho não poderia ter-se formado por etapas graduais. Afinal, qual seria a utilidade de se contar com "meio olho"?

Darwin tratou desse argumento e refutou-o de maneira brilhante em *A origem*. Ele pesquisou espécies *existentes* para ver se seria possível encontrar olhos funcionais mas menos complexos, que fossem não apenas úteis, mas também que pudessem ser colocados numa sequência hipotética capaz de mostrar como um olho do tipo câmera poderia evoluir. Se fosse possível fazer isso – e é possível –, então o argumento de que a seleção natural nunca seria capaz de produzir um olho cairia por terra, pois os olhos de espécies existentes são obviamente úteis. Cada aprimoramento no olho poderia conferir benefícios óbvios, pelo fato de tornar o indivíduo mais capaz de encontrar alimento, evitar predadores e navegar pelo seu ambiente.

Uma possível sequência dessas mudanças começa com olhos que são simples pontos de pigmento sensível à luz, como os dos platelmintos. A pele então se dobra, formando uma cavidade que protege o olho pontual e lhe permite localizar melhor a fonte de luz. Alguns moluscos gastrópodes como a lapa têm olhos assim. Nos náutilos dotados de câmaras*, vemos um estreitamento adicional da abertura da cavidade que produz uma imagem melhorada, e nos vermes marinhos poliquetas a cavidade é coberta por uma capa transparente que protege a abertura. Nos abalones, parte do fluido no olho coagulou para formar uma lente, que ajuda a focalizar a luz, e em muitas

---

* Cefalópodes marinhos arcaicos muito abundantes no Paleozoico. O nautilusque, que vive no sudoeste do Pacífico, tem uma concha formada por uma série de câmaras separadas por tabiques. O animal ocupa a última câmara e as demais são preenchidas de gás, o que lhe permite flutuar. (N. do T.)

espécies, como os mamíferos, músculos próximos têm sido cooptados para mover a lente e variar seu foco. A evolução de uma retina, um nervo óptico e assim por diante segue por seleção natural. Cada passo dessa hipotética "série" transicional confere adaptações crescentes ao seu possuidor, porque permite ao olho recolher mais luz para formar melhores imagens, com esses dois aspectos ajudando na sobrevivência e na reprodução. E cada passo desse processo é viável porque pode ser observado nos olhos de diferentes espécies vivas. No final da sequência temos o olho do tipo câmera, cuja evolução adaptativa parece incrivelmente complexa. Mas a complexidade desse olho final pode ser dividida numa série de pequenos passos adaptativos.

No entanto, podemos fazer ainda melhor do que apenas enfileirar olhos de espécies existentes numa sequência adaptativa. A partir de um simples precursor, podemos modelar de fato a evolução do olho, observando se a seleção consegue transformar esse precursor num olho mais complexo e num intervalo de tempo razoável. Dan-Eric Nilsson e Susanne Pelger, da Universidade Lund da Suécia, fizeram um modelo matemático desse tipo, começando com um grupo de células sensíveis à luz, tendo por trás uma camada de pigmento (uma retina). Eles então permitiram que os tecidos em volta dessa estrutura se deformassem aleatoriamente, limitando a quantidade de mudança a apenas 1% do tamanho ou da espessura de cada etapa. Para imitar a seleção natural, o modelo só aceitou "mutações" que melhorassem a acuidade visual e rejeitou as que a degradassem.

Num prazo surpreendentemente curto, o modelo produziu um olho complexo, passando por estágios similares aos da série de animais reais antes citada. O olho se dobrou para dentro formando uma cavidade, essa foi coberta por uma superfície transparente e o interior da cavidade coagulou para formar não apenas uma lente e sim uma lente com dimensões que produziram a melhor imagem possível.

Assim, começando com um olho pontual similar ao de um platelminto, o modelo produziu algo como o olho complexo dos vertebrados, tudo por meio de uma série de pequenos passos adaptativos – 1.829 passos, para ser exato. Mas Nilsson e Pelger também calcularam quanto tempo esse processo levaria. Fizeram suposições sobre quanta variação genética para o formato do olho haveria na população que começou a experimentar a seleção e sobre a força com que a seleção favoreceria cada passo útil para o tamanho do olho. Essas suposições foram conservadoras de propósito, assumindo-se que havia quantidades de variação genética razoáveis mas não grandes e que a seleção natural era fraca. Não obstante, o olho evoluiu muito depressa: o processo inteiro, de um rudimentar grupo de células sensíveis à luz a um olho do tipo câmera, levou menos de 400 mil anos. Como os animais mais antigos com olhos datam de 550 milhões de anos atrás, houve, segundo esse modelo, tempo bastante para que olhos complexos evoluíssem mais de 1.500 vezes. Na realidade, os olhos evoluíram de modo independente em pelo menos quarenta grupos de animais. Nilsson e Pelger observaram de modo irônico em seu trabalho: "É óbvio que o olho nunca foi uma real ameaça à teoria da evolução de Darwin".

Bem, em que pé estamos? Sabemos que um processo muito similar à seleção natural – a criação de animais e plantas – partiu da variação genética presente em espécies silvestres e criou imensas transformações "evolucionárias". Sabemos que essas transformações podem ser bem maiores e mais rápidas do que a mudança evolucionária que ocorreu no passado. Vimos que a seleção opera em laboratório, em microrganismos que causam doenças e na natureza. Não temos notícia de adaptações que não tenham absolutamente sido moldadas pela seleção natural e em muitos casos podemos inferir de modo plausível como a seleção de fato se encarregou de moldá-las. E modelos matemáticos mostram que a seleção natural pode produzir aspectos complexos com facilidade e rapidez. A conclusão óbvia: podemos em princípio assumir que a seleção natural é a causa de toda evolução *adaptativa* – embora não *de cada* aspecto da evolução, já que a flutuação genética também pode desempenhar um papel.

Sem dúvida, os criadores não transformaram gato em cachorro e os estudos de laboratório não transformaram bactérias em amebas (embora, como vimos, novas espécies de bactérias tenham surgido em laboratório). Mas é tolice pensar que essas sejam objeções sérias à seleção natural. Grandes transformações levam tempo – longos períodos de tempo. Para observar de fato o poder da seleção, devemos extrapolar as pequenas mudanças que a seleção cria em nosso tempo de vida para os milhões de anos pelos quais ela teve realmente que operar na natureza. Tampouco podemos ver o Grand Canyon ficando mais fundo, mas ao olhar para o abismo, com o rio Colorado em escavação indiferente lá embaixo, você aprende a lição mais importante do darwinismo: forças fracas que operam por extensos períodos de tempo criam mudanças grandes e impressionantes.

CAPÍTULO 6

COMO O SEXO GUIA A EVOLUÇÃO

Não é possível supor, por exemplo, que os exemplares machos das aves-do-paraíso ou dos pavões tenham todo esse trabalho para erguer, abrir e fazer vibrar suas lindas plumas diante das fêmeas sem propósito algum.

Charles Darwin

Há poucos animais na natureza mais resplandecentes do que um pavão macho em sua exibição plena, com sua cauda azul-esverdeada iridescente, toda salpicada de pontos coloridos – os ocelos –, aberta em leque na sua glória atrás de um corpo azul brilhante. Mas a ave parece violar todos os aspectos do darwinismo, pois os traços que a tornam linda são ao mesmo tempo *mal adaptados* para a sobrevivência. A cauda longa cria problemas aerodinâmicos para voar, como sabem todos os que já viram um pavão esforçando-se para tentar sustentar-se no ar. Ela também torna mais difícil para a ave subir nos seus poleiros noturnos nas árvores para fugir de predadores, mais ainda nas monções, quando uma cauda molhada vira um incômodo reboque. As cores vibrantes também atraem predadores, especialmente em comparação com as fêmeas, que têm cauda curta de cor marrom-esverdeada parda, boa para camuflagem. E há um grande desvio de energia metabólica para a cauda de alto impacto do macho, que tem de ser completamente reconstruída a cada ano.

A plumagem do pavão não só parece sem sentido, mas é um estorvo. Como poderíamos considerá-la uma adaptação? E se os indivíduos com tal plumagem deixam mais genes, como seria de esperar considerando que essa vestimenta evolui por seleção natural, como explicar que as fêmeas não sejam igualmente resplandecentes? Numa carta ao biólogo americano Asa Gray em 1860, Darwin tratou dessas questões: "Lembro bem do tempo em que pensar a respeito do olho me dava calafrios, mas superei esse estágio de queixa e agora lidar com detalhes de estrutura com frequência me deixa muito desconfortável. A visão de uma pena da cauda do pavão, sempre que olho para ela, me deixa doente!".

Há inúmeros enigmas como esse da cauda de pavão. Por exemplo, o do extinto alce-irlandês (na realidade, um nome inadequado, pois ele não é exclusivamente irlandês nem é um alce e sim o maior cervo já descrito, e viveu por toda a Europa e Ásia). Os machos dessa espécie, que desapareceram há apenas 10 mil anos, ostentavam com orgulho um enorme par de galhos, que mediam de uma ponta a outra mais de 3 metros e meio! Embora pesasse cerca de 40 quilos, essa galhada se assentava num crânio irrisório, de pouco mais de 2 quilos. Pense no estresse que deviam causar esses galhos. Seria como andar o dia inteiro carregando um adolescente na cabeça. E, como no caso da cauda do pavão, a galhada tinha de ser totalmente refeita a cada ano.

Além de traços espalhafatosos, há comportamentos estranhos observados apenas num dos sexos. Os sapos túngara da América Central usam seus sacos vocais infláveis para cantar na noite inteira uma serenata. O canto atrai a atenção das fêmeas, mas também de morcegos e moscas sugadoras de sangue, que predam os machos cantores com frequência bem maior do que a das fêmeas silenciosas. Na Austrália, os exemplares machos do bowerbird ("pássaro-caramancheiro") constroem grandes e bizarros "caramanchões" com pedacinhos de pau que, dependendo da espécie, assumem a forma de túneis, cogumelos ou tendas. Esses são enfeitados com decorações: flores, cascas de caramujos, bagos de frutas, vagens de sementes e, quando há humanos por perto, tampinhas de garrafa, cacos de vidro e papel-alumínio. A construção desses caramanchões leva horas, às vezes dias (alguns têm 3 metros de largura e metro e meio de altura), e no entanto não são usados como ninhos. Por que os machos se dão a esse trabalho todo?

Não basta só especular, como Darwin fez, que todos esses traços reduzem a sobrevivência. Nos últimos anos, cientistas têm mostrado em que medida eles podem ser custosos. O macho da ave viúva-de-colar-vermelho é preto reluzente, tem um colar e uma mancha na cabeça de cor escarlate e é dotado de penas muito longas na cauda – mais ou menos com o dobro do tamanho do seu corpo. Quem vê o macho em voo, lidando com dificuldade com a cauda longa, se pergunta para que serve afinal essa cauda. Sarah Pryke e Steffan Andersson, da Universidade de Göteborg, na Suécia, capturaram um grupo de machos na África do Sul e lhes apararam a cauda, removendo cerca de uma polegada num grupo e de quatro polegadas no outro. Ao recapturar esses machos depois da estação do acasalamento, descobriram que os machos de cauda longa haviam perdido significativamente mais peso do que os machos de cauda curta. Claramente, a cauda alongada é uma desvantagem considerável.

E o mesmo vale para as cores vivas, como demonstrado num interessante experimento feito com o lagarto-de-colarinho. Nesse lagarto de 30 centímetros, que vive no oeste dos Estados Unidos, os sexos mostram aspecto muito diferente: os machos têm corpo turquesa, cabeça amarela, colarinhos pretos e pontos pretos e brancos, enquanto as fêmeas, mais discretas, são de cor marrom-acinzentado e com pontos bem leves. Para testar a hipótese de que as cores berrantes dos machos atraem mais predadores, Jerry Husak e seus colegas da Oklahoma State University colocaram no deserto modelos de argila pintados parecendo machos e fêmeas dos lagartos. A argila mole preservou as marcas de mordidas de quaisquer predadores que confundissem os modelos com os animais de verdade. Passada uma semana apenas, 35 dos quarenta modelos de macho chamativos ostentavam marcas de mordidas, em geral de cobras e aves, enquanto *nenhum* dos discretos modelos de fêmeas havia sido atacado.

Traços que diferem em machos e em fêmeas de uma espécie – como caudas, cores e cantos – são chamados de *dimorfismos sexuais*, do grego "duas formas" (a figura 23 mostra alguns exemplos). Repetidas vezes os biólogos têm constatado que os traços sexuais dimórficos nos machos parecem violar a teoria evolucionária, pois despendem tempo e energia e reduzem a sobrevivência. Peixinhos de aquário machos, coloridos, são comidos com mais frequência do que as fêmeas, menos coloridas. O chasco-cinzento macho, um pássaro do Mediterrâneo, tem o maior trabalho para erigir grandes montes de pedras em vários locais, empilhando cinquenta vezes seu peso em seixos num período de duas semanas. O macho da tetraz-cauda-de-faisão realiza elaboradas exibições, indo de lá pra cá na pradaria, batendo as asas e fazendo sons bem altos com seus dois grandes sacos vocais.[32] Essas peripécias

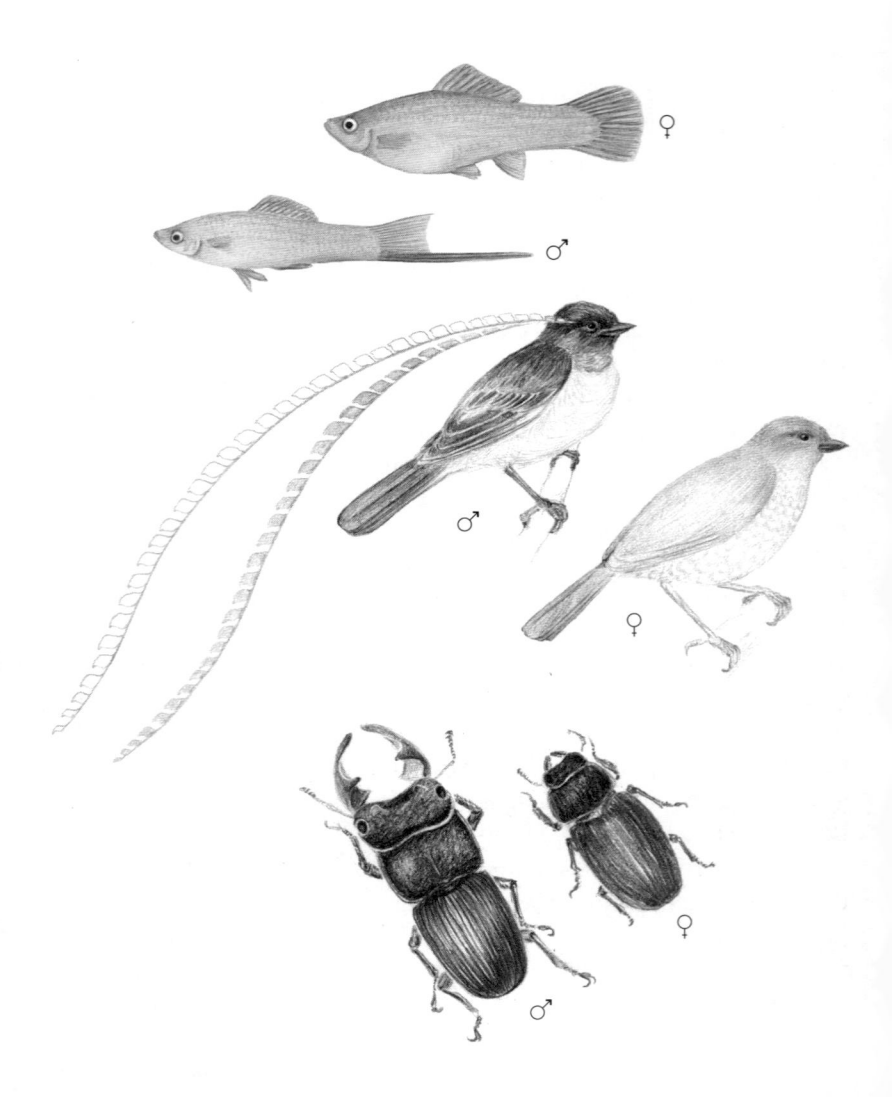

FIGURA 23 – Exemplos de dimorfismos sexuais, mostrando acentuadas diferenças na aparência de machos e fêmeas. No alto: o cauda-de-espada (*Xiphophorus helleri*); no meio: a ave-do-paraíso-rei-da-saxônia (*Pteridophora alberti*), cujos machos têm elaborados ornamentos na cabeça, de cores azul-céu de um lado e marrom do outro; embaixo: o besouro vaca-loura (*Aegus formosae*).

podem consumir uma tremenda quantidade de energia para um pássaro: um dia de exibições queima o equivalente calórico a uma banana *split*. Se a seleção é responsável por esses traços – e deve ser, dada a sua complexidade –, precisamos explicar como.

AS SOLUÇÕES

Antes de Darwin, o dimorfismo sexual era um mistério. Os criacionistas da época – como os de agora – não conseguiam explicar por que um projetista natural produzia aspectos num dos sexos, e só naquele, que dificultavam sua sobrevivência. Como o grande fornecedor de explicações para a diversidade da natureza, Darwin sentia-se, é claro, ansioso em compreender de que modo esses traços aparentemente sem utilidade haviam evoluído. Ele por fim percebeu a chave para explicá-los: embora os traços fossem diferentes no macho e na fêmea de uma mesma espécie, os ornamentos quase sempre se restringiam aos machos.

A esta altura você já deve ter adivinhado como esses traços onerosos evoluíram. Lembre-se de que o objetivo da seleção não é na realidade a sobrevivência, mas a reprodução bem-sucedida. Ter uma cauda bonita ou um canto sedutor não ajuda você a sobreviver, mas pode aumentar suas chances de gerar descendência – e foi assim que esses traços e comportamentos extravagantes surgiram. Darwin foi o primeiro a identificar essa situação de escolha, e cunhou um nome para o tipo de seleção responsável por aspectos sexualmente dimórficos: *seleção sexual*. A seleção sexual é simplesmente a seleção que aumenta as chances de um indivíduo conseguir um parceiro. É na realidade apenas um subconjunto da seleção natural, mas um subconjunto que merece um capítulo próprio devido à sua maneira peculiar de operar e às adaptações aparentemente não adaptativas que produz.

Traços sexualmente selecionados evoluem quando compensam de sobra, por meio da reprodução, a diminuição da capacidade de sobrevivência do macho. Talvez o viúva-de-colar-vermelho com sua cauda mais longa não evite tão bem os predadores, mas as fêmeas podem preferi-lo para acasalar. Cervos com chifres maiores podem ter que lutar mais para sobreviver devido ao fardo metabólico, mas talvez vençam as disputas por fêmeas com maior frequência, gerando, portanto, maior descendência.

A seleção sexual vem em duas formas. Uma, exemplificada pela grande galhada do alce-irlandês, é a da *competição direta entre machos* pelo acesso às fêmeas. A outra, a que produz a longa cauda do viúva-de-colar-vermelho, é a do *rigor da fêmea* ao escolher entre os vários machos. A competição macho-macho (ou, na terminologia muitas vezes combativa de Darwin, "a Lei da Batalha") é a mais fácil de entender. Como Darwin observou, "é certo que com quase todos os animais existe uma luta entre os machos pela posse da fêmea". Quando machos de uma espécie disputam diretamente, seja por meio do entrechoque das galhadas de cervos, dos chifres pontudos do besouro vaca-loura, das cabeçadas das moscas de olhos alongados da família *Diopsidae*, ou das sangrentas batalhas dos imensos elefantes-marinhos, eles conquistam acesso às fêmeas afugentando competidores. A seleção favorecerá qualquer traço que promova tais vitórias, desde que o aumento da chance de conseguir uma parceira compense de sobra quaisquer diminuições nas chances de sobrevivência. Esse tipo de seleção produz armamentos: armas mais fortes, maior porte corporal, ou qualquer coisa que ajude um macho a vencer os combates físicos.

Em contraste com isso, traços como cores vivas, ornamentos, caramanchões e exibições na hora do acasalamento são moldados pelo segundo tipo de seleção sexual, a escolha do parceiro. Tem-se a impressão de que aos olhos das fêmeas nem todos os machos são iguais. Elas acham alguns traços e comportamentos dos machos mais atraentes do que outros, portanto os genes que produzem esses traços se acumulam nas populações. Existe também um elemento de competição entre os machos nesse cenário, mas é indireto: os machos vencedores têm as vozes mais potentes, as cores mais vivas, os feromônios mais sedutores, as exibições mais *sexy* e assim por diante. Mas, em contraste com a competição macho-macho, aqui o vencedor é decidido pelas fêmeas.

Em ambos os tipos de seleção sexual, os machos competem por fêmeas. Por que não é o oposto que se dá? Aprenderemos logo a seguir que tudo depende da diferença de tamanho de duas pequenas células: o esperma e o óvulo.

Mas será que os machos que vencem disputas, ou que estão mais ornamentados, ou que têm melhor desempenho nas exibições, conseguem realmente mais parceiras? Se não, toda a teoria da seleção sexual cairia por terra.

Na verdade, as evidências dão apoio forte e consistente à teoria. Vamos começar pelas disputas. O elefante-marinho do norte, que habita o litoral Pacífico da América do Norte, mostra extremo dimorfismo sexual por tamanho. As fêmeas têm cerca de 3 metros de comprimento e pesam em média 700 quilos, enquanto os machos têm quase o dobro do comprimento e chegam a pesar 2 toneladas e meia – maiores que um Fusca e com quase o dobro do peso. São também *políginos*, ou seja, os machos copulam com mais de uma fêmea na estação do acasalamento. Cerca de um terço dos machos mantém haréns de fêmeas com as quais copulam (até cem parceiras para um macho alfa!), enquanto os demais machos são condenados ao celibato. Quem ganha e quem perde nessa loteria do acasalamento é determinado por violentas disputas dos machos diante das fêmeas que se agrupam na praia. Essas disputas chegam a ser sangrentas, com os grandes animais entrando num embate corpo a corpo, causando feridas profundas no pescoço do oponente com seus dentes e estabelecendo uma hierarquia de dominância que coloca os machos maiores no topo. Quando as fêmeas chegam, os machos dominantes as arrebanham em seu harém e expulsam os rivais que ousam chegar perto. Num dado ano, a maioria dos filhotes provém de uns poucos machos maiores.

Isso é uma competição entre machos, pura e simples, e o prêmio é a reprodução. É fácil ver de que modo, dado esse sistema de acasalamento, a seleção sexual promove a evolução de machos maiores e mais violentos: os machos maiores deixam seus genes para a geração seguinte e os menores, não (as fêmeas, que não têm que lutar, ficam presumivelmente mais próximas de seu peso ideal para a reprodução). O dimorfismo sexual do tamanho do corpo em muitas espécies – incluindo a nossa – talvez se deva à competição de machos pelo acesso às fêmeas.

As aves-macho com frequência competem ferozmente por território. Em muitas espécies, os machos atraem as fêmeas pelo simples fato de controlarem um trecho de terra – um com boa vegetação – que seja adequado como ninho. Depois que têm seu trecho, os machos o defendem com exibições visuais e vocais, assim como por meio de ataques diretos a machos invasores. Muitos dos cantos de aves que nos deleitam o ouvido são na realidade ameaças, advertindo outros machos para que mantenham distância.

O pássaro-preto de asa vermelha da América do Norte defende territórios em habitats abertos, usualmente pântanos de água doce. Como os elefantes-marinhos, essa espécie é polígina, com vários machos tendo até quinze fêmeas que fazem ninho em seu território. Muitos outros machos, os chamados "flutuantes", ficam sem acasalar. Os flutuantes tentam a toda hora invadir territórios estabelecidos para copular furtivamente com as fêmeas, o que mantém os machos residentes ocupados a expulsá-los. Um macho pode consumir até uma quarta parte do tempo protegendo vigilantemente seu território. Além de um patrulhamento direto, os machos defendem o território entoando cantos complexos e fazendo exibições ameaçadoras com seu ornamento epônimo, uma dragona vermelho-vivo no ombro (as fêmeas são marrons, às vezes com uma pequena dragona vestigial). As dragonas não estão ali para atrair fêmeas – em vez disso, são usadas para ameaçar outros machos na luta por território. Quando pesquisadores apagaram as dragonas dos machos pintando-as de preto, 70% dos machos perderam seu território, em comparação com apenas 10% dos machos de controle pintados com solvente transparente. As dragonas provavelmente mantêm os intrusos a distância ao sinalizar que um território está ocupado. O canto também é importante. Os machos que foram emudecidos, ou seja, privados temporariamente de sua capacidade de cantar, perderam territórios.

Em pássaros-pretos, portanto, o canto e a plumagem ajudam um macho a conseguir mais parceiras. Nos estudos acima descritos e também em vários outros, os pesquisadores têm mostrado que a seleção sexual está agindo porque os machos com aspectos mais elaborados obtêm melhor rendimento em termos de descendência. Essa conclusão parece simplista, mas exigiu centenas de horas de tedioso trabalho de campo por parte de biólogos inquisidores. Sequenciar DNA num laboratório resplandecente pode parecer bem mais glamouroso, mas a única maneira pela qual um cientista pode dizer como a seleção age na natureza é sujando as mãos em trabalho de campo.

A seleção sexual não termina com o ato sexual: os machos podem continuar a competir mesmo após o acasalamento. Em muitas espécies, as fêmeas acasalam com mais de um macho num curto período de tempo. Depois que um macho insemina uma fêmea, de que modo pode ele evitar que outros machos a fertilizem e lhe roubem a paternidade? Essa competição pós-acasalamento tem criado alguns dos aspectos mais intrigantes produzidos pela seleção sexual. Às vezes um macho fica em volta da fêmea depois de acasalar, afastando-a de outros pretendentes. Quando você vê um casal de libélulas unidas, é provável que o macho esteja simplesmente salvaguardando a fêmea depois de tê-la fertilizado, bloqueando fisicamente o acesso de outros machos. Um milípede da América Central leva a vigilância da parceira a um extremo:

depois de fertilizar uma fêmea, o macho simplesmente fica montado nela vários dias, evitando que outro competidor reivindique os ovos dela. Substâncias químicas também podem cumprir essa tarefa. O sêmen de algumas cobras e roedores contém substâncias que temporariamente entopem o trato reprodutivo da fêmea após o acasalamento, erguendo uma barricada contra machos que venham sondar. No grupo das moscas frugívoras no qual eu trabalho, o macho injeta a fêmea com um antiafrodisíaco, uma substância química do seu sêmen que a deixa sem vontade de copular por vários dias.

Os machos usam uma variedade de armas defensivas para salvaguardar sua paternidade. Mas elas podem ser ainda mais tortuosas – muitos machos dispõem de armas ofensivas para se livrar do esperma dos machos que copularam previamente e substituí-lo pelo seu. Um dos dispositivos mais engenhosos é a "concha do pênis" de algumas donzelinhas. Quando um macho copula com uma fêmea que acabou de copular, usa os espinhos voltados para trás do seu pênis como uma concha e remove assim o esperma dos machos que acasalaram antes. Só depois que a fêmea tem o esperma removido é que a mosca transfere seu próprio esperma. Na Drosophila, meu próprio laboratório descobriu que o sêmen ejaculado contém substâncias para tornar inativo o esperma já armazenado dos machos que copularam previamente.

E quanto à segunda forma de seleção sexual: a escolha do parceiro? Comparado com a competição macho-macho, sabemos bem menos sobre o modo pelo qual esse processo opera. Isso porque o significado de cores, plumagem e exibições é bem menos óbvio do que o de galhadas e outras armas.

Para tentar conceber como a escolha do parceiro evoluiu, vamos começar com essa incômoda cauda de pavão, que tanta angústia causava a Darwin. Grande parte do estudo sobre a escolha do parceiro entre os pavões foi feita por Marion Petrie e seus colegas, que lidam com uma população de pavões criados em espaço aberto no Whipsnade Park, em Berfordshire, Inglaterra. Os machos dessa espécie se reúnem em *leks* ["terreiros"], áreas em que todos eles fazem suas exibições juntos, dando às fêmeas uma oportunidade de compará-los diretamente. Nem todos os machos comparecem ao terreiro, só aqueles que de fato têm condições de conquistar uma fêmea. Um estudo observacional de dez machos aptos a comparecer ao terreiro mostrou forte correlação do número de ocelos nas penas da cauda do macho com o número de acasalamentos que ele conseguiu: o macho mais elaborado, com 160 ocelos, foi responsável por 36% de todas as cópulas.

Isso sugere que caudas mais elaboradas são preferidas pelas fêmeas, mas não é uma prova de serem. É possível que alguns outros aspectos da corte do macho – digamos, o vigor da sua exibição – sejam o que de fato as fêmeas escolhem, estando isso eventualmente relacionado com a plumagem. Para excluir essa opção, podem ser feitas manipulações experimentais: mudar o número de ocelos na cauda de um pavão e ver se a diferença afeta sua capacidade de obter parceiras. Fato notável é que um experimento como esse foi sugerido já em 1869 pelo concorrente de Darwin, Alfred Russel Wallace. Embora os dois homens concordassem em muitas coisas, principalmente com a seleção natural, divergiam quando se tratava da seleção sexual. A ideia da competição macho-macho não era problema para nenhum deles, mas Wallace fazia cara feia diante da possibilidade de que a escolha fosse feita pela fêmea. Não obstante, mantinha a mente aberta nessa questão e estava bem à frente do seu tempo ao sugerir como testar isso:

> A parte que cabe ser desempenhada pelo ornamento em si será bem pequena, mesmo que fique provado, e não foi, que uma leve superioridade em ornamento usualmente determina por si só a escolha de um parceiro. Essa, porém, é uma questão que admite experimento e eu gostaria de sugerir que alguma sociedade zoológica, ou qualquer pessoa que tenha meios para isso, tentasse tais experimentos. Uma dúzia de aves da mesma idade, machos – aves domésticas, faisões comuns ou faisões dourados, por exemplo –, deveriam ser escolhidos, todos sabidamente aceitos pelas galinhas. Metade teria uma ou duas plumas da cauda arrancadas, ou teria as plumas do pescoço um pouco aparadas, apenas o suficiente para produzir uma diferença como a que ocorre por variação na natureza, mas não a ponto de desfigurar a ave, e então se observaria se as galinhas de algum modo notavam a deficiência e se uniformemente rejeitavam os machos menos ornamentados. Tais experimentos, feitos com cuidado e com judiciosa variação por algumas estações, forneceriam informações muito úteis sobre essa interessante questão.

Na realidade, tais experimentos só foram feitos mais de um século depois. Mas já temos os resultados, sendo comum a escolha das fêmeas. Num dos experimentos, Marion Petrie e Tim Halliday cortaram fora vinte ocelos da cauda de cada macho de um grupo de pavões e compararam seu sucesso no acasalamento com o de um grupo controle que foi manejado mas não cortado. Como era de esperar, na estação de procriação seguinte os machos cuja ornamentação havia sido removida conseguiram na média 2,5 acasalamentos menos do que os do grupo controle. Esse experimento com certeza sugere que as fêmeas preferem machos cujos ornamentos não tenham sido reduzidos. Mas, idealmente, também gostaríamos de fazer o experimento na outra direção: tornar as caudas mais elaboradas e ver se isso aumenta o sucesso do acasalamento. Embora isso seja difícil de fazer nos pavões, tem sido feito no viúva-africano de cauda longa, estudado pelo biólogo sueco Malte Andersson. Nessa espécie sexualmente dimórfica, os machos têm cauda de cerca de meio metro de comprimento e as fêmeas cauda de 7,6 centímetros. Removendo partes das longas caudas dos machos e colando algumas dessas partes removidas em caudas normais, Andersson criou machos com caudas de proporções diferentes: anormalmente curtas (15 centímetros), caudas normais do grupo controle (um pedaço cortado e depois colado de volta) e caudas longas (76 centímetros). Como seria de esperar, os machos de cauda curta conseguiram menos fêmeas nidificando em seu território na comparação com os machos normais. Mas os machos com a cauda artificialmente longa obtiveram um ganho incrível no acasalamento, atraindo quase o dobro de fêmeas em relação aos machos normais.

Isso levanta a questão: se machos com cauda de 76 centímetros conseguem mais fêmeas, por que os pássaros sem machos não evoluíram para a cauda desse comprimento logo de início? Não sabemos a resposta, mas é provável que ter cauda desse comprimento acabaria reduzindo a longevidade do macho, com isso se sobrepondo ao aumento da sua capacidade de conseguir parceiras. Talvez 50 centímetros sejam o comprimento no qual o rendimento reprodutivo total, medido na média de todo o tempo de vida, esteja próximo do seu máximo.

E o que aqueles tetrazes-cauda-de-faisão ganham com as suas árduas travessuras na pradaria? De novo, a resposta é: parceiras. Como os pavões, o tetraz macho forma *leks* ou "terreiros" nos quais se exibe em massa para as fêmeas fazerem sua inspeção. Vários estudos mostram que apenas os machos mais vigorosos – os que se "pavoneiam" cerca de oitocentas vezes por dia – conseguem fêmeas, enquanto a grande maioria deles não acasala.

A seleção sexual também explica as façanhas arquitetônicas dos caramancheiros. Estudos mostram que os tipos de decoração do caramanchão, diferentes conforme a espécie, se relacionam com o sucesso do acasalamento. O pássaro-cetim, por exemplo, aumenta as parceiras quando coloca mais penas azuis em seu caramanchão. No caramancheiro-pintalgado, o máximo de sucesso é obtido pela exibição de bagas verdes de *Solanum* (uma espécie aparentada com o tomate silvestre). Joah Madden, da Universidade de Cambridge, arrancou as decorações feitas pelo caramancheiro-pintalgado e ofereceu aos machos uma escolha de sessenta objetos. Como seria de esperar, eles redecoraram seu caramanchão principalmente com bagas de *Solanum*, colocando-as nas posições mais proeminentes do caramanchão.

Eu me concentrei em aves porque os biólogos têm achado mais fácil estudar as escolhas de parceiros nesse grupo – as aves são ativas durante o dia e fáceis de observar –, mas há muitos exemplos de escolha de parceiro em outros animais. Entre os sapos túngara, as fêmeas preferem acasalar com os machos que desempenham cantos mais complexos. Os peixinhos de aquário fêmeas gostam de machos de rabo mais comprido e com pintas mais coloridas. As fêmeas de aranhas e peixes costumam preferir machos maiores. Em seu exaustivo livro *Sexual Selection*, Malte Andersson descreve 232 experimentos em 186 espécies, mostrando que uma imensa variedade de traços dos machos está relacionada com seu sucesso no acasalamento e que a grande maioria desses testes envolve escolha por parte das fêmeas. Simplesmente não há dúvida de que a escolha das fêmeas tem conduzido à evolução de muitos dimorfismos sexuais. Darwin estava certo, portanto.

Até aqui negligenciamos duas questões importantes. Por que são as fêmeas que fazem a escolha, enquanto os machos têm de fazer a corte ou lutar por elas? E por que afinal as fêmeas escolhem? Para responder a essas perguntas devemos primeiro perguntar por que os organismos se dão ao trabalho de fazer sexo.

POR QUE O SEXO?

Por que o sexo evoluiu é na verdade um dos grandes mistérios da evolução. Todo indivíduo que se reproduza sexualmente – isto é, produzindo óvulos ou esperma que contenham apenas metade de seus genes – sacrifica 50% de sua contribuição genética para a próxima geração, em comparação com um indivíduo que se reproduz assexuadamente. Vamos olhar para isso da seguinte maneira. Suponhamos que existisse um gene nos humanos cuja forma normal levasse à reprodução sexual, mas cuja forma mutante permitisse à fêmea se reproduzir por *partenogênese* – produzindo óvulos capazes de se desenvolver sem fertilização (alguns animais de fato se reproduzem desse modo: isso tem sido observado em afídios, peixes e lagartos). A primeira mulher mutante teria apenas filhas, que produziriam mais filhas. Em contraste com isso, as mulheres não mutantes que se reproduzissem sexualmente teriam que acasalar com machos, produzindo metade filhos e metade filhas. A proporção de mulheres na população rapidamente começaria a aumentar acima dos 50% à medida que o grupo de mulheres se tornasse cada vez mais cheio de mutantes que produzissem apenas filhas. No final, todas as fêmeas seriam produzidas por mães que se reproduziriam assexuadamente. Os machos seriam supérfluos e desapareceriam: nenhuma fêmea mutante precisaria acasalar com eles e todas as fêmeas iam parir apenas mais fêmeas. O gene para partenogênese teria superado na competição o gene para a reprodução sexual. Você pode mostrar teoricamente que em cada geração o gene "assexuado" produziria duas vezes mais cópias dele mesmo do que o gene "sexual" original. Os biólogos chamam essa situação de "custo dobrado do sexo". O resultado final é que, com a seleção natural, os genes para a partenogênese se espalham rapidamente, eliminando a reprodução sexual.

Mas isso não aconteceu. A grande maioria das espécies da Terra se reproduz sexualmente e essa forma de reprodução vem existindo há mais de 1 bilhão de anos.[33] Por que o custo do sexo não levou à sua substituição pela partenogênese? Claramente, o sexo deve ter alguma imensa vantagem evolucionária que compensa seu custo. Embora não tenhamos ainda concebido exatamente que vantagem seria essa, teorias não faltam. A chave pode muito bem estar no "embaralhamento" aleatório de genes que ocorre na reprodução sexual, produzindo novas combinações de genes na descendência. Ao reunir vários genes desejáveis num indivíduo, o sexo pode promover evolução mais rápida para lidar com aspectos do ambiente que estão em constante mudança – como os parasitas, que incansavelmente evoluem para fazer frente às novas defesas também em evolução. Ou talvez o sexo consiga purgar os genes ruins de uma espécie ao recombiná-los juntos num indivíduo severamente comprometido, um bode expiatório genético. Mesmo assim, os biólogos ainda questionam se qualquer vantagem conhecida poderia compensar o custo dobrado do sexo.

Mas, uma vez que o sexo evoluiu, podemos considerar a seleção sexual uma consequência inevitável se explicarmos apenas mais duas coisas. Primeiro, por que existem só dois (em vez de três ou mais) sexos que acasalam e combinam seus genes para produzir descendência? E, segundo, por que os dois sexos têm número e tamanho de gametas diferentes (os machos produzem um monte de pequenos espermas e as fêmeas produzem ovos, maiores e em menor número)? O número de sexos é uma questão teórica complicada na qual não precisamos nos deter, a não ser para observar isto: a teoria mostra que dois sexos vão substituir evolucionariamente os sistemas de acasalamento que envolvem três ou mais sexos; dois sexos é a estratégia mais sólida e estável.

A teoria sobre por que os dois sexos têm número e tamanho de gametas diferentes também é complicada. Essa condição, ao que se presume, evoluiu daquela condição das espécies antigas, que se reproduziam sexualmente, nas quais os dois sexos tinham gametas de igual tamanho. Os teóricos têm mostrado de maneira bastante convincente que a seleção natural vai favorecer a passagem desse estado ancestral para um estado em que um dos sexos (o que chamamos de "macho") produz um monte de pequenos gametas – esperma ou pólen – e o outro ("fêmea") produz menos gametas, conhecidos como ovos, de tamanho maior.

É essa assimetria no tamanho dos gametas que monta o cenário para toda a seleção sexual, pois faz com que os dois sexos evoluam diferentes estratégias de acasalamento. Vejamos os machos. Um macho é capaz de produzir grande quantidade de esperma e, portanto, potencialmente ser pai de um imenso número de descendentes, limitado apenas pelo número de fêmeas que ele consegue atrair e pela capacidade competitiva do seu esperma. As coisas são diferentes para as fêmeas. Os ovos são onerosos e limitados em número; se uma fêmea copula várias vezes num curto período de tempo, ela pouco faz – se é que faz algo – para aumentar seu número de descendentes.

Uma clara demonstração dessa diferença pode ser vista ao examinar-se o número recorde de filhos produzido por uma fêmea humana em comparação com o recorde de um macho. Se tentasse adivinhar o número máximo de filhos que uma mulher é capaz de produzir em seu tempo de vida, talvez você dissesse cerca de quinze. Certo? Tente de novo. Segundo o *Livro de Recordes Guinness*, o recorde "oficial" de número de filhos pertence a uma camponesa russa do século 18 que teve 69 filhos. Ela ficou grávida 27 vezes entre 1725 e 1745, teve dezesseis vezes gêmeos, sete vezes trigêmeos e quatro vezes quadrigêmeos (pelo que podemos supor, tinha alguma predisposição fisiológica ou genética a múltiplos nascimentos). É de se lamentar até que ponto essa mulher foi exigida, mas seu recorde é ultrapassado de longe pelo de um macho, Mulai Ismail (1646-1727), um imperador do Marrocos. Ismail consta do *Guinness* como tendo sido pai de "pelo menos 324 filhas e 525 filhos e por volta de 1721 contava-se que tinha setecentos descendentes machos". Mesmo nesses casos extremos, portanto, os machos superam as fêmeas em mais de duas vezes.

A diferença evolucionária de machos e fêmeas é uma questão de *investimento* diferencial – investimento em ovos onerosos *versus* esperma barato, investimento em gravidez (quando fêmeas retêm e nutrem os ovos fertilizados) e investimento em cuidados parentais nas várias espécies em que as fêmeas sozinhas criam os filhotes. Para os machos, acasalar sai barato; para as fêmeas, sai caro. Para os machos, uma cópula custa apenas uma pequena dose de esperma; para as fêmeas, custa muito mais: a produção de óvulos grandes, ricos em nutrientes, e com frequência um imenso gasto de energia e de tempo. Em mais de 90% das espécies de mamíferos, o único investimento de um macho na descendência é seu esperma, já que as fêmeas fornecem todo o cuidado parental.

Essa assimetria de machos e fêmeas em número potencial de acasalamentos e descendentes leva a interesses conflitantes quando se trata do tempo para escolher um parceiro. Os machos têm pouco a perder ao acasalar com uma fêmea de "padrão inferior" (digamos, uma que seja fraca ou doente), porque podem facilmente acasalar de novo e repetidas vezes. A seleção, portanto, favorece genes que tornem um macho promíscuo, que faça incansáveis tentativas de copular com praticamente qualquer fêmea (ou qualquer coisa que tenha alguma semelhança com uma fêmea – o tetraz, por exemplo, às vezes tenta acasalar com pilhas de esterco e, como vimos antes, algumas orquídeas são polinizadas atraindo abelhas macho mais fogosas para copular com suas pétalas).

As fêmeas são diferentes. Devido ao seu investimento mais alto em óvulos e descendentes, sua melhor tática é ser criteriosa e não promíscua. As fêmeas devem valorizar bem cada oportunidade, escolhendo o melhor pai possível para fertilizar seu limitado número de óvulos. Portanto, devem fazer uma inspeção muito rigorosa de seu potencial parceiro.

A conclusão disso tudo é que, em geral, são os machos que competem por fêmeas. Os machos devem ser promíscuos; as fêmeas, recatadas. A vida de um macho deve ser de conflito mortal, uma constante disputa por parceiras com seus companheiros. Os bons machos, tanto os mais atraentes quanto os mais vigorosos, vão com frequência garantir um grande número de acasalamentos (serão presumivelmente preferidos por mais fêmeas também), enquanto os machos de padrão inferior ficarão sem copular. Por outro lado, quase todas as fêmeas acabarão encontrando parceiros. Como todo macho está competindo por elas, sua distribuição em termos de sucesso no acasalamento será mais uniforme.

Os biólogos descrevem essa diferença dizendo que a variância no sucesso de acasalamento deve ser mais alta para os machos do que para as fêmeas. Será? Sim, com frequência vemos essa diferença. No cervo-vermelho, por exemplo, a variação entre machos quanto ao número de descendentes que deixam em seu tempo de vida é três vezes mais alta do que a das fêmeas. A disparidade é até maior para os elefantes-marinhos, entre os quais menos de 10% de todos os machos deixam *algum* descendente ao longo de várias estações de acasalamento, em comparação com mais da metade das fêmeas.[34]

A diferença entre machos e fêmeas no seu número potencial de descendentes comanda a evolução tanto da competição macho-macho quando da escolha por parte da fêmea. Os machos têm que competir para fertilizar um número limitado de óvulos. É por isso que vemos a "lei da batalha": a competição direta dos machos para deixar seus genes para a geração seguinte. E é também por isso que os machos são coloridos, ou fazem exibições, cantos de acasalamento, caramanchões e tudo o mais, pois essa é a sua maneira de dizer "escolha-me, escolha-me!". E, em última instância, é a preferência da fêmea que promove a evolução de caudas mais longas, exibições mais vigorosas e cantos mais sonoros nos machos.

Bem, o cenário que acabei de descrever é uma generalização e há exceções. Algumas espécies são monogâmicas e, nelas, tanto machos quanto fêmeas provêm cuidados parentais. A evolução pode favorecer a monogamia quando os machos produzem mais descendentes ao ajudar nos cuidados com os filhos do que ao abandoná-los para procurar mais acasalamentos. Em muitas aves, por exemplo, são necessários os dois pais o tempo todo: quando um sai para buscar alimento, o outro incuba os ovos. Mas as espécies monogâmicas não são muito comuns na natureza. Apenas 2% de todas as espécies de mamíferos, por exemplo, têm esse tipo de sistema de acasalamento.

Além disso, há explicações para o dimorfismo sexual no tamanho do corpo que não envolvem seleção sexual. Nas moscas frugívoras que eu estudo, por exemplo, as fêmeas podem ser maiores simplesmente porque precisam produzir ovos grandes e onerosos. Os machos e fêmeas podem ser predadores mais eficientes quando se especializam em itens de comida diferentes. A seleção natural para uma reduzida competição de membros dos dois sexos poderia levá-los a evoluir diferenças no tamanho do corpo. Isso talvez explique um dimorfismo de algumas espécies de lagartos e falcões, cujas fêmeas são maiores do que os machos e também caçam mais presas.

QUEBRANDO AS REGRAS

Curiosamente, também vemos dimorfismos em muitas espécies "socialmente monogâmicas" – aquelas em que machos e fêmeas formam pares e criam juntos os filhotes. Se os machos não parecem estar competindo por fêmeas, por que evoluíram cores vivas e ornamentos? Essa aparente contradição na realidade fornece ainda mais apoio à tese de seleção sexual. Acontece que, nesses casos, a aparência é enganosa. As espécies são socialmente monogâmicas, mas não monogâmicas *de fato*.

Uma dessas espécies é a esplêndida carriça-azul da Austrália, estudada por Stephen Pruett-Jones, meu colega na Universidade de Chicago. À primeira vista, essa espécie parece o paradigma da monogamia. Machos e fêmeas usualmente passam a vida adulta inteira ligados em associação um ao outro e defendem juntos seu território, compartilhando os cuidados com os filhotes. No entanto, mostram um dimorfismo sexual impressionante na plumagem: os machos são de um deslumbrante azul e preto iridescente, enquanto as fêmeas têm cor marrom-acinzentado sem graça. Por quê? Porque o adultério é comum. Quando chega a época do acasalamento, as fêmeas copulam com outros machos mais do que com seu "parceiro social" (isso é mostrado pela análise de paternidade via DNA). Os machos jogam o mesmo jogo, procurando e solicitando ativamente acasalamentos "extrapar", mas ainda variam bem mais que as fêmeas em seu sucesso reprodutivo. A seleção sexual associada a esses acasalamentos adúlteros quase com certeza produziu a evolução de diferenças de cor entre os sexos. Essa carriça não é única em seu comportamento. Embora 90% de todas as espécies de aves sejam socialmente monogâmicas, em três quartos dessas espécies os machos e fêmeas copulam com indivíduos outros que não seus parceiros sociais.

A teoria da seleção sexual faz previsões testáveis. Se apenas um dos sexos tem plumagem em cores vivas ou galhadas, se realiza vigorosas exibições voltadas para o acasalamento ou constrói estruturas elaboradas de atração das fêmeas, pode apostar que são os membros desse sexo que competem para copular com os membros do outro. E espécies que mostram menos dimorfismo sexual no comportamento ou na aparência devem ser mais monogâmicas: se machos e fêmeas formam pares e não se desviam de seus parceiros, não há competição sexual e, portanto, não há seleção sexual. De fato, os biólogos veem forte correlação de sistemas de acasalamento e dimorfismo sexual. Dimorfismos extremos em tamanho, cor ou comportamento são encontrados em espécies como as aves-do-paraíso ou os elefantes-marinhos, nas quais os machos competem pelas fêmeas e poucos machos conseguem a maioria dos acasalamentos. Espécies nas quais os machos e fêmeas têm aspecto similar – por exemplo, gansos, pinguins, pombos e papagaios – tendem a ser verdadeiramente monogâmicas, exemplos de fidelidade animal. Essa correlação é outro triunfo para a teoria evolucionária, pois é prevista apenas pela ideia da seleção sexual e não por alguma alternativa criacionista. Por que haveria correlação de cor e sistema de acasalamento a não ser que a evolução fosse um fato? Sem dúvida, são os criacionistas e não os evolucionistas que deveriam ficar inquietos diante da visão de uma pena de pavão.[35]

Até aqui falamos da seleção sexual como se o sexo promíscuo fosse sempre dos machos e o sexo recatado das fêmeas. Mas às vezes, embora raramente, ocorre o oposto. E quando esses comportamentos mudam entre os sexos, também muda a direção do dimorfismo. Encontramos essa inversão nos exemplares mais vistosos de peixes, cavalos-marinhos e seus parentes próximos, os peixes-agulha. Em algumas dessas espécies os machos e não as fêmeas é que engravidam! Como isso pode ocorrer? Embora a fêmea produza os ovos, o macho, depois de fertilizá-los, os coloca numa bolsa especializada na sua barriga ou no seu rabo e os carrega até que incubem. Os machos levam apenas uma ninhada por vez e seu período de "gestação" dura mais tempo que o consumido por uma fêmea para produzir uma nova leva de ovos. Os machos, então, na realidade investem mais em criação de filhos do que as fêmeas. Além disso, por haver mais fêmeas carregando ovos não fertilizados do que machos para aceitá-los, elas têm de competir pelos raros machos "não grávidos". Aqui, a diferença macho-fêmea na estratégia reprodutiva se inverte. E, exatamente como se poderia esperar a partir da teoria da seleção sexual, as fêmeas é que ficam decoradas com cores vivas e ornamentos corporais, enquanto os machos são relativamente banais.

O mesmo vale para os falaropos, três espécies de graciosos pássaros de praia que nidificam na Europa e na América do Norte. Eles são um dos poucos exemplos de sistema de acasalamento *poliândrico*, com "uma fêmea e vários machos". (Esse sistema de acasalamento raro pode também ser encontrado em algumas populações humanas, como no Tibete.) Os falaropos machos são inteiramente responsáveis por cuidar dos filhotes, construindo o ninho e alimentando-os enquanto a fêmea sai para acasalar com outros machos. Ou seja, o investimento do macho na descendência é maior que o da fêmea e as fêmeas competem pelos machos que vão cuidar de sua prole. E, como seria de esperar, nas três espécies as fêmeas têm cores mais vivas que os machos.

Cavalos-marinhos, peixes-agulha e falaropos são exceções que provam a regra. Sua decoração "invertida" é exatamente o que poderíamos esperar se considerarmos verdadeira a explicação evolucionária do dimorfismo sexual, e não faria sentido se as espécies tivessem sido especialmente criadas.

POR QUE ESCOLHER?

Vamos voltar à escolha "normal" dos machos, feita pelas fêmeas exigentes. O que será que elas procuram exatamente quando escolhem o macho? Essa questão inspirou uma divergência famosa na biologia evolucionária. Alfred Russel Wallace, como vimos, não estava convencido (e acabou mostrando-se equivocado) de que as fêmeas fossem de fato exigentes. Sua hipótese era que as fêmeas eram menos coloridas que os machos porque precisavam se camuflar para evitar predadores, enquanto as cores vivas e os ornamentos dos machos eram produtos secundários de sua fisiologia. Mas não explicou por que os machos não deveriam se camuflar também.

A hipótese de Darwin era um pouco melhor. Ele tinha a forte sensação de que os cantos, cores e ornamentos dos machos evoluíam por meio da escolha feita pelas fêmeas. Com base no que as fêmeas escolhiam? Sua resposta foi surpreendente: com base na pura estética. Darwin não viu outra razão para as fêmeas escolherem coisas como cantos elaborados ou longas caudas, a não ser o fato de acharem isso intrinsecamente atraente. Seu estudo pioneiro da seleção sexual, *The Descent of Man, and Selection in Relation to Sex* (1871) ["A descendência do homem e seleção em relação ao sexo"], está cheio de curiosas descrições antropomórficas a respeito de como as fêmeas animais são "enfeitiçadas" e "atraídas" pelos vários traços dos machos. No entanto, como Wallace notou, havia ainda um problema. Será que os animais, particularmente os simples, como os besouros e as moscas, tinham realmente um senso estético parecido com o nosso? Darwin fez menção a isso, mas alegou não saber:

> Embora tenhamos alguma evidência positiva de que as aves apreciam objetos bonitos e de cores vivas, como ocorre com os caramancheiros da Austrália, e embora elas certamente apreciem o poder do canto, mesmo assim admito cabalmente ser surpreendente que as fêmeas de muitas aves e de alguns mamíferos tenham suficiente gosto para apreciar ornamentos a ponto de se poder atribuir isso à seleção sexual; e é ainda mais espantoso no caso de répteis, peixes e insetos. Mas, na realidade, sabemos pouco sobre a mente dos animais inferiores.

Constatou-se que Darwin, mesmo não tendo todas as respostas, estava mais próximo da verdade do que Wallace. Sim, as fêmeas escolhem, e essa escolha parece explicar os dimorfismos sexuais. Mas não faz sentido que a preferência da fêmea se baseie apenas na estética. Espécies intimamente relacionadas, como as aves-do-paraíso da Nova Guiné, têm machos com tipos muito diferentes de plumagem e de comportamento no acasalamento. Será que o que é bonito para uma espécie pode ser tão diferente do que é bonito para seus parentes próximos?

Na realidade, temos agora muita evidência de que as preferências das fêmeas são, elas mesmas, adaptativas, porque preferir certos tipos de macho ajuda as fêmeas a espalhar seus genes. Preferências nem sempre são uma questão de gosto inato aleatório, como Darwin supôs, mas em muitos casos provavelmente evoluíram por seleção.

O que uma fêmea tem a ganhar escolhendo um macho em particular? Há duas respostas. Ela pode se beneficiar *diretamente* – ou seja, escolhendo um macho que vai ajudá-la a produzir mais filhotes ou filhotes mais saudáveis *na fase em que estiver cuidando da prole*. Ou ela pode beneficiar-se *indiretamente*, escolhendo um macho que tenha genes melhores do que os dos demais machos (ou seja, genes que darão à sua descendência uma vantagem na próxima geração). De ambas as maneiras, a evolução das preferências da fêmea será favorecida por seleção – seleção natural.

Vejamos os benefícios diretos. Um gene que leve a fêmea a acasalar com machos que tenham melhor território lhe dará uma descendência mais bem nutrida ou que ocupará melhores ninhos. Os filhotes sobreviverão melhor e se reproduzirão mais do que os filhotes que não forem criados em bom território. Isso significa que na população de filhotes haverá uma proporção mais alta de fêmeas que carregam o "gene da preferência" do que na geração anterior. Conforme as gerações se sucederem e a evolução continuar, toda fêmea acabará carregando genes de preferência. E, se houver outras mutações que aumentem a preferência por melhor território, essas também se tornarão mais frequentes. Com o tempo, a preferência por machos com melhor território vai evoluir para se tornar cada vez mais forte. E isso, por sua vez, fará a seleção atuar nos machos para fazê-los competir mais por território. A preferência das fêmeas evolui de mãos dadas com a competição masculina por território.

Genes que proporcionem benefícios *indiretos* a fêmeas exigentes também se espalharão. Imagine que um macho tem genes que o tornem mais resistente a doenças do que outros machos. Uma fêmea que acasale com esse macho terá descendentes também mais resistentes a doenças. Isso lhe dará um benefício evolucionário ao escolher esse macho. Agora imagine também haver um gene que permite às fêmeas *identificarem* os machos mais saudáveis como parceiros. Se ela acasalar com esse macho, o acasalamento produzirá filhos e filhas que carregarão os dois tipos de genes: os mais aptos para resistir a doenças e os melhores para preferir machos com resistência a doenças. A cada geração, os indivíduos mais resistentes a doenças, que se reproduzem melhor, vão também carregar genes que conduzirão as fêmeas à escolha dos machos mais resistentes. Conforme esses genes de resistência se espalham por seleção natural, os genes que levam as fêmeas a exercitar a preferência pegam carona com eles. Desse modo, tanto a preferência das fêmeas quanto a resistência a doenças aumentam por toda uma espécie.

Esses dois cenários explicam por que as fêmeas preferem certo tipo de macho, mas não explicam por que elas preferem certos *aspectos* desses machos, como as cores vivas ou a plumagem elaborada. Isso se dá provavelmente porque os traços particulares dizem à fêmea que um macho vai prover maiores benefícios diretos ou indiretos. Vejamos alguns exemplos de escolha feminina.

O tentilhão mexicano da América do Norte é sexualmente dimórfico para cor: as fêmeas são marrons e os machos têm cores vivas na cabeça e no peito. Os machos não defendem territórios, mas cuidam dos filhotes. Geoff Hill, da Universidade de Michigan, descobriu que numa população local os machos variavam de cor, do amarelo-claro até o laranja e o vermelho-vivo. Interessado em ver se a cor afetava o sucesso reprodutivo, ele usou tinturas de cabelo para tornar os machos mais coloridos ou mais claros. Como esperado, os machos mais coloridos obtiveram significativamente mais parceiras do que os claros. E, entre as aves não manipuladas, as fêmeas desertaram do ninho dos machos mais claros com maior frequência do que do ninho de machos de cores mais vivas.

Por que as fêmeas do tentilhão preferem machos de cores vivas? Na mesma população, Hill mostrou que os machos de cores vivas alimentam seus filhotes com maior frequência do que os machos de cores claras. Com isso, as fêmeas obtêm um benefício direto, na forma de melhor abastecimento de sua prole, ao escolher machos de cores vivas (fêmeas acasaladas com machos mais claros podem abandonar o ninho devido ao fato de seus filhotes não estarem sendo adequadamente alimentados). E por que machos de cores vivas trazem mais comida? Provavelmente, porque a cor viva é sinal de melhor saúde geral. A cor vermelha dos machos de tentilhão provém inteiramente dos pigmentos carotenoides das sementes que eles comem – eles não são capazes de produzir esse pigmento por si. Machos de cor viva, portanto, são mais bem-alimentados e provavelmente mais saudáveis no geral. As fêmeas parecem escolher machos de cor viva pelo simples fato de que a cor lhes diz: "Sou um macho mais capaz de abastecer a despensa da família". Quaisquer genes que façam com que as fêmeas prefiram machos de cor viva lhes dão um benefício direto e, portanto, a seleção vai incrementar essa preferência. E, com a preferência estabelecida, todo macho mais capaz de converter sementes em plumagem colorida vai também ter uma vantagem, pois garantirá mais acasalamentos. Ao longo do tempo, a seleção sexual leva a exagerar a cor vermelha do macho. As fêmeas continuam sóbrias, pois não obteriam nenhum benefício da cor viva; na verdade, poderiam ficar em desvantagem ao se tornar mais visíveis a predadores.

Há outros benefícios diretos na escolha de um macho saudável e vigoroso. Alguns machos carregam parasitas ou doenças que podem transmitir às fêmeas, aos seus filhotes ou a ambos, sendo uma vantagem para elas evitar machos assim. A cor, a plumagem e o comportamento de um macho podem ser uma pista que indique se ele está doente ou infestado: só machos saudáveis conseguem cantar sonoramente, realizar uma exibição vigorosa ou desenvolver uma plumagem bonita e colorida. Se os machos de uma espécie são normalmente de cor azul-claro, por exemplo, é melhor evitar acasalar com um macho de cor mais clara do que essa.

A teoria evolucionária mostra que as fêmeas preferem *qualquer* traço capaz de indicar que um macho será bom pai. Tudo o que se requer é que haja genes para aumentar a preferência por esse traço, e a variação na expressão do traço dá uma pista para a condição do macho. O resto decorre automaticamente. No tetraz-cauda-de-faisão, piolhos parasitas produzem pontos de sangue no saco vocal do macho, um traço que é ostentado de modo proeminente como uma bolsa inchada e translúcida quando a ave faz suas exibições no terreiro. Os machos que têm pontos de sangue artificiais pintados no saco vocal conseguem bem menos acasalamentos: os pontos podem dar às fêmeas a impressão de que o macho está infestado e de que seria um pai piolhento, desleixado. A seleção favorecerá genes que promovam não só a preferência feminina por sacos vocais sem pontos, mas também o traço do macho que indica sua condição. O saco vocal do macho ficará maior e a preferência da fêmea por sacos vocais mais discretos aumentará. Isso pode levar à evolução de aspectos muito exagerados nos machos, como a cauda ridiculamente comprida do pássaro viúva. O processo todo se detém apenas quando o traço do macho se torna tão exagerado, que qualquer aumento adicional reduz sua sobrevivência mais do que atrai fêmeas, o que comprometeria sua produção de filhotes.

E sobre as preferências da fêmea que trazem benefícios *indiretos*? O mais óbvio desses benefícios é aquele que um macho sempre dá à sua descendência – seus genes. E o mesmo tipo de traços que mostra que um macho é saudável pode também mostrar que ele é geneticamente bem dotado. Machos com cores mais vivas, caudas mais longas ou cantos mais estridentes podem ser capazes de ostentar esses traços apenas se tiverem genes que os façam sobreviver ou se reproduzir melhor do que seus competidores. O mesmo vale para machos em condição de construir caramanchões elaborados ou empilhar altos montes de pedras. Você pode imaginar vários traços que fazem supor um macho dotado de genes para maior sobrevivência ou para maior capacidade de se reproduzir. A teoria evolucionária mostra que, nesses casos, *três* tipos de genes aumentarão sua frequência todos juntos: genes para um traço "indicativo" de macho que reflita que ele tem bons genes, genes que façam uma fêmea preferir esse traço indicativo e, é claro, genes "bons", cuja presença é refletida pelo indicador. Esse é um cenário complexo, mas a maioria dos biólogos evolucionistas o considera a melhor explicação para os elaborados traços e comportamentos do macho.

Mas como podemos testar se o modelo dos "genes bons" é realmente correto? Será que as fêmeas estão à procura de benefícios diretos ou indiretos? Uma fêmea às vezes rejeita um macho menos vigoroso ou menos aparatoso, mas isso talvez reflita não o seu dote genético pobre e sim uma debilidade causada pelo ambiente, como uma infecção ou má nutrição. Essas complicações fazem com que as causas da seleção sexual em qualquer caso dado se tornem difíceis de desvendar.

Talvez o melhor teste do modelo dos genes bons seja o das relas *Hyla versicolor*, rãs arbóreas estudadas por Allison Welch e seus colegas da Universidade de Missouri. Os machos atraem as rãs fêmeas emitindo cantos sonoros, que preenchem as noites de verão no sul dos Estados Unidos. Estudos de rãs em cativeiro mostram que as fêmeas têm forte preferência pelos machos cujo canto é mais longo. Para testar se esses machos tinham genes melhores, os pesquisadores pegaram ovos de diferentes fêmeas, fertilizando *in vitro* metade dos ovos de cada uma com esperma dos machos de canto longo e a outra metade com esperma de machos de canto curto. Os girinos desses cruzamentos foram então criados até a maturidade. Com resultados impressionantes: as rãs descendentes dos machos de canto longo se desenvolveram mais depressa e sobreviveram melhor como girinos, revelaram-se maiores na metamorfose (a fase em que os girinos viram rãs) e cresceram mais depressa após a metamorfose. Como os machos das rãs arbóreas só contribuem com o esperma para os seus descendentes, as fêmeas não podem obter benefícios diretos da escolha de um macho de canto longo. Esse teste sugere fortemente que o canto longo é sinal de um macho saudável com bons genes e que as fêmeas que escolhem esses machos produzem uma prole geneticamente superior.

E quanto aos pavões? Vimos que as fêmeas preferem acasalar com machos que têm mais ocelos na cauda. E que os machos não dão nenhuma contribuição à criação da sua prole. Em seu trabalho no Whipsnade Park, Marion Petrie mostrou que os machos com mais ocelos produzem filhotes que não só crescem mais depressa como também sobrevivem melhor. É provável que, ao escolher caudas mais elaboradas, as fêmeas estejam escolhendo bons genes, pois um macho geneticamente bem dotado é mais capaz de desenvolver uma cauda elaborada.

Esses dois estudos são toda a evidência de que dispomos até aqui de que as fêmeas escolhem os machos com os melhores genes. E um bom número de estudos não encontrou nenhuma associação da preferência de acasalamento com a qualidade genética da prole. Além disso, o modelo dos genes bons continua sendo a explicação favorita da seleção sexual. Essa crença, considerando a evidência relativamente esparsa, pode ser em parte o reflexo de uma preferência dos evolucionistas por explicações estritamente darwinianas – uma crença de que as fêmeas devem de algum modo ser capazes de discriminar os genes dos machos.

Existe, no entanto, uma terceira explicação para os dimorfismos sexuais, a mais simples de todas. Baseia-se nos chamados modelos de *viés sensorial*. Esses modelos supõem que a evolução de dimorfismos sexuais é guiada simplesmente por tendências preexistentes no sistema nervoso da fêmea. E essas tendências poderiam ser um produto secundário da seleção natural para alguma função que não a de encontrar parceiros sexuais, como achar comida, por exemplo. Vamos supor que membros de uma espécie tivessem evoluído uma preferência visual da cor vermelha pelo fato de essa preferência ajudar a localizar frutos e bagos maduros. Se um macho mutante aparecesse com uma mancha vermelha no peito, poderia ser escolhido pelas fêmeas simplesmente em função dessa preferência preexistente. Machos vermelhos teriam então uma vantagem e disso poderia evoluir um dimorfismo de cor (supomos que a cor vermelha é desvantajosa para as fêmeas por atrair predadores). Uma alternativa é que as fêmeas podem também simplesmente gostar de traços novos que de algum modo estimulem seu sistema nervoso. Podem, por exemplo, preferir machos maiores, que prendam seu interesse com exibições complexas, ou machos que tenham formato extravagante por causa da cauda longa. Diferentemente dos modelos que descrevi antes, no modelo de viés sensorial as fêmeas não obtêm benefícios diretos nem indiretos da escolha de um macho em particular.

Você pode testar essa teoria produzindo um traço totalmente novo em machos e vendo se é apreciado pelas fêmeas. Isso foi feito com duas espécies do tentilhão australiano por Nancy Burley e Richard Symanski, na Universidade da Califórnia. Eles simplesmente colaram uma pena em posição vertical na cabeça dos machos formando uma crista artificial e depois expuseram esses machos com crista às fêmeas, junto com exemplares de controle sem crista (os tentilhões não têm crista na cabeça, embora algumas espécies não relacionadas, como as cacatuas, a apresentem). Viu-se que as fêmeas mostraram forte preferência por machos que ostentavam cristas artificiais brancas, em relação tanto aos machos de crista vermelha quanto aos de crista verde, ou aos machos normais, sem crista. Não conseguimos entender por que as fêmeas preferem o branco; talvez seja porque colocam penas brancas nos ninhos para camuflar seus ovos tendo predadores em vista. Experimentos similares com rãs e peixes também mostram que as fêmeas preferem traços aos quais nunca foram expostas.[36] O modelo de viés sensorial talvez seja importante, já que a seleção natural com frequência cria preferências preexistentes que ajudam os animais a sobreviver e se reproduzir, e essas preferências podem ser cooptadas por seleção sexual para criar novos traços nos machos. Talvez a teoria de Darwin da estética animal estivesse parcialmente correta, mesmo ele tendo de fato antropomorfizado as preferências da fêmea como um "gosto pelo belo".

Ficou visivelmente faltando neste capítulo uma discussão sobre nossa própria espécie. E quanto a nós? Em que medida as teorias de seleção sexual se aplicam a humanos? Essa é uma questão complexa e trataremos dela no capítulo 9.

CAPÍTULO 7

A ORIGEM DAS ESPÉCIES

Cada espécie é uma obra-prima de evolução que a humanidade talvez não fosse capaz de reproduzir mesmo que conseguisse de algum modo criar um novo organismo por meio da engenharia genética.
— E. O. Wilson

Em 1928, um jovem zoólogo alemão chamado Ernst Mayr partiu para a inexplorada região da Nova Guiné Holandesa na intenção de coletar plantas e animais. Recém-saído da pós-graduação e sem nenhuma experiência de campo, dispunha de três coisas a seu favor: sempre amara as aves, tinha tremendo entusiasmo e, o mais importante, contava com apoio financeiro do banqueiro e naturalista amador inglês lorde Walter Rothschild. Rothschild era dono da maior coleção privada do mundo de espécimes de aves e esperava que os esforços de Mayr viessem a ampliá-la. Pelos dois anos seguintes, Mayr percorreu as montanhas e selvas com seus cadernos de anotação e equipamento de coleta. Com frequência sozinho, foi vítima do mau tempo, de trilhas traiçoeiras, de repetidas doenças (uma questão séria naqueles tempos pré-antibióticos) e da xenofobia dos locais, muitos deles jamais tendo visto um ocidental. Mesmo assim, sua expedição de um só homem teve grande sucesso: Mayr trouxe de volta muitos espécimes novos para a ciência, como 26 espécies de aves e 38 espécies de orquídeas. O trabalho na Nova Guiné deu início à sua estelar carreira de biólogo evolucionista, culminando com um cargo de professor na Universidade de Harvard, em que, na condição de aluno de pós-graduação, desfrutei da honra de tê-lo como amigo e mentor.

Mayr viveu exatos cem anos, produzindo uma longa série de livros e trabalhos acadêmicos até o dia da sua morte. Entre esses, o seu clássico de 1963 *Animal Species and Evolution*, exatamente o livro que me fez querer estudar evolução. Nele Mayr relatava um fato impressionante. Depois de registrar os nomes que os nativos das montanhas Arfak da Nova Guiné davam às aves locais, descobriu que eles identificavam 136 tipos diferentes. Os zoólogos ocidentais, usando métodos tradicionais de taxonomia, identificavam 137 espécies. Em outras palavras, tanto os locais quanto os cientistas haviam reconhecido praticamente as mesmas espécies de aves vivendo na natureza. Essa concordância de dois grupos culturais com perfis tão diferentes convenceu Mayr, como nos convenceria, de que as descontinuidades da natureza não são arbitrárias e, sim, um fato objetivo.[37]

Na verdade, talvez o fato mais impressionante da natureza é que ela seja descontínua. Quando você olha para animais e plantas, cada indivíduo quase sempre se encaixa em um dos distintos grupos. Ao olhar um determinado felino, por exemplo, somos logo capazes de identificá-lo como um leão, um puma, um leopardo-das-neves e assim por diante. Eles não se fundem indistintamente uns nos outros por meio de uma série de felinos intermediários. E, embora haja uma variação entre os indivíduos em cada agrupamento (como todos os pesquisadores de leões sabem, cada leão parece diferente dos demais), os agrupamentos, mesmo assim, permanecem distintos nesse "espaço de organismos". Vemos agrupamentos em todos os organismos que se reproduzem sexualmente.

Esses agrupamentos distintos são conhecidos como espécies. E, à primeira vista, sua existência parece constituir um problema para a teoria evolucionária. Afinal, a evolução é um processo contínuo e, assim sendo, como se entende que produza grupos de animais e plantas distintos e descontínuos, separados dos outros por disparidades em aparência e comportamento? A maneira como esses grupos surgem é justamente o problema de que trata a especiação – a origem das espécies.

Esse, como sabemos, é o título do livro mais famoso de Darwin, e o título implica que Darwin tinha muito para dizer sobre a especiação. Logo no primeiro parágrafo do livro ele afirma que a biogeografia da América do Sul haveria de "lançar alguma luz sobre a origem das espécies – esse mistério dos mistérios, como tem sido chamada por um dos nossos maiores filósofos" (o "filósofo" era na realidade o cientista britânico John Herschel). No entanto, a obra magna de Darwin praticamente manteve silêncio sobre o "mistério dos mistérios" e o pouco que disse a respeito desse tópico é visto pela maioria dos evolucionistas modernos como confuso. Darwin, ao que parece, não viu as descontinuidades da natureza como um problema a ser resolvido, ou então achava que tais descontinuidades seriam de algum modo favorecidas pela própria seleção natural. Seja como for, não explicou os agrupamentos da natureza de maneira coerente.

Portanto, um título melhor para *A origem das espécies* teria sido *A origem das adaptações*: embora Darwin tivesse compreendido como e por que uma *determinada* espécie muda ao longo do tempo (em grande medida por seleção natural), nunca explicou como uma espécie se divide em duas. Ocorre que, sob vários aspectos, esse problema da divisão é tão importante quanto compreender de que modo uma determinada espécie evolui. Afinal, a diversidade da natureza abrange milhões de espécies, cada qual com seu próprio conjunto único de traços. E toda essa diversidade veio de um único ancestral antigo. Assim, se queremos explicar a biodiversidade, temos que fazer mais do que explicar como surgem novos traços – devemos explicar também como surgem novas espécies. Porque, se a especiação não ocorresse, não haveria biodiversidade nenhuma – apenas um único e longamente evoluído descendente dessa primeiríssima espécie.

Por muitos anos depois da publicação de *A origem*, os biólogos tentaram explicar, sem sucesso, de que modo um processo contínuo de evolução produz os grupos distintos conhecidos como espécies. Na verdade, o problema da especiação só foi tratado seriamente a partir de meados da década de 1930. Hoje, bem mais de um século após a morte de Darwin, temos por fim um quadro razoavelmente completo do que são as espécies e como surgem. E também dispomos de evidências desse processo.

Mas, antes que possamos entender a origem das espécies, precisamos formular uma ideia exata do que elas representam. Uma resposta óbvia toma por base a maneira de reconhecer as espécies: como um grupo de indivíduos que se parecem mais entre eles do que com membros de outros grupos. Com base nessa definição, conhecida como conceito das espécies morfológicas, a categoria "tigre" seria definida por exemplo como "aquele grupo que inclui todos os felinos asiáticos cujos adultos têm mais de 1 metro e meio de comprimento e listas pretas verticais num corpo alaranjado, com recortes de branco ao redor dos olhos e da boca". É desse modo que você encontra as espécies de animais e plantas descritas em guias de campo e é assim que Lineu fez sua classificação pioneira das espécies em 1735.

Mas essa definição tem alguns problemas. Como vimos no capítulo anterior, em espécies sexualmente dimórficas os machos e fêmeas podem ter aparência bem diferente. De fato, os primeiros pesquisadores de museu que trabalharam com aves e insetos muitas vezes se equivocavam e classificavam membros de uma mesma espécie como sendo de duas espécies diferentes. É fácil de entender que alguém que esteja lidando apenas com carcaças de museu acabe classificando, por exemplo, um macho e uma fêmea de pavão como duas espécies distintas. Há também o problema da variação *dentro de* um grupo no qual ocorram intercruzamentos. Os humanos, por exemplo, poderiam ser classificados em alguns poucos grupos distintos com base na cor dos olhos: os de olhos azuis, os de olhos castanhos e os de olhos verdes. Eles são quase inequivocamente diferentes, então por que não considerá-los de espécies distintas? O mesmo vale para populações que parecem diferentes em locais diversos. Aqui, também, os humanos são um bom exemplo. Os inuit do Canadá parecem diferentes dos membros da tribo !Kung da África do Sul e ambos parecem diferentes dos finlandeses. Mas será o caso de classificar essas populações como espécies distintas? De algum modo, isso nos parece equivocado – afinal, membros de todas as populações humanas podem intercruzar com sucesso. E o que vale para os humanos vale para muitas plantas e animais. O pardal-americano [*Melospiza melodia*], por exemplo, tem sido classificado em 31 "raças" geográficas (às vezes chamadas de "subespécies"), com base em pequenas diferenças de plumagem e canto. No entanto, todas essas raças podem acasalar e produzir descendência fértil. A partir de que ponto as diferenças entre populações são suficientemente grandes para que possamos considerá-las espécies diferentes? Assim, essa concepção faz da designação de espécies um exercício arbitrário, mas sabemos que as espécies têm uma realidade objetiva, não são meras construções humanas arbitrárias.

Inversamente, alguns grupos que os biólogos reconhecem como espécies diferentes parecem ser exatamente iguais ou quase iguais. Essas espécies "crípticas" são encontradas na maioria dos grupos de organismos – incluindo aves, mamíferos, plantas e insetos. Eu estudo a especiação num grupo de moscas frugívoras, as *Drosophila*, que abriga nove espécies. Não é possível diferenciar as fêmeas de todas essas espécies, mesmo ao microscópio, e os machos podem ser classificados apenas por pequenas diferenças na forma de seus genitais. Similarmente, o mosquito transmissor da malária, *Anopheles gambiae*, faz parte de um grupo de sete espécies que parecem quase idênticas, mas diferem no local em que vivem e no hospedeiro que picam. Algumas não predam humanos e, portanto, não oferecem risco de malária. Mas, se queremos combater essa doença de modo eficaz, é crucial saber discernir tais espécies uma da outra. Mais ainda, como os humanos são animais visuais, tendemos a omitir os traços que não podem ser vistos com facilidade, como as diferenças nos feromônios, que muitas vezes servem para distinguir espécies de insetos de aparência similar.

Talvez você se pergunte: já que essas formas crípticas parecem similares, por que razão questionamos se são na verdade espécies diferentes? A resposta é que elas coexistem na mesma localização e, no entanto, nunca trocam genes: os membros de uma espécie simplesmente não formam híbridos com membros de outra (você pode testar isso no laboratório fazendo experimentos de cruzamento ou examinando os genes diretamente, para ver se os grupos trocam genes). Os grupos são, portanto, *reprodutivamente isolados* um do outro: constituem "*pools* de genes" distintos, que não se misturam. Parece razoável supor que, sob qualquer visão realista daquilo que torna um grupo distinto na natureza, essas formas crípticas são de fato distintas.

E se perguntarmos por que razão sentimos que humanos de olhos azuis e de olhos castanhos, ou inuits e !Kungs, são membros da mesma espécie, veremos que é porque eles podem acasalar entre si e produzir uma descendência que contenha combinações de seus genes. Em outras palavras, eles pertencem ao *mesmo pool* de genes. Quando você considera espécies crípticas e variações no interior de humanos, chega à noção de que as espécies são distintas não só porque *parecem* diferentes, mas porque existem barreiras entre elas que evitam os intercruzamentos.

Ernst Mayr e o geneticista russo Theodosius Dobzhansky foram os primeiros a compreender isso e, em 1942, Mayr propôs uma definição de espécie que se tornou o padrão-ouro para a biologia evolucionária. Usando o critério reprodutivo para o *status* de espécie, Mayr definiu espécie como *um grupo de populações naturais que se intercruzam e são reprodutivamente isoladas de outros grupos*. Essa definição é conhecida como o conceito de espécies biológicas, ou BSC [de "*biological species concept*"]. "Reprodutivamente isoladas" significa simplesmente que membros de espécies diferentes têm traços – diferenças na aparência, no comportamento ou na fisiologia – que impedem intercruzamentos bem-sucedidos, enquanto membros da mesma espécie conseguem intercruzar prontamente.

O que impede que membros de duas espécies relacionadas acasalem uns com os outros? Existem muitas barreiras reprodutivas diferentes. As espécies podem não intercruzar simplesmente porque suas estações de acasalamento ou florescimento não coincidem. Alguns corais, por exemplo, reproduzem-se apenas durante uma noite por ano, quando despejam massas de óvulos e esperma no mar por um período de algumas horas. Espécies estreitamente relacionadas, vivendo na mesma área, permanecem distintas porque seus períodos de pico de desova estão separados por várias horas, evitando que óvulos de uma espécie se encontrem com o esperma de outra. Espécies animais com frequência têm exibições de acasalamento ou feromônios diferentes, e isso faz com que não se achem reciprocamente atraentes. As fêmeas da minha espécie de *Drosophila* têm substâncias químicas em seu abdome que os machos de outra espécie não consideram atraentes. As espécies podem também estar isoladas por preferirem habitats diferentes e, portanto, uma espécie simplesmente não tem contato com a outra. Muitos insetos só conseguem se alimentar e reproduzir numa única espécie de planta e há espécies diferentes de insetos que ficam restritas a espécies diferentes de plantas. Isso impede que se encontrem na época do acasalamento. Espécies de plantas estreitamente relacionadas podem ser mantidas separadas por usarem polinizadores diferentes. Há, por exemplo, duas espécies da flor-de-macaco *Mimulus* que vivem na mesma área da Sierra Nevada, mas raramente se cruzam, pois uma é polinizada por abelhões e a outra por beija-flores.

Há também barreiras de isolamento que atuam após o acasalamento. O pólen de uma espécie de planta pode não germinar no pistilo de outra. Se os fetos se formam, podem morrer antes do nascimento; é isso o que acontece quando se cruza um carneiro com uma cabra. Ou, mesmo que os híbridos sobrevivam, eles podem ser estéreis: o exemplo clássico é o da vigorosa porém estéril mula, descendente de uma égua com um asno. Espécies que produzem híbridos estéreis com certeza não são capazes de trocar genes.

E é claro que várias dessas barreiras podem atuar em conjunto. Pela maior parte dos últimos dez anos, estudei duas espécies de moscas frugívoras que vivem na ilha tropical vulcânica de São Tomé, na costa ocidental da África. Essas duas espécies estão um pouco isoladas por habitat: uma vive na parte superior do vulcão, a outra no pé dele, embora haja alguma sobreposição na forma como se distribuem. Mas elas também diferem nas exibições de acasalamento; por isso mesmo, quando se encontram, os membros das espécies raramente acasalam. Quando conseguem acasalar, o esperma de uma espécie é ineficiente na fertilização dos óvulos da outra e por isso se produzem relativamente poucos descendentes. Metade dessa descendência híbrida – todos os machos – é estéril. Juntando essas barreiras, concluímos que as duas espécies praticamente não trocam genes na natureza, um resultado que se confirma ao sequenciar-se seu DNA. Essas, portanto, podem ser consideradas legítimas espécies biológicas.

A vantagem do BSC é que dá conta de vários problemas com os quais o conceito das espécies baseado na aparência não consegue lidar bem. O que são esses grupos crípticos de mosquitos? São espécies diferentes, pois não conseguem trocar genes. E quanto aos inuit e !Kung? Essas populações podem não acasalar diretamente umas com as outras (duvido que a união delas tenha ocorrido alguma vez), mas existe um fluxo de genes potencial de uma população para outra por meio de áreas geográficas intermediárias, com pouca dúvida restando de que, se elas chegarem a acasalar, produzirão descendência fértil. E os machos e fêmeas são membros da mesma espécie, pois seus genes se unem na reprodução.

De acordo com o BSC, então, uma espécie é uma comunidade reprodutiva – um *pool* de genes. E isso significa que uma espécie é também uma comunidade evolucionária. Se uma "mutação boa" surge em uma espécie, digamos uma mutação em tigres que aumenta a produção de filhotes das fêmeas em 10%, então o gene que contém essa mutação se espalhará por toda a espécie tigre. Mas não vai além, pois os tigres não trocam genes com outras espécies. A espécie biológica, portanto, é a unidade da evolução – é, em grande medida, *a coisa que evolui*. É por isso que membros de todas as espécies em geral têm aspecto e comportamento bem similares: pelo fato de todos compartilharem genes, eles reagem da mesma maneira às forças evolucionárias. E é a falta de intercruzamentos das espécies que vivem na mesma área que não só mantém as diferenças de aparência e comportamento delas, como permite também que continuem a divergir sem limites.

Mas o BSC não é um conceito perfeitamente seguro. O que dizer de organismos que foram extintos? Eles dificilmente poderão ser testados em sua compatibilidade reprodutiva. Então, os curadores de museus e paleontólogos devem recorrer aos conceitos tradicionais de espécies, baseados na aparência, e classificar os fósseis e espécimes por sua similaridade geral. E os organismos que não se reproduzem sexualmente, como bactérias e alguns fungos, tampouco se enquadram nos critérios do BSC. A questão do que constitui uma espécie em tais grupos é complicada e não temos nem mesmo certeza de que os organismos assexuados formem agrupamentos distintos do jeito que os sexuados fazem.

Mas, apesar desses problemas, o conceito de espécie biológica ainda é o que os evolucionistas preferem adotar quando estudam a especiação, pois ele vai ao cerne da questão evolucionária. Com o BSC, se você consegue explicar como evoluem as barreiras reprodutivas, já explicou a origem das espécies.

Saber como exatamente surgem essas barreiras intrigou os biólogos por um bom tempo. Finalmente, por volta de 1935, os biólogos começaram a fazer progressos tanto em trabalho de campo quanto em laboratório. Uma das observações mais importantes foi feita por naturalistas, ao notarem que as chamadas "espécies irmãs" – espécies que são parentes próximas – eram com frequência separadas na natureza por barreiras geográficas. Espécies irmãs de ouriços-do-mar, por exemplo, foram encontradas em lados opostos do istmo do Panamá. Espécies irmãs de peixes de água doce com frequência habitavam escoadouros de rio separados. Poderia a separação geográfica ter algo a ver com a maneira pela qual essas espécies haviam surgido a partir de um ancestral comum?

Sim, diziam os geneticistas e naturalistas, e acabaram sugerindo de que modo os efeitos combinados da evolução e da geografia poderiam ter feito isso acontecer. Como você consegue fazer uma espécie se dividir em duas, separadas por barreiras reprodutivas? Mayr argumentou que essas barreiras eram apenas o subproduto da seleção sexual, que fazia com que as populações geograficamente isoladas evoluíssem em direções diferentes.

Suponha, por exemplo, que uma espécie ancestral de uma planta florífera se tenha dividido em duas porções por uma barreira geográfica, como uma cadeia de montanhas. A espécie pode, por exemplo, ter-se dispersado pelas montanhas, carregada no estômago das aves. Agora, imagine que uma dessas populações vive num lugar que tem muitos beija-flores e poucas abelhas. Nessa área, as flores vão evoluir para atrair beija-flores como polinizadores: tipicamente, as flores se tornarão vermelhas (uma cor que os pássaros acham atraente), produzirão muito néctar (que funciona como um prêmio para os pássaros) e terão tubos profundos (para acomodar os longos bicos e línguas dos beija-flores). A população do outro lado da montanha pode viver uma situação de polinizador inversa: poucos beija-flores e muitas abelhas. Ali então as flores vão evoluir para atrair abelhas; podem tornar-se cor-de-rosa (uma cor que as abelhas preferem) e evoluir tubos de néctar rasos com menos néctar (as abelhas têm língua curta e não requerem muita recompensa em néctar), assim como flores mais achatadas, cujas pétalas formem uma plataforma de aterrissagem (ao contrário dos beija-flores, que flutuam no ar, as abelhas em geral pousam para coletar o néctar). Com o tempo, as duas populações vão divergir na forma de suas flores e na quantidade de néctar, com cada uma se especializando para ser polinizada por apenas um tipo de animal. Agora, imagine que a barreira geográfica desapareceu e que as populações que acabaram de divergir se veem de volta à mesma área – uma área que contém tanto abelhas quanto beija-flores. Elas agora estariam reprodutivamente isoladas: cada tipo de flor seria servido por um polinizador diferente, de modo que seus genes não se misturariam por via da polinização cruzada. Elas se tornariam duas espécies diferentes. Essa é a maneira provável pela qual as flores-de-macaco de que falamos *divergiram* de fato do seu ancestral comum.

Esta é apenas uma das maneiras pelas quais uma barreira reprodutiva pode evoluir por seleção "divergente", ou seja, uma seleção que conduz diferentes populações a direções evolucionárias diferentes. Você pode imaginar outros cenários, nos quais populações geograficamente isoladas venham a divergir de maneira tal que depois não possam intercruzar. Diferentes mutações que afetem comportamentos ou traços dos machos podem aparecer em diferentes lugares – digamos, penas da cauda mais longas numa população e de cor laranja em outra – e a seleção sexual pode então conduzir as populações a direções diferentes. No final, as fêmeas de uma população vão preferir machos de cauda comprida e as fêmeas da outra, machos laranja. Se as duas populações mais tarde se encontrarem, a preferência de acasalamento de cada uma evitará que misturem genes; elas serão, portanto, consideradas espécies diferentes.

E a esterilidade e inviabilidade de híbridos? Esse foi um grande problema para os primeiros evolucionistas, que tinham dificuldades para ver como a seleção natural poderia produzir aspectos assim, palpavelmente mal adaptativos e dispendiosos. Mas suponha que esses aspectos não foram selecionados diretamente e sejam apenas subprodutos acidentais da divergência genética – divergência causada pela seleção natural ou pela flutuação genética. Se duas populações geograficamente isoladas evoluem por diferentes caminhos em tempo suficiente, seus genomas podem tornar-se tão diferentes que, ao se juntarem num híbrido, não funcionem bem juntas. Isso pode perturbar o desenvolvimento, fazer com que os híbridos morram prematuramente ou, se sobreviverem, se revelem estéreis.

É importante compreender que as espécies não surgem, como Darwin pensava, com o propósito de preencher nichos vagos na natureza. Não é que haja espécies diferentes porque a natureza de algum modo precise delas. Longe disso. O estudo da especiação nos diz que *as espécies são acidentes evolucionários*. Os "agrupamentos", tão importantes para a biodiversidade, não evoluem porque aumentam a diversidade, nem tampouco evoluem para proporcionar ecossistemas equilibrados. Eles são o simples resultado inevitável das barreiras genéticas que surgem quando populações isoladas no espaço evoluem em direções diferentes.

Sob vários aspectos, a especiação biológica se parece com a "especiação" de duas línguas estreitamente relacionadas, a partir de uma ancestral comum (um exemplo é o alemão e o inglês, duas "línguas irmãs"). Como as espécies, as línguas podem divergir em populações isoladas que antes compartilhavam uma língua ancestral. E as línguas mudam mais rapidamente quando há menor mistura de indivíduos de diferentes populações. Ao passo que as populações mudam geneticamente por seleção natural (e às vezes por flutuação genética), as línguas humanas mudam por seleção linguística (inventam-se novas palavras úteis ou que se mostram atraentes) e por flutuação linguística (as pronúncias mudam devido à imitação e à transmissão cultural). Durante a especiação biológica, as populações mudam geneticamente a ponto de seus membros não mais se reconhecerem como parceiros, ou de seus genes não serem mais capazes de cooperar para produzir um indivíduo fértil. Do mesmo modo, as línguas podem divergir até se tornarem mutuamente ininteligíveis: os falantes de inglês não entendem o alemão automaticamente e vice-versa. As línguas são como espécies biológicas, no sentido de que ocorrem em grupos distintos e separados e não num continuum: a fala de qualquer pessoa dada pode geralmente ser atribuída de modo inequívoco a um dos vários milhares de línguas humanas.

O paralelo vai além. A evolução das línguas pode ser remetida ao passado distante e é possível montar uma árvore familiar catalogando as similaridades de palavras e gramática. Isso é bem parecido com reconstruir uma árvore evolucionária de organismos a partir da leitura do código DNA dos seus genes. Podemos também reconstruir protolínguas, ou línguas ancestrais, examinando os aspectos que as línguas descendentes têm em comum. É justamente desse modo que os biólogos deduzem qual teria sido a aparência dos elos perdidos ou dos genes ancestrais. E a origem das línguas é acidental: as pessoas não começam a falar em diferentes línguas só para serem diferentes. As novas línguas, como as novas espécies, formam-se como subprodutos de outros processos, a exemplo da transformação do latim em italiano na Itália. As analogias da especiação com as línguas foram delineadas pela primeira vez por – quem mais poderia ser? – Darwin, em *A origem*.

Mas não devemos levar essa analogia longe demais. Diferentemente das espécies, as línguas são capazes de "fertilização cruzada", adotando frases umas das outras, como o uso que o inglês faz dos termos alemães *angst* e *kindergarten*.* Steven Pinker descreve outras importantes similaridades e diferenças decorrentes da diversificação das línguas e espécies em seu absorvente livro *The Language Instinct*.

A ideia de que o isolamento geográfico é o primeiro passo na origem das espécies é a base da chamada *teoria da especiação geográfica*. Essa teoria pode ser definida de modo simples: a evolução do isolamento genético das populações requer que elas primeiro estejam geograficamente isoladas. Por que o isolamento geográfico é tão importante? Por que não podem duas novas espécies simplesmente surgir no mesmo lugar do seu ancestral comum? A teoria da genética populacional – assim como uma série de experimentos em laboratório – nos diz que é muito difícil dividir uma única população em duas partes geneticamente isoladas se elas conservam a oportunidade de se cruzar. Sem o isolamento, a seleção que poderia separar as populações tem de trabalhar contra o intercruzamento que constantemente junta os indivíduos e mistura seus genes. Imagine um inseto vivendo num conjunto de bosques que abriga dois tipos de plantas das quais ele pode se alimentar. Cada planta requer um conjunto diferente de adaptações para poder ser aproveitada, pois tem toxinas, nutrientes e odores próprios. Mas, conforme cada grupo de insetos na área começa a se adaptar a uma planta, também acasala com insetos que estão em processo de se adaptar a uma outra planta. Essa mistura constante vai evitar que o pool de genes se divida em duas espécies. Com isso, provavelmente acabaremos tendo apenas uma única espécie "generalista" de insetos, que usa ambas as plantas. A especiação é como

---

* Uma das muitas equivalências disso em português seria a adoção de termos do inglês na nossa fala cotidiana, como "marketing", "mouse", "deletar", "chip" – a lista é bem longa. (N. do T.)

separar óleo de vinagre: mesmo que lutem para se separar, eles não conseguirão fazer isso se estiverem sendo misturados constantemente.

Qual é a evidência de especiação geográfica? O que estamos perguntando aqui não é *se* a especiação acontece, mas *como*. Já sabemos, a partir do registro fóssil, da embriologia e de outros dados que as espécies divergiram de ancestrais comuns. Na realidade, o que queremos ver é populações geograficamente separadas transformando-se em novas espécies. Não é uma tarefa simples. Em primeiro lugar, a especiação em organismos que não as bactérias é geralmente lenta – muito mais lenta do que a divisão de línguas. Meu colega Allen Orr e eu calculamos que, partindo de um ancestral, são necessários aproximadamente entre 100 mil e 5 milhões de anos para evoluir dois descendentes reprodutivamente isolados. O ritmo glacial da especiação significa que, com poucas exceções, não podemos esperar testemunhar o processo todo, ou mesmo uma pequena parte dele, ao longo de uma vida humana. Para estudar como as espécies se formam, devemos recorrer a métodos indiretos que testem previsões derivadas da teoria da especiação geográfica.

A primeira previsão é que, se a especiação depende em grande medida do isolamento geográfico, as populações devem ter tido muitas oportunidades durante a história da vida para experimentar o isolamento. Afinal, há milhões de espécies na Terra hoje. Mas o isolamento geográfico é comum. Erguem-se cadeias de montanhas, glaciares se expandem, formam-se desertos, continentes se deslocam e a seca divide uma floresta contínua em trechos separados por savanas. Toda vez que isso acontece, há a probabilidade de que uma espécie se separe em duas ou mais populações. Quando o istmo do Panamá se formou há cerca de 3 milhões de anos, a terra que emergiu separou populações de organismos marinhos entre os dois lados do istmo, organismos que originalmente pertenciam às mesmas espécies. Também um rio pode servir de barreira geográfica para muitas aves que não gostam de voar sobre água.

Mas as populações não se tornam isoladas apenas pela formação de barreiras geográficas. Elas podem simplesmente ficar separadas por uma dispersão acidental que as leve a viver a longa distância. Suponha que alguns indivíduos caprichosos, ou mesmo uma única fêmea prenhe, se extraviem e acabem colonizando uma praia distante. A colônia, a partir de então, vai evoluir isolada de seus ancestrais do continente. É exatamente isso o que acontece nas ilhas oceânicas. As chances para esse tipo de isolamento por dispersão são até maiores nos arquipélagos, em que indivíduos podem ocasionalmente se deslocar indo e voltando entre ilhas vizinhas, tornando-se a cada vez geograficamente isolados. Todo turno de isolamento proporciona outra oportunidade para especiação. É por isso que os arquipélagos abrigam as famosas "radiações" de espécies estreitamente relacionadas, como as moscas frugívoras do Havaí, os lagartos Anolis do Caribe e os tentilhões de Galápagos.

Assim, tem havido ampla oportunidade para especiação geográfica, mas será que houve tempo suficiente? Isso tampouco é problema. A especiação é um evento de divisão, no qual cada tronco ancestral se divide em dois ramos, que, por sua vez, voltam a se dividir e assim por diante conforme a árvore da vida se ramifica. Isso significa que o número de espécies aumenta exponencialmente, embora algumas ramificações sejam podadas por meio da extinção. A que ponto a especiação precisaria ser rápida para explicar a presente diversidade da vida? As estimativas dizem que há hoje 10 milhões de espécies na Terra. Vamos elevar isso para 100 milhões, incluindo as espécies não descobertas. Vemos assim que, ao começar com uma única espécie há 3,5 bilhões de anos, podemos chegar a 100 milhões de espécies vivendo hoje, mesmo que cada espécie ancestral se tenha dividido em dois descendentes apenas a cada *130 milhões de anos*. Como vimos, a especiação acontece bem mais depressa do que isso e, portanto, mesmo ao incluir as muitas espécies que evoluíram mas foram depois extintas, o tempo simplesmente não é um problema.[38]

E quanto à ideia crucial de que as barreiras reprodutivas são o subproduto das mudanças evolucionárias? Isso, pelo menos, pode ser testado em laboratório. Os biólogos o fazem nos experimentos de seleção, forçando animais ou plantas a se adaptarem por meio da evolução a diferentes ambientes. Esse é um modelo do que acontece quando populações naturais isoladas encontram habitats diferentes. Em laboratório, após um período de adaptação, as "populações" diferentes são testadas para ver se evoluíram barreiras reprodutivas. Como esses experimentos têm lugar ao longo de dezenas ou dúzias de gerações, enquanto a especiação na natureza leva milhares de gerações, não podemos esperar ver a origem de espécies inteiras. Mas podemos ocasionalmente assistir às primeiras fases do isolamento reprodutivo.

Surpreendentemente, mesmo esses experimentos de curta duração com muita frequência produzem barreiras genéticas. Mais da metade desses estudos (existem cerca de vinte deles, todos feitos em moscas, por seu curto tempo de geração) dá resultado positivo, com frequência mostrando isolamento reprodutivo de populações no período de um ano após o início da seleção.

Com muita frequência, a adaptação a "ambientes" diferentes (por exemplo, diferentes tipos de alimento, ou a capacidade de se mover para cima e não para baixo num labirinto vertical) resulta em discriminação de acasalamento das populações. Não sabemos ao certo que traços as populações usam para discriminar umas das outras, mas a evolução de barreiras genéticas em tempo tão curto confirma uma previsão-chave da especiação geográfica.

A segunda previsão da teoria envolve a própria geografia. Se as populações devem em princípio estar fisicamente isoladas uma da outra para se tornarem espécies, então deveremos encontrar as espécies de formação mais recente em áreas diferentes, porém próximas. Você pode ter uma ideia de há quanto tempo as espécies surgiram examinando a quantidade de diferenças das suas sequências de DNA, que é mais ou menos proporcional ao tempo decorrido desde que elas se dividiram de seu ancestral comum. Podemos então procurar espécies "irmãs" num grupo, aquelas que tenham mais similaridade em seu DNA (e que portanto estejam mais relacionadas), e ver se vivem geograficamente isoladas.

Essa predição, também, é cumprida: vemos muitas espécies irmãs divididas por uma barreira geográfica. Cada lado do istmo do Panamá, por exemplo, abriga sete espécies de camarões-de-estalo nas águas rasas. O parente mais próximo de cada espécie é uma espécie que vive do outro lado. O que deve ter acontecido é que sete espécies ancestrais de camarão foram divididas quando o istmo se ergueu das águas, 3 milhões de anos atrás. Cada ancestral formou uma espécie atlântica e outra pacífica. (O camarão-de-estalo, a propósito, é uma maravilha biológica. Seu nome vem do jeito como ele mata. O camarão não toca sua presa, mas, ao separar as garras de grande tamanho, cria um estalo sonoro de alta pressão que atordoa a vítima. Grandes grupos desses camarões podem fazer tanto barulho, que chegam a confundir o sonar de um submarino.)

O mesmo ocorre com plantas. Você pode encontrar pares de espécies irmãs de plantas floríferas no leste asiático e no leste da América do Norte. Todos os botânicos sabem que essas áreas têm flora similar, como ocorre com o repolho-gambá, as árvores-tulipa e as magnólias. Um levantamento de plantas descobriu nove pares de espécies irmãs, como as árvores campsis, dogwood e maçã-de-maio [*Podophyllum pleltatum*], com cada par tendo uma espécie na Ásia e sua parente mais próxima na América do Norte. Os botânicos teorizaram que cada um dos nove pares costumava ser uma única espécie distribuída em continuação ao longo dos dois continentes, mas os nove ficaram isolados em termos geográficos (e começaram a evoluir separadamente) quando o clima se tornou mais frio e mais seco há cerca de 5 milhões de anos, fazendo desaparecer a floresta interposta. Sem dúvida, a datação desses nove pares com base no DNA coloca seu tempo de divergência em cerca de 5 milhões de anos.

Os arquipélagos são um bom lugar para descobrir se a especiação requer isolamento físico. Se um grupo produziu espécies num conjunto de ilhas, então deveremos descobrir que os parentes mais próximos vivem em ilhas diferentes e não na mesma ilha (uma única ilha com frequência é pequena demais para permitir a separação geográfica das populações, o primeiro passo na especiação; diferentes ilhas, por outro lado, ficam isoladas pela água e devem facilitar o surgimento de novas espécies). Essa previsão também se revela geralmente verdadeira. No Havaí, por exemplo, espécies irmãs de moscas *Drosophila* quase sempre ocupam ilhas diferentes; isso vale também para outras radiações, menos conhecidas mas também intensas, de grilos não voadores e de plantas do gênero lobélia. Além disso, as datas dos eventos de especiação nas *Drosophila* têm sido determinadas usando o DNA das moscas, e descobriu-se, exatamente como previsto, que as espécies mais antigas estão nas ilhas mais velhas.

Há ainda outra previsão do modelo de especiação geográfica que se apoia na razoável suposição de que ela ainda está ocorrendo na natureza. Nesse caso, deveremos ser capazes de encontrar populações isoladas de uma única espécie que estão começando sua especiação e mostram pequeno grau de isolamento reprodutivo em relação a outras populações. E, com certeza, há muitos exemplos. Um deles é o da orquídea *Satyrium hallackii*, que vive na África do Sul. Nas partes norte e leste do país, ela é polinizada por esfingídeos e moscas de língua comprida. Para atrair esses polinizadores, a orquídea evoluiu longos tubos de néctar em suas flores; a polinização pode ocorrer apenas quando esfingídeos e moscas de língua comprida se aproximam o suficiente da flor para enfiar sua língua nos tubos. Mas, nas regiões costeiras, os únicos polinizadores são as abelhas, de língua curta, e aqui a orquídea evoluiu tubos de néctar mais curtos. Se as populações vivessem numa área que contivesse os três tipos de polinizadores, as flores de tubo longo e de tubo curto sem dúvida mostrariam algum isolamento genético, pois espécies de língua comprida não são capazes de polinizar com facilidade flores de tubo curto, e vice-versa. Há também muitos exemplos de espécies animais nas quais os indivíduos de diferentes populações acasalam menos prontamente do que indivíduos da mesma população.

Uma previsão final pode ser feita para testar a especiação geográfica: deveremos descobrir que o isolamento reprodutivo de um par de populações fisicamente isoladas aumenta lentamente com o tempo. Meu colega Allen Orr e eu testamos isso examinando muitos pares de espécies de *Drosophila*, cada um tendo divergido de seu próprio ancestral comum em épocas diferentes (com o método do relógio molecular descrito no capítulo 4, conseguimos estimar o tempo em que um par de espécies começou a divergir contando o número de diferenças em sua sequência de DNA). Medimos três tipos de barreira reprodutiva no laboratório: discriminação de acasalamento de pares, esterilidade e inviabilidade dos híbridos resultantes. Exatamente como previsto, descobrimos que o isolamento produtivo das espécies aumentou de modo contínuo ao longo do tempo. As barreiras genéticas entre grupos tornaram-se fortes o bastante para evitar completamente o intercruzamento depois de cerca de 2,7 milhões de anos da divergência. É um tempo longo. Fica claro que, pelo menos com as moscas frugívoras, a origem de novas espécies é um processo lento.

A maneira pela qual descobrimos como as espécies surgem é parecida com a maneira pela qual os astrônomos descobriram como as estrelas "evoluem" ao longo do tempo. Ambos os processos ocorrem de modo lento demais para que possamos vê-los acontecer no nosso tempo de vida. Mas, mesmo assim, podemos compreender como funcionam descobrindo "instantâneos" do processo em diferentes estágios evolucionários e juntando esses instantâneos num "filme" conceitual. No caso das estrelas, os astrônomos localizaram nuvens dispersas de matéria ("berçários de estrelas") nas galáxias. Em outras partes, viram aquelas nuvens condensando-se em protoestrelas. Depois, viram protoestrelas tornando-se estrelas completas, condensando-se ainda mais e depois gerando luz conforme sua temperatura interna se elevou a ponto de fundir átomos de hidrogênio em hélio. Examinaram outras estrelas, "gigantes vermelhos" como Betelgeuse; ou estrelas que mostravam sinais de lançar fora suas camadas exteriores no espaço; e ainda estrelas pequenas, densas anãs brancas. Ao juntar todos esses estágios numa sequência lógica, com base no que sabemos sobre sua estrutura físico-química e comportamento, temos sido capazes de explicar como as estrelas se formam, persistem e morrem. A partir desse quadro da evolução estelar, podemos fazer previsões. Sabemos, por exemplo, que as estrelas do tamanho aproximado do nosso Sol brilham regularmente por cerca de 10 bilhões de anos antes de inchar para formar gigantes vermelhas. Como o Sol tem cerca de 4,6 bilhões de anos de idade, sabemos que estamos mais ou menos na metade de nosso mandato como planeta, antes de ser finalmente engolidos pela expansão solar.

E é assim que ocorre com a especiação. Vemos populações geograficamente isoladas variando daquelas que não mostram isolamento reprodutivo, outras que têm graus crescentes de isolamento reprodutivo (como as populações que ficam isoladas por longos períodos), para chegar, por fim, à especiação completa. Vemos espécies jovens, descendentes de um ancestral comum, de ambos os lados de barreiras geográficas como rios ou o istmo do Panamá, e nas diferentes ilhas de um arquipélago. Juntando tudo isso, concluímos que as populações isoladas divergem e que, quando essa divergência persiste por um tempo suficientemente longo, se desenvolvem barreiras reprodutivas, como subproduto da evolução.

Os criacionistas com frequência afirmam que, se não é possível ver uma nova espécie evoluir no nosso tempo de vida, então a especiação não ocorre. Mas esse argumento é estúpido: é como dizer que, pelo fato de não termos visto uma única estrela passar por seu ciclo de vida completo, então as estrelas não evoluem, ou que, se não vimos uma nova língua nascer, isso significa que as línguas não evoluem. A reconstrução histórica de um processo é uma maneira perfeitamente válida de estudar esse processo e pode dar ensejo a previsões testáveis.[39] Podemos prever que o Sol começará a se apagar em cerca de 5 bilhões de anos, do mesmo modo que podemos prever que populações de laboratório selecionadas artificialmente em diferentes direções vão tornar-se geneticamente isoladas.

A maioria dos evolucionistas aceita que o isolamento geográfico de populações é a maneira mais comum pela qual a especiação ocorre. Isso significa que, quando espécies estreitamente relacionadas vivem na mesma área – uma situação comum –, elas na realidade divergiram uma da outra num período anterior, no qual seus ancestrais estavam geograficamente isolados. Mas alguns biólogos acham que uma espécie pode dividir-se em duas sem a necessidade de nenhuma separação geográfica. Em *A origem*, por exemplo, Darwin sugere repetidas vezes que as novas espécies, particularmente de plantas, poderiam surgir em áreas muito pequenas, circunscritas. E desde a época de Darwin os biólogos têm defendido ardentemente a possibilidade de que a especiação ocorra sem barreiras geográficas (isso é chamado de especiação simpátrica, do grego "para o mesmo lugar"). O problema, como mencionei, é a dificuldade de dividir um pool de genes em dois enquanto seus membros permanecem na mesma área, porque os cruzamentos das formas divergentes constantemente as estarão puxando de volta para a condição de uma única espécie. Teorias matemáticas mostram que a especiação simpátrica é possível, mas apenas sob condições restritivas que podem ser incomuns na natureza.

É relativamente fácil encontrar evidência para a especiação geográfica, mas é mais difícil para a especiação simpátrica. Se você vê duas espécies relacionadas vivendo numa área, isso não significa necessariamente que elas surgiram nessa área. As espécies vivem mudando seu alcance conforme o habitat em que estão se expande e contrai nas mudanças de longo termo no clima, nos episódios de glaciação e assim por diante. Espécies relacionadas que vivem no mesmo lugar podem ter surgido em outra parte e entrado em contato uma com a outra apenas mais tarde. Como podemos ter certeza, então, de que duas espécies relacionadas, que vivem no mesmo lugar, realmente *surgiram* naquele lugar?

Eis uma maneira de fazer isso. Podemos examinar habitats-ilha – a exemplo de pequenos recortes de terreno isolados (como ilhas oceânicas) ou de água (como lagos de pequenas dimensões), que geralmente são reduzidos demais para conter quaisquer barreiras geográficas. Se virmos espécies estreitamente relacionadas nesses habitats, poderemos concluir que se formaram simpatricamente, já que a possibilidade de isolamento geográfico é remota.

Temos apenas uns poucos exemplos. O melhor envolve peixes ciclídeos em dois pequenos lagos de Camarões, na África. Esses lagos isolados, que preenchem as crateras de vulcões, são pequenos demais para permitir que as populações neles se tornem espacialmente separadas (têm área de 500 m^2 e 4 km^2, respectivamente). Mesmo assim, cada lago contém uma minirradiação diferente de espécies e cada uma dessas é descendente recente de um ancestral comum: um lago tem onze espécies, o outro, nove. Essa é talvez a melhor evidência que temos da especiação simpátrica, embora não se saiba como e por que aconteceu.

Outro caso envolve palmeiras em Lord Howe, uma ilha oceânica no mar da Tasmânia, a cerca de 560 km da costa leste da Austrália. Embora a ilha seja pequena – 13 km^2 –, abriga duas espécies nativas de palmeiras, as palmeiras kentia e curly, que na verdade são parentes próximas (a palmeira kentia talvez seja familiar, é uma planta doméstica popular em todo o mundo). Elas parecem ter surgido de uma palmeira ancestral que viveu na ilha 5 milhões de anos atrás. A probabilidade de que essa especiação tenha envolvido isolamento geográfico é bem pequena, particularmente porque as palmeiras são polinizadas pelo vento, que pode espalhar o pólen por uma grande área.

Há mais uns poucos exemplos de especiação simpátrica, embora não sejam tão convincentes quanto esses. O que mais surpreende, no entanto, é o número de vezes em que a especiação simpátrica *não* ocorreu, apesar de ter tido a oportunidade. Há muitos habitats-ilha que contêm um bom número de espécies, mas nenhuma dessas espécies é parente próxima. Obviamente, a especiação simpátrica não ocorreu nessas ilhas. Meu colega Trevor Price e eu pesquisamos espécies de aves em ilhas oceânicas isoladas, procurando detectar a presença de parentes próximos que pudessem indicar especiação. Das 46 ilhas que examinamos, nenhuma continha espécies de ave endêmicas que fossem parentes próximas. Um resultado similar foi obtido para os lagartos *Anolis*, os pequenos animais verdes vendidos com frequência em *pet shops*. Espécies de *Anolis* muito aparentadas simplesmente não são encontradas em ilhas menores que a Jamaica, que é grande, montanhosa e com suficiente variedade para permitir especiação geográfica. A ausência de espécies irmãs nas ilhas mostra que a especiação simpátrica não pode ser comum nesses grupos. E também conta como evidência contra o criacionismo. Afinal, não há razão óbvia pela qual um criador produziria espécies similares de aves ou lagartos em continentes, mas não em ilhas isoladas. (Por "similares" quero dizer tão similares que os evolucionistas pudessem encará-las como parentes próximas. A maioria dos criacionistas não aceita que espécies possam ser "parentes", já que isso pressupõe evolução.) A raridade da especiação simpátrica é justamente o que a teoria evolucionária prevê, sendo um elemento a mais de apoio a essa teoria.

Existem, no entanto, duas formas particulares de especiação simpátrica, que, além de comuns nas plantas, fornecem nossos únicos casos de "especiação em ação" – espécies que realmente se formam no tempo de uma vida humana. Uma delas é chamada *especiação alopoliploide*. A coisa curiosa a respeito dessa forma de especiação é que, em vez de começar com populações isoladas da mesma espécie, ela começa com a hibridização de duas espécies *diferentes* que vivem na mesma área. E usualmente requer que essas duas espécies diferentes também tenham número ou tipos diferentes de cromossomos. Devido a essa diferença, um híbrido entre espécies não terá um adequado pareamento de cromossomos quando tentar fazer pólen ou óvulos, e será estéril. No entanto, se houver uma maneira de duplicar cada cromossomo nesse híbrido, cada cromossomo terá agora um parceiro para formar par, e o híbrido de cromossomo dobrado será fértil. E também será uma nova espécie, porque, embora seja fértil com outros híbridos similares, será incapaz de intercruzar com qualquer das duas espécies parentais originais, pois tal acasalamento produz descendência estéril com número ímpar de cromossomos. Na verdade, esse alopoliploide com "cromossomos dobrados" ocorre com regularidade, fazendo surgir novas espécies.[40]

A especiação poliploide nem sempre requer hibridização. Um poliploide pode surgir simplesmente pelo dobramento de todos os cromossomos de uma determinada espécie – um processo chamado *autopoliploidia*. Ele também resulta numa nova espécie, pois cada autopoliploide é capaz de produzir híbridos férteis quando acasala com outros autopoliploides, mas produz apenas híbridos estéreis ao acasalar com a espécie parental original.[41]

Para conseguir os dois tipos de especiação poliploide, é preciso que ocorra um evento raro em duas gerações sucessivas: a formação e união do esperma e dos óvulos com um número anormalmente alto de cromossomos. Por causa disso, talvez você imagine que tal especiação seja uma ocorrência rara. Mas não é. Como uma única planta pode produzir milhões de óvulos e grãos de pólen, um evento improvável acaba por tornar-se provável. As estimativas variam, mas em áreas bem estudadas do mundo estima-se que até uma quarta parte de todas as espécies de plantas floríferas foi formada pela via poliploide. Por outro lado, a fração de espécies existentes que teve um evento poliploide ocorrendo em algum ponto da sua ancestralidade poderia chegar a nada menos que 70%. Essa é obviamente uma maneira comum pela qual surge uma nova espécie de planta. Além disso, encontramos espécies poliploides em praticamente todos os grupos de plantas (as árvores são uma notável exceção). E muitas plantas usadas como comida ou decoração são poliploides ou híbridos estéreis que tiveram um parente poliploide, entre elas o trigo, algodão, repolho, crisântemos e bananas. Isso se deu porque os humanos reconheceram os híbridos na natureza como tendo traços úteis de ambas as espécies parentais, ou então produziram deliberadamente os poliploides para criar combinações desejáveis de genes. Dois exemplos cotidianos da sua cozinha mostram isso. Muitas formas do trigo têm seis conjuntos de cromossomos, a partir de uma complicada série de cruzamentos, envolvendo três espécies diferentes, que foram feitos por nossos ancestrais. As bananas comerciais são híbridos estéreis entre duas espécies silvestres e têm dois conjuntos de cromossomos de uma espécie e um de outra. Aqueles pontinhos pretos no meio da banana são, na verdade, óvulos abortados da planta, que não se transformaram em sementes porque seus cromossomos não conseguiram emparelhar adequadamente. Como as plantas da banana são estéreis, elas têm que ser propagadas a partir de cortes.

A poliploidia é muito rara em animais, aparecendo apenas ocasionalmente em peixes, insetos, vermes e répteis. A maioria dessas formas se reproduz assexuadamente, mas há um mamífero poliploide que se reproduz sexualmente – o curioso viscacha vermelho, um roedor da Argentina. Seus 112 cromossomos são os mais vistos em qualquer mamífero. Não entendemos por que os poliploides animais são tão raros. Pode ter algo a ver com o fato de a poliploidia perturbar o mecanismo de determinação sexual X/Y, ou com a incapacidade de os animais se autofertilizarem. Em contraste, muitas plantas têm a capacidade de se autofertilizar, o que permite a um único novo indivíduo poliploide produzir muitos indivíduos relacionados, todos membros da sua nova espécie.

A especiação poliploide difere de outros tipos de especiação porque envolve mudanças no número de cromossomos mais do que mudanças nos próprios genes. Ela é também imensamente mais rápida do que a especiação geográfica "normal", pois uma nova espécie poliploide pode surgir em apenas duas gerações. Isso é praticamente algo instantâneo em termos de tempo geológico. E nos dá a oportunidade sem precedentes de ver uma nova espécie surgir em tempo "real", satisfazendo a demanda por ver a especiação em ação. Conhecemos pelo menos cinco novas espécies de plantas que surgiram desse modo.

Uma delas é a tasneirinha-galesa (*Senecio cambrensis*), uma planta florífera da família das margaridas. Ela foi observada pela primeira vez em North Wales [Pensilvânia, EUA], em 1958. Estudos recentes têm mostrado que se trata na verdade de um híbrido poliploide entre duas outras espécies, uma delas a tasneirinha-comum (*Senecio vulgaris*), nativa do Reino Unido, e a outra a tasneira-de-oxford (*Senecio squalidus*), introduzida no Reino Unido em 1792. A tasneira só apareceu em Gales por volta de 1910. Isso significa que, dada a inclinação britânica pelo estudo da botânica – que resulta num contínuo inventário das plantas locais –, o híbrido tasneirinha-galesa deve ter surgido entre 1910 e 1958. A evidência de que é de fato um híbrido e de que surgiu por poliploidia vem de várias fontes. Para começar, ela se parece com um híbrido, já que tem traços tanto da tasneirinha-comum como da tasneira-de-oxford. Além disso, tem exatamente o número de cromossomos (sessenta) previstos para um híbrido polipoide com esses dois pais (um pai tem quarenta cromossomos, o outro, vinte). Estudos genéticos mostraram que os genes e cromossomos do híbrido são combinações daqueles vistos nas espécies parentais. A prova final veio de Jacqueline Weir e Ruth Ingram, da Universidade St. Andrews, da Escócia, que sintetizaram completamente a espécie híbrida em laboratório, fazendo vários cruzamentos de suas duas espécies parentais. O híbrido produzido artificialmente tem a mesma aparência da tasneirinha-de-gales que vemos na natureza (espécies híbridas silvestres são com frequência ressintetizadas desse modo para checar sua ancestralidade). Existe pouca dúvida, então, de que a tasneirinha galesa represente uma nova espécie, surgida nos últimos cem anos.

Os outros quatro casos de especiação em tempo real são similares. Todos envolvem híbridos entre uma espécie nativa e outra introduzida. Embora isso inclua alguma artificialidade, no sentido de que há humanos movendo plantas de lá para cá, é quase necessário que isso aconteça se queremos ver novas espécies se formarem diante dos nossos olhos. Parece que a especiação poliploide ocorre com muita rapidez quando a espécie parental adequada vive no mesmo lugar. Se queremos ver uma espéce alopoliploide surgindo na natureza, então devemos estar presentes na cena logo depois que as duas espécies ancestrais entram em estreita proximidade. E isso só ocorrerá em seguida a uma invasão biológica recente.

Mas a especiação poliploide tem ocorrido, inobservada, muitas vezes no curso da evolução. Sabemos disso porque os cientistas vêm sintetizando híbridos poliploides em estufa, praticamente idênticos àqueles formados na natureza muito antes que estivéssemos por aqui. E os poliploides artificialmente produzidos são inférteis com os da natureza. Tudo isso é uma boa evidência de que reconstruímos a origem de uma espécie formada naturalmente.

Esses casos de especiação poliploide deverão satisfazer aqueles críticos que diziam só aceitar a evolução se ela acontecesse diante de seus olhos.[42] Mas, mesmo sem poliploidia, ainda temos muitas evidências da especiação. Vemos linhagens dividindo-se no registro fóssil. Vemos espécies estreitamente relacionadas separadas por barreiras geográficas. E vemos novas espécies começando a surgir conforme as populações evoluem incipientes barreiras reprodutivas – barreiras que são o alicerce da especiação. Sem dúvida, o senhor Darwin, caso viesse a acordar nos dias de hoje, ficaria encantado ao descobrir que a origem das espécies não é mais um "mistério dos mistérios".

CAPÍTULO 8

E NÓS?

*O Homem Darwiniano, embora bem comportado,
É no máximo apenas um macaco barbeado.*
— William S. Gilbert e Arthur Sullivan, *Princess Ida*

Em 1924, enquanto se arrumava para um casamento, Raymond Dart literalmente recebeu em mãos o que se tornaria o maior achado fóssil do século 20. Ele era não só um jovem professor de anatomia na Universidade de Witwatersrand, na África do Sul, mas também antropólogo amador, e havia espalhado a notícia de que estava atrás de "achados interessantes" para montar um novo museu de anatomia. Enquanto vestia seu *smoking*, o carteiro entregou-lhe duas caixas de pedras contendo fragmentos de ossos escavados de uma pedreira de calcário perto de Taung, na região do Transvaal. Em suas memórias, *Adventures with the Missing Link*, Dart descreve o momento:

> Assim que tirei a tampa, um frêmito de excitação me percorreu. Bem no alto da pilha de pedras estava o que era sem dúvida uma projeção ou molde endocraniano, do interior do crânio. Se fosse apenas a projeção fossilizada do cérebro de qualquer espécie de grande primata já se poderia considerar uma importante descoberta, pois tal coisa nunca havia sido relatada antes. Mas eu soube na hora que aquilo que estava em minhas mãos não era um cérebro de antropoide comum. Ali, na areia consolidada em calcário, estava a réplica de um cérebro três vezes maior do que o de um babuíno e consideravelmente

maior que o de um chipanzé adulto. A espantosa imagem das circunvoluções e sulcos do cérebro e dos vasos sanguíneos do crânio estava bem visível.

Não era tão grande quanto o de um homem primitivo, mas mesmo para um primata surpreendia pelo tamanho e, mais importante, a parte frontal desse cérebro se destacava tanto e havia crescido em tal medida para trás, que cobria completamente o metencéfalo.

Será que haveria, em algum lugar daquela pilha de pedras, um rosto correspondente ao cérebro? Vasculhei, ansioso, as caixas. Minha busca foi recompensada, pois encontrei uma grande pedra com uma depressão na qual a projeção se encaixava perfeitamente. Tênue, mas visível na pedra, havia o contorno de uma parte quebrada do crânio e até mesmo o lado de trás da maxila inferior e um alvéolo dentário, mostrando que o rosto deveria estar em algum lugar no bloco...

Fiquei lá, na sombra, segurando o cérebro com a avidez de um avarento que afaga seu ouro e com a mente a mil. Ali estava, eu tinha certeza, um dos achados mais significativos já feitos na história da antropologia.

A largamente desacreditada teoria de Darwin, segundo a qual era provável que os progenitores antigos do homem haviam vivido na África, voltou à minha mente. Seria eu o instrumento por meio do qual seu "elo perdido" viria à tona?

Esses agradáveis devaneios foram interrompidos pelo noivo, que puxava minha manga.

"Meu Deus, Ray", disse ele, tentando disfarçar a urgência ansiosa do seu tom de voz. "Você precisa terminar de se arrumar imediatamente, senão vou ter que achar outro padrinho. O carro da noiva deve chegar a qualquer momento."

A preocupação do noivo é compreensível. Ninguém quer descobrir no dia do seu casamento que seu padrinho está mais interessado numa caixa de pedras poeirentas do que nas núpcias iminentes. Mas é difícil não simpatizar também com Dart. Em *A descendência do homem*, Darwin havia conjeturado que nossa espécie se originara na África porque nossos parentes mais próximos, os gorilas e chipanzés, são ambos encontrados ali. Mas isso era pouco mais do que um palpite. Não havia fósseis para dar suporte. E havia manifestamente algo como um abismo evolucionário entre nós e o ancestral comum que devíamos ter compartilhado com outros grandes primatas – um ancestral que com certeza era mais similar ao macaco do que aos humanos. Naquele dia de 1924, a primeira pedra de apoio foi descoberta, mostrando

E NÓS?

que o abismo acabaria sendo vencido: lá estava, nas trêmulas mãos de Dart, um vislumbre direto do que havia sido muito tempo antes apelidado de modo simplista de "elo perdido". Fica-se imaginando como é que ele conseguiu concentrar-se nas suas obrigações de padrinho durante o casamento.

O que Dart descobriu naquela caixa foi o primeiro espécime do que mais tarde nomeou *Australopithecus africanus* ("Macaco-homem do sul"). Nos três meses seguintes, a dissecção meticulosa da rocha feita por Dart, usando agulhas de tricô afiadas emprestadas de sua mulher, revelou a rosto inteiro. Era o rosto de uma criança, hoje conhecida como a "criança de Taung", completo, com dentes de leite e molares surgindo. Sua mistura de traços humanos e de macaco claramente confirmou a ideia de Dart de que ele havia de fato tropeçado com a aurora da ancestralidade humana.

Desde o tempo de Dart, paleontólogos, geneticistas e biólogos moleculares têm usado fósseis e sequências de DNA para estabelecer nosso lugar na árvore da evolução. Somos macacos ou símios descendentes de outros macacos ou símios e nosso primo mais próximo é o chimpanzé, cujos ancestrais divergiram dos nossos próprios há alguns milhões de anos na África. Esses são fatos indiscutíveis. E, em vez de diminuir nossa "humanidade", eles deviam produzir satisfação e assombro, pois nos conectam a todos os organismos, vivos e mortos.

Mas nem todos veem isso dessa maneira. Entre os que relutam em aceitar o darwinismo, a principal resistência são as formas de evolução humana. Não parece ser tão difícil aceitar que os mamíferos evoluíram dos répteis, ou que os animais terrestres evoluíram dos peixes. O problema é que para muitos fica difícil admitir que, como todas as demais espécies, nós também evoluímos de um ancestral bem diferente de nós. Sempre nos percebemos como algo à parte do resto da natureza. Incentivados pela crença religiosa de que os humanos foram o objeto especial da criação, assim como por um solipsismo natural que acompanha o nosso cérebro autoconsciente, resistimos à lição evolucionária que nos diz que, como outros animais, somos produtos contingentes do processo cego e impensado da seleção natural. E, devido à hegemonia da religião fundamentalista nos Estados Unidos, esse país tem estado entre os mais resistentes ao fato da evolução humana.

No famoso "Julgamento do Macaco" de 1925, o professor de escola secundária John Scopes foi julgado em Dayton, Tennessee – e sentenciado –, por violação à Lei Butler, daquele Estado. Fato revelador, essa lei não proíbe o ensino da evolução em geral, mas veta apenas a ideia de que os *humanos* evoluíram:

Fica assentado, pela Assembleia Geral do Estado do Tennessee, ser ilegal que qualquer professor em qualquer das universidades, escolas normais e outras escolas públicas do Estado custeadas no todo ou em parte pelos fundos públicos estaduais para a Educação, ensine qualquer teoria que negue o relato da Divina Criação do homem como ensinado na *Bíblia* e que em vez disso ensine que o homem descende de uma ordem inferior de animais.

Embora criacionistas mais liberais aceitem que algumas espécies poderiam ter evoluído de outras, *todos* os criacionistas traçam uma linha divisória quando se trata de humanos. O intervalo que nos separa de outros primatas, segundo eles, é impossível vencer pela evolução e deve, portanto, ter envolvido um ato de criação especial.

A ideia de que os humanos somos parte da natureza tem sido um anátema na maior parte da história da biologia. Em 1735, o botânico sueco Carl Lineu, que estabeleceu a classificação biológica, agrupou os humanos, que chamou de *Homo sapiens* ("homem racional"), junto com os macacos e símios, tendo por base similaridades anatômicas. Lineu não sugeriu uma relação evolucionária dessas espécies – sua intenção foi explicitamente revelar a ordem por trás da criação de Deus –, mas essa sua decisão, ainda assim, foi controvertida e ele atraiu para si a ira de seu arcebispo.

Um século depois, Darwin conheceu muito bem a ira que se abateu sobre ele ao sugerir, como firmemente acreditava, que os humanos haviam evoluído de outras espécies. Em *A origem*, ele abordou com muito tato a questão, introduzindo sutilmente uma sentença oblíqua no final do livro: "Será lançada luz sobre a origem do homem e sua história". Darwin só veio a tratar efetivamente dessa questão mais de uma década depois, em *A descendência do homem* (1871). Fortalecido por sua visão e convicção cada vez mais profundas e pela confiança que foi ganhando a partir da rápida aceitação de suas ideias, Darwin finalmente tornou explícita sua visão. Reunindo evidências da anatomia e do comportamento, afirmou não só que os humanos haviam evoluído de criaturas similares ao macaco, mas que isso ocorrera na África:

> Ficamos sabendo, então, que o homem descende de um quadrúpede peludo, dotado de cauda e orelhas pontudas, provavelmente de hábitos arbóreos e habitante do Velho Mundo.

E NÓS?

Imagine o efeito dessas afirmações aos ouvidos vitorianos. Imaginar que nossos ancestrais viviam em árvores! E que eram *dotados* de cauda e orelhas pontudas! Neste último capítulo, Darwin finalmente lidou de frente com as objeções religiosas:

> Sei que as conclusões a que chegamos nesta obra serão denunciadas por alguns como altamente irreligiosas; mas aquele que assim as denunciar fica obrigado a demonstrar por que razão é mais irreligioso explicar a origem do homem, como uma espécie distinta, por descendência de alguma forma mais inferior através das leis de variação e seleção natural, do que explicar o nascimento do indivíduo por meio das leis da reprodução usual [o padrão de desenvolvimento].

Não obstante, ele não convenceu todos os seus colegas. Alfred Russel Wallace e Charles Lyell – concorrente de Darwin e mentor, respectivamente –, embora signatários da ideia da evolução, não se convenceram de que a seleção natural pudesse explicar as faculdades mentais mais elevadas dos humanos. Foi necessário que os fósseis convencessem finalmente os céticos de que os humanos haviam de fato evoluído.

ANCESTRAIS FÓSSEIS

Em 1871, o registro fóssil humano compreendia apenas uns poucos ossos de neandertais de surgimento tardio – que eram similares demais aos humanos para que pudessem ser considerados um elo perdido entre nós e os macacos. Ao contrário, foram encarados como uma população aberrante de *Homo sapiens*. Em 1891, o médico holandês Engene Dubois descobriu um crânio, alguns dentes e um fêmur em Java, que davam conta do recado: o crânio era um pouco mais robusto que o dos humanos modernos e o tamanho do cérebro era menor. Mas, preocupado com a oposição científica e religiosa às suas ideias, Dubois voltou a enterrar os ossos do *Pithecanthropus erectus* (hoje chamado de *Homo erectus*) debaixo da sua casa, escondendo-os do escrutínio científico durante três décadas.

A descoberta da criança de Taung por Dart em 1924 desencadeou uma busca por ancestrais humanos na África que acabou levando às famosas escavações dos Leakey na Garganta de Olduval a partir da década de 1930, à descoberta de "Lucy" por Donald Johanson em 1974 e a uma série de outros achados. Temos hoje um registro fóssil razoável da nossa evolução, embora ainda longe de ser completo. Como veremos, há muitos mistérios e mais do que umas poucas surpresas.

Mas, mesmo sem fósseis, ainda saberíamos algo sobre nosso lugar na árvore da evolução. Como propôs Lineu, nossa anatomia nos coloca na ordem dos Primatas junto com macacos, símios e lêmures, todos compartilhando traços, como olhos voltados para a frente, unhas nos dedos das mãos, visão colorida e polegares opostos. Outros aspectos nos colocam na superfamília menor dos *Hominoidea*, junto com os "símios menores" (gibões) e os "grandes símios" (chimpanzés, gorilas, orangotangos e nós mesmos). E, dentro dos *Hominoidea*, somos agrupados com os grandes símios na família dos Hominídeos, compartilhando aspectos únicos, como unhas das mãos achatadas, 32 dentes, ovários aumentados e cuidados parentais prolongados. Essas características compartilhadas mostram que nosso ancestral comum com os grandes símios viveu mais recentemente do que nosso ancestral comum com quaisquer outros mamíferos.

Dados moleculares derivados do DNA e de sequências de proteínas confirmam essas relações e também nos dizem *grosso modo* quando foi que divergimos de nossos parentes. Somos parentes mais próximos dos chimpanzés – igualmente dos chimpanzés-comuns e dos bonobos – e divergimos de nosso ancestral comum há 7 milhões de anos aproximadamente. O gorila é um parente um pouco mais distante e os orangotangos, mais distantes ainda (13 milhões de anos desde o ancestral comum).

Mesmo assim, para muitos, a evidência fóssil é psicologicamente mais convincente do que os dados moleculares. Uma coisa é sabermos que partilhamos 98,5% de nossa sequência de DNA com os chimpanzés e outra coisa totalmente diferente é ver o esqueleto de um australopitecíneo, com seu crânio pequeno, similar ao de um símio, assentado sobre um esqueleto quase idêntico ao dos humanos modernos. Mas, antes de examinarmos os fósseis, podemos fazer algumas previsões sobre o que seria possível esperar encontrar se os humanos evoluíssem dos símios.

Qual deveria ser o aspecto de nosso "elo perdido" com os símios? Lembre-se de que o "elo perdido" é a *espécie ancestral individual* que deu origem aos humanos modernos por um lado e aos chimpanzés por outro. Não é razoável esperar que essa espécie individual crucial seja descoberta, pois sua identificação exigiria uma completa série de fósseis descendentes de ancestrais tanto do chipanzé quanto das linhagens humanas, séries que poderíamos rastrear em sentido contrário até que se juntassem no ancestral. Exceto para alguns microrganismos marinhos, essas sequências fósseis completas não são disponíveis. Nossos primeiros ancestrais humanos eram maiores, relativamente poucos em número comparados com espécies de pasto como os antílopes, e habitavam uma pequena parte da África em condições de aridez nada propícias à fossilização. Seus fósseis, como os de todos os símios e macacos, são escassos. Isso se parece com o problema que enfrentamos em relação à evolução das aves, para as quais os fósseis transicionais também são raros. Com certeza podemos traçar a evolução das aves a partir de répteis com penas, mas não estamos exatamente seguros a respeito de quais espécies fósseis foram os ancestrais diretos das aves modernas.

Considerando tudo isso, não podemos esperar encontrar a espécie individual particular que representa o "elo perdido" entre os humanos e os demais símios. Só podemos esperar encontrar seus primos evolucionários. Vale lembrar também que esse ancestral comum não era um chipanzé e provavelmente não se parecia nem com os chipanzés nem com os humanos modernos. Não obstante, é provável que o "elo perdido" estivesse mais próximo em aparência dos chipanzés modernos do que dos humanos modernos. Somos o homem, esse ser estranho na evolução dos símios modernos, que se parecem muito mais entre eles do que se parecem conosco. Os gorilas são nossos primos distantes e, no entanto, compartilham com os chipanzés traços como o cérebro relativamente pequeno, a pelagem farta, o andar sobre os nós dos dedos e caninos grandes e pontiagudos. Além disso, gorilas e chipanzés têm uma "arcada dentária retangular": quando vista de cima, a fileira de baixo de seus dentes se parece com os três lados de um retângulo (ver figura 27). Os humanos são a única espécie que divergiu do plano-base dos símios: temos polegares singularmente flexíveis, muito pouco pelo, dentes caninos menores e mais rombudos, e andamos eretos. Nossa fileira de dentes não é retangular, mas parabólica, como você pode ver examinando seus dentes da arcada de baixo no espelho. O mais impressionante é que temos um cérebro bem maior do que o de qualquer símio: o cérebro de um chipanzé adulto tem um volume de cerca de 450 centímetros cúbicos e o de um humano moderno tem aproximadamente 1.450 centímetros cúbicos. Ao comparar as similaridades de chipanzés, gorilas e orangotangos com os traços divergentes dos humanos, podemos concluir que, em relação ao nosso ancestral comum, mudamos mais do que o fizeram os modernos símios.

Desse modo, por volta de 5 milhões a 7 milhões de anos esperamos encontrar ancestrais fósseis com traços compartilhados por chipanzés, orangotangos e gorilas (esses traços são compartilhados porque estavam presentes no ancestral comum), mas também com alguns traços humanos. Conforme examinamos fósseis mais e mais recentes, deveremos ver cérebros tornando-se relativamente maiores, dentes caninos ficando menores, a fileira de dentes ficando menos retangular e mais curva e a postura, mais ereta. E é isso exatamente o que vemos. Embora longe de estar completo, o registro da evolução humana é uma das melhores confirmações que temos da previsão evolucionária, especialmente gratificante porque foi essa a previsão de Darwin.

Mas, primeiro, algumas advertências. Não temos (nem poderíamos esperar ter) um registro fóssil contínuo da ancestralidade humana. Em vez disso, vemos um emaranhado de muitas espécies diferentes. A maioria delas foi extinta sem deixar descendentes e apenas uma linhagem genética traçou seu caminho através do tempo e veio a se tornar os humanos modernos. Ainda não sabemos ao certo que espécies fósseis se estendem ao longo desse caminho particular, nem quais delas deram num beco sem saída evolucionário. A coisa mais surpreendente que aprendemos a respeito de nossa história é que tivemos vários primos evolucionários próximos que morreram sem deixar descendentes. É até possível que tenham vivido na África nada menos do que quatro espécies humanas ao mesmo tempo e talvez no mesmo lugar. Imagine os encontros que podem ter ocorrido! Será que umas espécies mataram as outras, ou tentaram acasalar entre elas?

E os nomes dos fósseis humanos ancestrais não podem ser levados a sério demais. Como a teologia, a paleontologia é um campo no qual os estudiosos são em número bem maior do que os objetos de estudo. Há debates muito animados – e às vezes ásperos – sobre se um dado fóssil é realmente algo novo ou é apenas mera variante de uma espécie já nomeada. Essas discussões a respeito de nomes científicos com frequência têm pouco sentido. Decidir se um fóssil associado ao humano deve ser nomeado como sendo de uma espécie ou de outra pode envolver questões tão pequenas quanto meio milímetro de diferença no diâmetro de um dente, ou sutis diferenças no formato de um fêmur. O problema é que simplesmente há muito poucos espécimes, espalhados por áreas geográficas extensas demais, para que se possa tomar decisões como essas com algum grau de certeza. Novos achados e revisões de antigas conclusões ocorrem a toda hora. O que devemos ter em mente é a tendência geral dos fósseis ao longo do tempo, que mostra claramente uma mudança de traços simiescos para traços hominíneos.

Vejamos agora os ossos. Os antropólogos aplicam o termo *hominíneo* a todas as espécies do lado "humano" da nossa árvore familiar depois que ela se dividiu do ramo que veio originar os chipanzés modernos.[43] Foram nomeados como espécies separadas vinte tipos de hominíneos: na figura 24, quinze deles estão mostrados por ordem aproximada de aparição.

Na figura 25, mostro os crânios de alguns hominíneos representativos, junto com os de um chipanzé moderno e um humano moderno, para efeito de comparação.

Nossa principal questão é, sem dúvida, como determinar o *padrão* da evolução humana. Em que ponto localizamos os fósseis mais antigos que poderiam representar os nossos ancestrais que já haviam divergido de outros símios? Quais dos nossos parentes hominíneos foram extintos e quais foram nossos ancestrais diretos? De que modo os traços de um símio ancestral se tornam os de humanos modernos? O que teria evoluído primeiro: o nosso grande cérebro ou a postura ereta? Sabemos que os humanos *começaram* a evoluir na África, mas que partes da nossa evolução ocorreram em outros lugares?

Exceto por alguns fragmentos de ossos, cuja classificação é incerta, até recentemente o registro fóssil de hominíneos não remontava a além de 4 milhões de anos. Mas, em 2002, Michel Brunet e seus colegas anunciaram a impressionante descoberta de um possível hominíneo mais velho, o *Sahelanthropus tchadensis*, dos desertos centro-africanos do Chade, a região conhecida como Sahel. A coisa mais surpreendente a respeito desse achado é sua data: entre 6 milhões e 7 milhões de anos atrás, justamente o período em que as evidências moleculares apontam ter a nossa linhagem divergido da dos chipanzés. O *Sahelanthropus* pode bem representar o mais antigo ancestral humano – ou ser um ramo lateral que se extinguiu. Mas sua mistura de traços certamente parece colocá-lo no lado humano da divisão humano/chipanzé. O que temos aqui é um crânio quase completo (embora um pouco esmagado durante a fossilização), mas que constitui um *mosaico*, mostrando uma curiosa mistura de traços hominíneos e simiescos. Como os símios, tinha um crânio alongado com um cérebro pequeno do tamanho do de um chipanzé, mas, como os hominíneos posteriores, tinha um rosto plano, dentes pequenos e arcada supraorbitária (figura 25).

Na ausência do restante do esqueleto, não podemos dizer se o *Sahelanthropus* tinha a crucial capacidade de andar em pé, mas há um indício tentador de

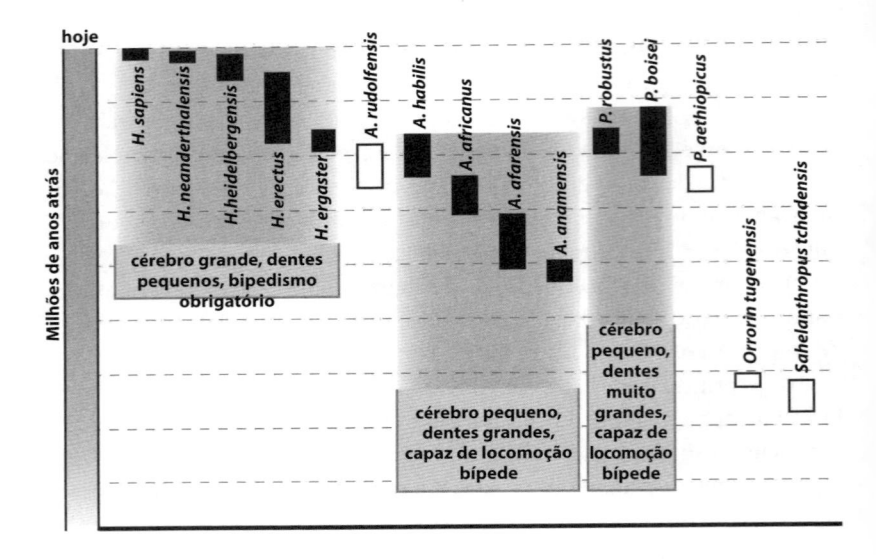

FIGURA 24. Quinze espécies hominíneas, os períodos nos quais ocorreram como fósseis, e a natureza de seu cérebro, dentes e locomoção. Os fósseis indicados por caixas claras são fragmentários demais para permitir conclusões sobre a locomoção e a dimensão do cérebro.

que talvez fosse assim. Em espécies que andam sobre os nós dos dedos, como os gorilas e chipanzés, a postura usual do animal é horizontal, de modo que sua medula espinhal se insere no crânio vindo de trás. Nos humanos eretos, porém, o crânio assenta-se diretamente na medula espinhal. Você pode ver essa diferença na posição daquela abertura do crânio pela qual passa a medula espinhal (o *foramen magnum*, expressão latina para "grande buraco"): esse buraco fica mais à frente nos humanos. No *Sahelanthropus*, o buraco é mais à frente do que nos símios que andam sobre os nós dos dedos. Isso é instigante, pois, se essa espécie realmente estava do lado dos hominíneos da divisão, isso sugere que o caminhar bípede foi uma das primeiras inovações evolucionárias a nos distinguir dos demais símios.[44]

Depois do *Sahelanthropus*, temos alguns poucos fragmentos de 6 milhões de anos de idade provenientes de outra espécie, *Orrorin tugenensis*, incluindo um único osso da perna que tem sido interpretado como evidência de

E NÓS?

Homo sapiens

Homo habilis

Australopithecus afarensis

Sahelanthropus tchadensis

Paranthropus boisei

Pan troglodytes (chipanzé)

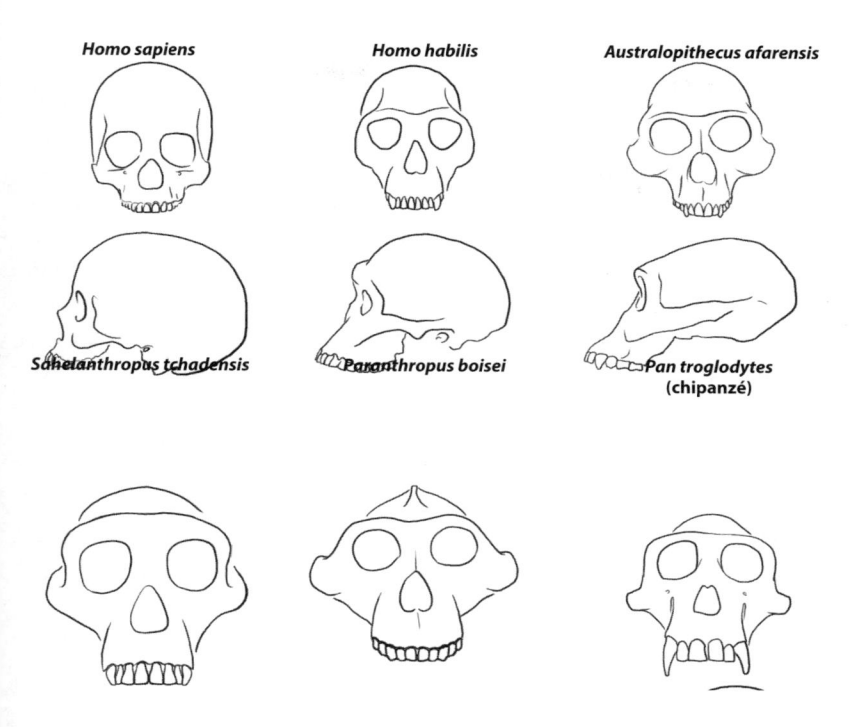

FIGURA 25. Crânios de humanos modernos *(Homo sapiens)*, de hominíneos antigos e de um chipanzé *(Pan troglodytes)*.

bipedismo. Mas então há um intervalo de 2 milhões de anos sem fósseis de hominíneos expressivos. É nesse intervalo que, um dia, encontraremos informação crucial a respeito de quando começamos a andar eretos. Mas, a partir de cerca de 4 milhões de anos atrás, os fósseis reaparecem, e neles vemos ramos que surgem da árvore de hominíneos. Na realidade, várias espécies podem ter vivido ao mesmo tempo. Entre essas está o "grácil" (esbelto e gracioso) australopitecíneo, que de novo mostra mistura de traços simiescos e humanoides. No lado dos símios, seu cérebro é mais ou menos do tamanho do do chipanzé e seu crânio é mais simiesco do que o do humanoide. Mas os dentes são relativamente pequenos e dispostos em fileiras a meio caminho entre a formação retangular dos símios e o palato parabólico dos humanos. E eram definitivamente bípedes.

Um antigo conjunto de fósseis do Quênia, agrupados como *Australopithecus anamensis*, dá indicações tentadoras de bipedismo a partir de um único osso de perna fossilizado. Mas o achado decisivo foi feito por Donald Johanson, um paleoantropólogo americano que fazia prospecção de fósseis na região de Afar, na Etiópia. Na manhã de 30 de novembro de 1974, Johanson acordou sentindo-se com boa sorte e fez uma anotação nesse sentido no seu diário de campo. Mas não tinha ideia da dimensão da sua sorte. Depois de procurar em vão a manhã inteira numa vala seca, Johanson e Tom Gray, um estudante graduado, estavam quase desistindo e voltando ao acampamento. De repente, Johanson localizou um osso de hominídeo no chão, depois outro e mais outro. Fato notável: eles haviam topado com os ossos de um único indivíduo, mais tarde designado formalmente como AL 288-1, mas que ficou mais famoso como "Lucy", em homenagem à música dos Beatles *Lucy in the Sky with Diamonds*, tocada repetidamente no acampamento para celebrar o achado.

Quando as centenas de fragmentos de Lucy foram reunidas, constatou-se ser uma fêmea de uma nova espécie, o *Australopithecus afarensis*, com data de 3,2 milhões de anos. Tinha entre vinte e trinta anos de idade, cerca de 1,5 metro de altura, pesava escassos 30 quilos e possivelmente sofria de artrite. Mas, mais importante, andava sobre as duas pernas.

Como podemos afirmar isso? Pela maneira como o fêmur (o osso da coxa) se liga à pélvis numa de suas extremidades e ao joelho, na outra (figura 26). Em primatas de andar bípede, como nós, os fêmures têm uma angulação a partir dos quadris que faz o centro de gravidade localizar-se em determinado ponto durante o andar, permitindo um passo bípede eficiente no sentido longitudinal. Nos símios, que andam sobre os nós dos dedos, os fêmures são levemente deslocados para fora, deixando as pernas arqueadas. Assim, quando tentam andar eretos, os símios balançam o corpo desajeitadamente, como o Carlitos, de Charles Chaplin.[45] Portanto, se você pega um fóssil de primata e examina como o fêmur se adapta à pélvis, pode dizer se essa criatura andava em duas pernas ou de quatro. Se a angulação do fêmur é para dentro, trata-se de um bípede. E o de Lucy tinha essa angulação para dentro – quase no mesmo ângulo que o dos humanos modernos. Ela andava ereta. Sua pélvis também lembra a dos humanos modernos, bem mais do que a dos modernos chipanzés.

Uma equipe de paleoantropólogos liderada por Mary Leakey confirmou o bipedismo do *A. afarensis* por meio de outro achado notável na Tanzânia: as famosas "pegadas de Laetoli". Em 1976, Andrew Hill e outro membro da equipe

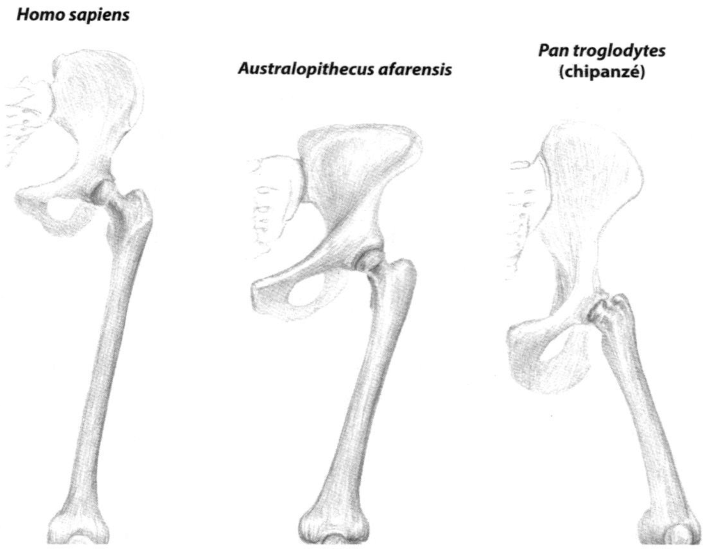

FIGURA 26. O assentamento do fêmur (o osso longo da coxa) à pélvis nos humanos modernos, nos chipanzés e no *Australopithecus afarensis*. A pélvis do *A. afarensis* é intermediária em relação aos outros dois, mas seu fêmur, apontado para dentro – sinal de andadura ereta –, lembra o dos humanos e contrasta com o fêmur aberto para fora dos chipanzés, que andam sobre os nós dos dedos.

estavam fazendo uma pausa e divertindo-se com um dos passatempos prediletos no campo: ficar atirando pedaços de esterco de elefante um no outro. Quando procurava "munição" no leito de um riacho seco, Hill deparou com um rastro de pegadas fossilizadas. Após uma cuidadosa escavação, as pegadas revelaram fazer parte de uma trilha de 25 metros feita por dois hominíneos que haviam claramente andado em duas pernas (não havia marcas de nós dos dedos), sob uma tempestade de cinzas em meio a uma erupção vulcânica. Essa tempestade foi seguida por uma chuva que transformou as cinzas numa camada similar a cimento, depois selada por outra camada de cinza seca que preservou as pegadas.

As pegadas de Laetoli são praticamente idênticas às feitas pelos humanos modernos andando em piso mole. E os pés eram quase com certeza de um parente de Lucy: os rastros têm o tamanho certo e a trilha data de cerca de 3,6 milhões de anos atrás, uma época em que o *A. afarensis* era o único hominíneo registrado. O que temos aqui é um achado dos mais raros – comportamento humano fossilizado.[46] Um dos rastros é maior do que o outro, portanto foram provavelmente feitos por um macho e uma fêmea (outros fósseis de *afarensis* têm mostrado dimorfismo sexual em tamanho). As pegadas da fêmea parecem um pouco mais profundas de um lado do que no outro: ela poderia estar carregando uma criança no quadril. A trilha evoca imagens de um pequeno casal, peludo, andando pela planície durante uma erupção vulcânica. Estariam assustados, de mãos dadas?

Como outros australopitecíneos, Lucy tinha cabeça similar à de um símio, com uma caixa craniana do tamanho da do chipanzé. Mas seu crânio mostra também mais traços de humanos, como uma arcada dentária semiparabólica e dentes caninos reduzidos (figuras 25 e 27). Entre a cabeça e a pélvis ela tinha uma mistura de traços de símios e de humanos: os braços eram relativamente mais longos que os dos humanos modernos, mas mais curtos que os dos chipanzés, e os ossos dos dedos eram um pouco curvados, como os dos símios. Isso levou à sugestão de que o *afarensis* talvez passasse pelo menos algum tempo nas árvores.

Não poderíamos encontrar uma forma transicional dos humanos para os antigos símios melhor do que Lucy. Do pescoço para cima, ela é simiesca; no meio, é uma mistura; e da cintura para baixo é quase um humano moderno. E ela nos revela um fato crucial a respeito da nossa evolução: nossa postura ereta evoluiu muito antes do nosso cérebro grande. Quando foi feita, essa descoberta contrariava o saber convencional de que o cérebro maior havia evoluído primeiro; ela nos fez repensar a maneira pela qual a seleção natural podia ter moldado os humanos modernos.

Depois do *A. afarensis*, o registro fóssil mostra uma miscelânea confusa de graciosas espécies de australopitecíneos, que se estenderam até cerca de 2 milhões de anos atrás. Vistos cronologicamente, eles mostram uma progressão para formas humanas mais modernas: a arcada dentária torna-se mais parabólica, o cérebro fica maior e o esqueleto perde seus traços simiescos.

Depois as coisas ficam ainda mais confusas, pois 2 milhões de anos atrás é a linha limite entre os fósseis situados no gênero *Australopithecus* e os situados no mais recente gênero *Homo*. No entanto, não devemos achar que essa mudança de nomes signifique que algo importante aconteceu – que os "verdadeiros humanos" de repente evoluíram. O fato de chamarmos um fóssil por um nome ou outro depende de ele ter um cérebro maior (*Homo*) ou menor

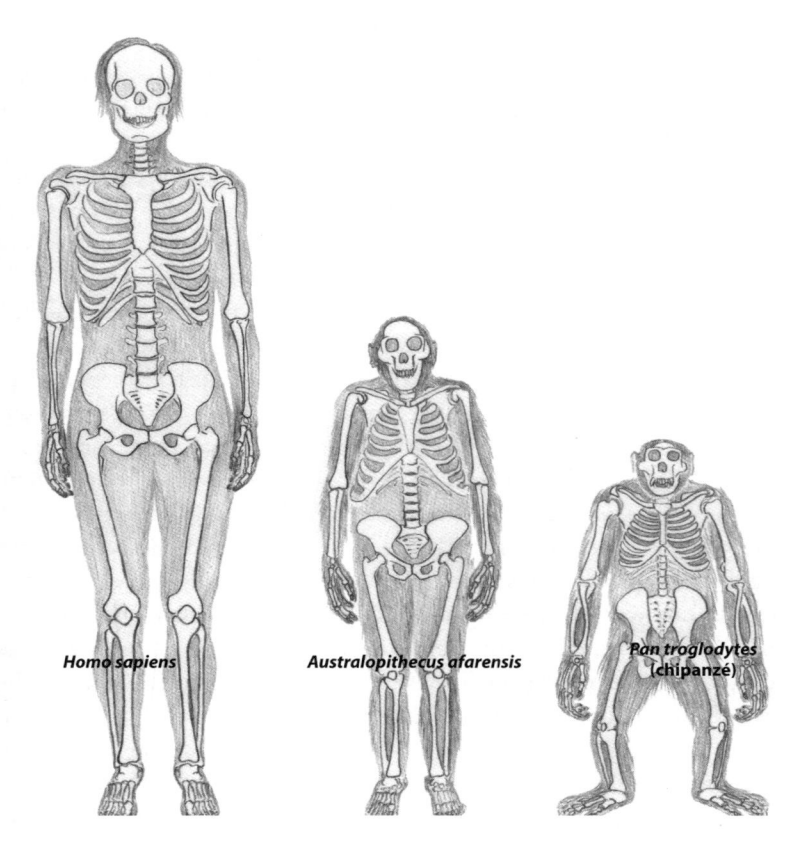

FIGURA 27. Os esqueletos e arcadas dentárias do moderno *Homo sapiens*, do *Australopithecus afarensis* ("Lucy") e de um chipanzé. Embora os chipanzés não sejam ancestrais da linhagem humana, provavelmente se parecem com o ancestral comum mais do que os humanos. Em muitos aspectos, o *A. afarensis* é uma forma intermediária da morfologia simiesca para a humana.

(*Australopithecus*), geralmente com uma linha de corte um pouco arbitrária de cerca de 600 centímetros cúbicos. Alguns fósseis de *Australopithecus*, como o *A. rudolfensis*, mostram-se tão intermediários no tamanho do cérebro, que os cientistas discutem acaloradamente se devem ser chamados de *Homo* ou de *Australopithecus*. Esse problema de nomeação é agravado pelo fato de que mesmo numa única espécie há uma considerável variação no tamanho do cérebro (os humanos modernos, por exemplo, abrangem uma ampla faixa: entre 1.000 e 2.000 centímetros cúbicos, o que, a propósito, não tem correlação com a inteligência). Mas as dificuldades semânticas não nos devem afastar da compreensão de que os australopitecíneos mais recentes, já bípedes, estavam começando a mostrar mudanças nos dentes, crânio e cérebro que pressagiavam os humanos modernos. É muito provável que a linhagem que deu origem aos humanos modernos incluísse pelo menos uma dessas espécies.

Outro grande salto adiante na evolução humana foi a capacidade de fazer e usar ferramentas. Embora os chimpanzés utilizem ferramentas simples, como pauzinhos para extrair cupins dos ninhos, o uso de ferramentas mais elaboradas provavelmente exigiu polegares mais flexíveis e uma postura ereta que permitisse liberar as mãos. O primeiro humano que inequivocamente utilizou as mãos foi o *Homo habilis* (figura 25), cujos primeiros restos datam de 2,5 milhões de anos atrás. *H. habilis* significa "homem hábil", estando seus fósseis associados a uma variedade de ferramentas de pedra lascada usadas para cortar, raspar e abater animais. Não temos certeza se essa espécie era um ancestral direto do *H. sapiens*, mas o *habilis* apresenta de fato mudanças na direção de uma condição mais humana, incluindo dentes posteriores mais reduzidos e um cérebro maior do que o dos australopitecíneos. Um molde de cérebro mostra nítidas expansões correspondentes à área de Broca e à área de Wernicke, partes do lobo esquerdo do cérebro associadas à produção da fala e à compreensão. Essas expansões levantam a possibilidade – ainda longe de ser segura – de que o *habilis* foi a primeira espécie com linguagem falada.

Sabemos ao certo que o *H. habilis* coexistiu – no tempo, embora talvez não no espaço – com uma série de outros hominíneos. Os mais famosos são os hominíneos "robustos" (opostos aos "graciosos") da África oriental. Há pelo menos três desses – o *Paranthropus* (ou *Australopithecus*) *boisei* (figura 25), o *P. robustus* e o *P. aethiopicus*, todos com grandes crânios, dentes mastigatórios pesados (alguns dos molares tinham quase uma polegada de largura), ossos robustos e cérebros relativamente pequenos. Eles também ostentavam cristas sagitais: uma reentrância óssea sobre o crânio que ancorava grandes músculos mastigatórios. Essa espécie robusta provavelmente subsistiu à base de alimentos grosseiros, como raízes, nozes e tubérculos (o *P. boisei*, descoberto por Louis Leakey, foi apelidado de "Homem quebra-nozes"). Essas três espécies foram todas extintas há 1 milhão de anos, não deixando descendentes.

E NÓS?

Mas o *H. habilis* pode ter convivido com três espécies de *Homo*: o *H. ergaster*, o *H. rudolfensis* e o *H. erectus*, embora cada uma delas mostre considerável variação e as relações recíprocas sejam controvertidas. O *H. erectus* ("homem ereto") ostenta a distinção de ser o primeiro hominíneo a deixar a África: seus restos têm sido encontrados na China ("homem de Pequim"), Indonésia ("homem de Java"), Europa e Oriente Médio. É provável que, conforme sua população na África se espalhou, o *erectus* simplesmente tenha procurado novos lugares para viver.

Na época dessa diáspora, o tamanho do cérebro do *erectus* era quase igual ao dos humanos modernos. Seu esqueleto era também quase idêntico ao nosso, embora ele ainda tivesse rosto achatado, com a face sem queixo (o queixo é a marca característica do moderno *H. sapiens*). Suas ferramentas eram elaboradas, particularmente as do *erectus* tardio, que criava machados de pedra e raspadores complexos, com intrincados recortes. A espécie também parece responsável por um dos mais significativos eventos na história da cultura humana: o controle do fogo. Numa caverna em Swartkrans, na África do Sul, cientistas encontraram restos de *erectus* junto com ossos queimados – ossos aquecidos a temperatura alta demais para terem sido queimados por uma fogueira de gravetos. Podiam ser os restos de animais cozidos sobre uma fogueira maior ou uma fornalha.

O *H. erectus* era uma espécie muito bem-sucedida, não só em dimensão populacional como em longevidade. Subsistiu por cerca de 1,5 milhão de anos, desaparecendo do registro fóssil há cerca de 300 mil anos. Pode, no entanto, ter deixado dois famosos descendentes: o *H. heidelbergensis* e o *H. neanderthalensis*, conhecidos respectivamente como "*H. sapiens* arcaico" e o famoso "homem de Neanderthal". Ambos são às vezes classificados como subespécies (populações diferenciadas, mas que se intercruzavam) de *H. sapiens*, embora não tenhamos ideia sobre se contribuíram ou não com o *pool* de genes dos humanos modernos.

Vivendo no que hoje conhecemos como Alemanha, Grécia e França, assim como na África, o *H. heidelbergensis* apareceu meio milhão de anos atrás, mostrando uma mistura de traços dos humanos modernos e do *H. erectus*. Os Neanderthais apareceram um pouco mais tarde – 230 mil anos atrás – e viveram por toda a Europa e pelo Oriente Médio. Tinham cérebro grande – maior ainda que o dos humanos modernos – e eram excelentes fabricantes de ferramentas, além de caçadores hábeis. Alguns esqueletos trazem vestígios de pigmento de cor ocre e são acompanhados de "objetos tumulares", como ossos de animais e ferramentas. Isso sugere que os Neanderthais enterravam seus mortos cerimonialmente – talvez a primeira indicação de uma religião humana.

Mas, por volta de 28 mil anos atrás, os fósseis de Neanderthal desapareceram. Quando eu era estudante, ensinaram-me que eles simplesmente haviam evoluído para os humanos modernos. Essa ideia agora parece incorreta. O que de fato aconteceu com eles talvez seja o maior mistério da evolução humana. Seu desaparecimento pode estar associado à disseminação de outra forma originária da África: o *Homo sapiens*. Como vimos, cerca de 1,5 milhão de anos atrás, o *H. erectus* se havia espalhado da África à Indonésia. E nessa espécie havia diferentes "raças", ou seja, populações que diferiam em alguns de seus traços (o *H. erectus* da China, por exemplo, tinha dentes incisivos em forma de pá, o que não ocorria em outras populações). Então, há cerca de 300 mil anos, todas as populações de *H. erectus* de repente desapareceram e foram substituídas por fósseis de *H. sapiens* "anatomicamente modernos", que tinham esqueletos quase idênticos aos dos humanos de hoje. Os Neanderthais ainda continuaram por um tempo, mas, depois que encontraram um último reduto nas cavernas que dão para o estreito de Gibraltar, cederam lugar ao moderno *H. sapiens*. Em outras palavras, o *Homo sapiens*, ao que parece, expulsou todos os demais hominíneos da Terra.

O que aconteceu? Há duas teorias. A primeira, chamada de teoria "multirregional", propõe uma substituição "evolucionária": o *H. erectus* (e talvez o *H. neanderthalensis*) simplesmente evoluiu para o *H. sapiens*, de modo independente em diversas áreas, talvez devido ao fato de a seleção natural estar agindo da mesma forma na Ásia, Europa e África.

A segunda ideia, apelidada de teoria "fora da África"[47], propõe que o moderno *H. sapiens* se originou na África e se espalhou, substituindo *fisicamente* o *H. erectus* e os Neanderthais, talvez por ter vencido a competição com ambos por alimento ou por tê-los matado.

As evidências genéticas e fósseis dão apoio à teoria "fora da África", mas o debate continua. Por quê? Provavelmente porque se concentra na importância da raça. Quanto mais as populações humanas ficam separadas, mais diferenças genéticas acumulam. A hipótese multirregional, com sua divisão de populações há cerca de 1 milhão de anos, faz prever quinze vezes mais diferenças genéticas entre as raças do que se nossos ancestrais humanos tivessem deixado a África apenas 60 mil anos atrás. Adiante falaremos mais das raças.

E NÓS?

Uma população de hominíneos mais antigos pode ter sobrevivido à extinção mundial do *H. erectus* e talvez seja o ramo mais bizarro da árvore familiar humana. Descobertos em 2003 na ilha de Flores, na Indonésia, indivíduos *Homo floresiensis* foram prontamente apelidados de "hobbits", pois sua altura quando adultos era de apenas 1 metro e pesavam escassos 22 quilos – mais ou menos o porte de uma criança de cinco anos de idade. Seu cérebro também era proporcionalmente pequeno – mais ou menos do tamanho do cérebro dos australopitecíneos. Mas seus dentes e esqueletos eram indiscutivelmente os do *Homo*. Usavam ferramentas de pedra e podem ter predado os dragões-de-komodo e elefantes-anões que povoavam a ilha. Fato impressionante é que os fósseis de *floresiensis* datam de apenas 18 mil anos atrás, bem depois do desaparecimento dos Neanderthais e 25 séculos depois da chegada dos modernos *H. sapiens* à Austrália. O melhor palpite é que o *floresiensis* representa uma população isolada de *H. erectus* que colonizou Flores e foi de algum modo ultrapassada pela disseminação do moderno *H. sapiens*. Embora o *floresiensis* fosse provavelmente um beco sem saída evolucionário, é difícil não se encantar pela ideia de uma população recente de pequenos humanos que caçavam elefantes-anões com miniaturas de lanças; e os hobbits têm atraído amplo interesse do público.

Mas a natureza dos fósseis de *floresiensis* é controvertida. Alguns defendem que o pequeno porte do único crânio bem preservado de que se dispõe talvez seja simplesmente de um indivíduo doente do moderno *Homo sapiens* – quem sabe de uma vítima de cretinismo por hipotireoidismo, um distúrbio que produz crânios e cérebros anormalmente pequenos. No entanto, análises recentes de fósseis de ossos do pulso dão sustentação ao *H. floresiensis* como espécie genuína de hominíneo. Mas ainda restam questões.

Então, o que é que vemos ao examinar a série inteira de ossos? Sem dúvida, uma evidência indiscutível da evolução humana a partir de ancestrais simiescos. É claro que não conseguimos ainda traçar uma linhagem contínua partindo de um antigo hominíneo simiesco até chegar ao moderno *Homo sapiens*. Os fósseis estão espalhados no tempo e no espaço, como uma série de pontos que ainda é preciso unir genealogicamente. E talvez nunca consigamos ter fósseis suficientes para unir todos esses pontos. Mas se você colocar esses pontos em ordem cronológica, como na figura 24, verá exatamente o que Darwin previu: fósseis que começam simiescos e à medida que o tempo passa se tornam cada vez mais como os seres humanos modernos. É um fato que a nossa divergência do ancestral dos chipanzés ocorreu na África oriental ou central cerca de

7 milhões de anos atrás e que o andar bípede evoluiu bem antes da evolução de um grande cérebro. Sabemos que durante grande parte da evolução dos hominíneos existiram várias espécies ao mesmo tempo, às vezes no mesmo lugar. Devido ao pequeno porte da população de humanos e à improbabilidade de sua fossilização (lembre-se que esta em geral requer que o corpo encontre uma maneira de entrar na água e que depois seja rapidamente coberto por sedimentos), é surpreendente que tenhamos um bom registro, como temos. Não parece possível que, mesmo após examinar os fósseis disponíveis ou dar uma olhada na figura 25, alguém possa ainda negar que os humanos evoluíram.

No entanto, alguns ainda negam. Ao lidar com o registro fóssil humano, os criacionistas fazem malabarismos extremos, na verdade quase cômicos, para não ter que admitir o óbvio. Na realidade, preferem evitar o assunto. Quando obrigados a confrontá-lo, simplesmente classificam os fósseis de hominíneos no que eles veem como dois grupos distintos – humanos e símios – e afirmam então que esses grupos estão separados por uma grande e intransponível brecha. Isso reflete sua visão de base religiosa segundo a qual, embora algumas espécies possam ter evoluído de outras, com os humanos isso não se deu, pois eles foram objeto de um ato especial de criação. Mas o disparate todo fica evidente pelo fato de os criacionistas não conseguirem entrar em acordo a respeito de quais fósseis exatamente são "humanos" e quais são "simiescos". Espécimes de *H. habilis* e de *H. erectus*, por exemplo, são classificados como "símios" por alguns criacionistas e como "humanos" por outros. Um autor chegou a descrever um espécime de *H. erectus* como símio num de seus livros e como humano em outro![48] Não há nada que mostre melhor a posição intermediária desses fósseis do que a incapacidade dos criacionistas em classificá-los de modo coerente.

Mas, então, o que foi que impulsionou a evolução dos humanos? É sempre mais fácil documentar a mudança evolucionária do que compreender as forças por trás dela. O que vemos no registro fóssil humano é o surgimento de complexas adaptações, como a postura ereta e os crânios remodelados, duas coisas que envolvem muitas mudanças coordenadas em anatomia; portanto, não há dúvida de que a seleção natural esteve envolvida nisso. Mas que tipo de seleção? Quais são exatamente as vantagens reprodutivas de cérebros maiores, da postura ereta e de dentes menores? É provável que não se chegue a saber isso ao certo e que seja possível apenas fazer conjecturas, algumas mais plausíveis, outras menos. Mas podemos enriquecer essas conjecturas com mais dados se

E NÓS?

aprendermos algo sobre o ambiente em que os humanos evoluíram. Entre 10 milhões e 3 milhões de anos atrás, a mudança ambiental mais profunda na África Oriental e Central foi a seca. Nesse período crítico da evolução dos hominíneos, o clima se tornou gradualmente mais seco, para depois seguir por fases alternadas e erráticas de seca e chuva (essa informação vem de pólen e de poeira africanos levados para o oceano e preservados em sedimentos). Nos períodos de seca, as florestas tropicais deram lugar a um habitat mais aberto, com savanas, pastos e floresta aberta, ou até mesmo arbustos do deserto. Esse é o palco em que se encenou o primeiro ato da evolução humana.

Muitos biólogos sentem que essas mudanças de clima e ambiente tiveram algo a ver com o primeiro traço significativo dos hominíneos decorrente da evolução: o bipedismo. A explicação clássica é que andar sobre duas pernas permitiu que os humanos se deslocassem com maior eficiência de um trecho de floresta a outro atravessando um habitat recém-aberto. Mas isso parece improvável, porque estudos referentes a andar sobre os nós dos dedos e bipedismo mostram que essas formas de locomoção não usam quantidades de energia significativamente diferentes. Além disso, há uma série de outras razões pelas quais andar ereto poderia ter constituído uma vantagem seletiva. Por exemplo, poderia ter liberado as mãos e permitido coletar e carregar tipos de alimentos que tivessem ficado disponíveis, como carne e tubérculos (isso talvez explique nossos dentes menores e o aumento da destreza manual). Andar ereto também poderia ter ajudado a lidar com a alta temperatura ao distanciar nosso corpo do chão, reduzindo a área de superfície exposta ao sol. Temos bem mais glândulas sudoríparas do que qualquer outro símio e, como os pelos interferem com a refrescante evaporação do suor, isso talvez explique nossa condição exclusiva de "macacos pelados". Existe até uma improvável teoria do "macaco aquático", segundo a qual os primeiros hominíneos passavam a maior parte do tempo procurando comida na água, e que a postura ereta teria sido uma evolução voltada para permitir manter nossa cabeça acima da superfície. O livro de Jonathan Kingdon sobre bipedismo, *Lowly Origin*, descreve mais teorias ainda. E, é claro, tais forças evolucionárias não são mutuamente excludentes: várias delas podem ter atuado em conjunto. Infelizmente, não podemos mais distinguir umas das outras.

O mesmo vale para a evolução de um cérebro de tamanho maior. Segundo reza a história adaptativa clássica, depois que nossas mãos se libertaram ao evoluirmos para o andar sobre duas pernas, os hominíneos fomos capazes de criar ferramentas, o que levou a seleção a promover cérebros maiores que permitissem vislumbrar e criar ferramentas mais complexas. Essa teoria tem a seu favor o fato de que a primeira ferramenta apareceu por volta da mesma época em que os cérebros começaram a ficar maiores. Mas ignora outras pressões seletivas para um cérebro maior e mais complexo, como o desenvolvimento da linguagem, lidar com as complexidades psicológicas das sociedades primitivas, planejar o futuro e assim por diante.

Esses mistérios a respeito de *como* evoluímos não nos devem afastar do fato indiscutível de que, *de fato*, evoluímos. Mesmo sem fósseis, temos evidências da evolução humana a partir da anatomia comparativa, da embriologia, dos nossos traços vestigiais e mesmo da biogeografia. Sabemos que nosso embrião guarda similaridades com os peixes, temos conhecimento dos nossos genes mortos, da transitória capa de pelos dos fetos humanos e do nosso *design* precário, com tudo isso dando testemunho das nossas origens. O registro fóssil na realidade é a cobertura do bolo.

NOSSA HERANÇA GENÉTICA

Mesmo que não seja possível ainda entender por que a evolução nos tornou diferentes dos outros símios, não seria possível pelo menos descobrir quantos e que tipo de *genes* nos diferenciam? Encontrar genes "humanos" tornou-se quase o Santo Graal da biologia evolutiva, com muitos laboratórios envolvidos na pesquisa. A primeira tentativa de encontrá-los foi feita em 1975 por Allan Wilson e Mary-Claire King, na Universidade da Califórnia. Seus resultados foram surpreendentes. Examinando sequências de proteínas extraídas de humanos e de chipanzés, os dois descobriram que elas diferiam, em média, em apenas 1% aproximadamente (trabalhos mais recentes não mudaram muito esse valor: a diferença subiu para cerca de 1,5%). King e Wilson concluíram que havia uma notável similaridade genética dos humanos com seus parentes mais próximos. Eles especularam que talvez mudanças em apenas uns poucos genes teriam produzido as notáveis diferenças evolucionárias entre humanos e chipanzés. Esse resultado gerou uma tremenda publicidade na imprensa tanto popular quanto científica, pois parecia implicar que a "humanidade" se apoiava apenas num punhado de mutações-chave.

Mas trabalhos recentes mostram que nossa semelhança genética com nossos primos evolucionários não é tão próxima como pensávamos. Consideremos o seguinte. Uma diferença de 1,5% na sequência de proteína significa que, quando examinamos a mesma proteína (digamos, hemoglobina) de humanos e chipanzés, na média veremos uma diferença em apenas um de cada cem aminoácidos. Mas as proteínas são compostas por *várias centenas* de aminoácidos. Portanto, uma diferença de 1,5% numa proteína que tenha uma extensão de trezentos aminoácidos traduz-se em cerca de quatro diferenças na sequência total da proteína (para usar uma analogia, se você mudar apenas 1% das letras desta página, vai alterar bem mais do que 1% das sentenças). Portanto, essa diferença frequentemente citada de 1,5% entre nós e os chipanzés é na realidade maior do que parece: bem mais de 1,5% das nossas proteínas vão diferir em *pelo menos um aminoácido* em relação à sequência dos chipanzés. E, como as proteínas são essenciais na construção e manutenção de nossos corpos, uma pequena diferença pode ter efeitos substanciais.

Agora que por fim sequenciamos os genomas tanto do chipanzé quando dos humanos, podemos ver diretamente que mais de 80% de todas as proteínas compartilhadas pelas duas espécies diferem em pelo menos um aminoácido. Como nossos genomas têm cerca de 25 mil genes produtores de proteínas, isso se traduz numa diferença na sequência de mais de 20 mil deles. Não se trata de uma divergência trivial. Sem dúvida, o que nos distingue é bem mais do que alguns poucos genes. E evolucionistas moleculares recentemente descobriram que os humanos e os chipanzés diferem não apenas na *sequência* dos genes, mas também na *presença* dos genes. Mais de 6% dos genes encontrados em humanos simplesmente não estão presentes *sob qualquer forma* nos chipanzés. Há mais de 1.400 novos genes expressos nos humanos, mas não nos chipanzés. Também diferimos dos chipanzés no *número de cópias* de muitos dos genes que compartilhamos. A enzima salivar amilase, por exemplo, atua na boca para quebrar o amido em açúcar digerível. Os chipanzés têm apenas uma única cópia do gene, enquanto indivíduos humanos têm entre duas e dezesseis, com uma média de seis cópias. Essa diferença provavelmente resultou da seleção natural, para ajudar-nos a digerir nossa comida, já que a dieta do humano ancestral era provavelmente muito mais rica em amido do que a dos macacos comedores de frutas.

Juntando tudo isso, vemos que a divergência genética de humanos e chipanzés vem sob várias formas – mudanças não só nas proteínas produzidas por genes, mas também na presença ou ausência de genes, no número de cópias de genes, e mudanças ainda em quando e onde os genes são expressos durante o desenvolvimento. Não podemos mais afirmar que a "humanidade" se apoia em apenas um tipo de mutação, ou em mudanças em apenas alguns poucos genes-chave. Mas isso não é realmente uma surpresa se você pensar em quantos traços nos distinguem de nossos parentes próximos. Há diferenças não só em anatomia, mas também em fisiologia (somos os que mais suam entre os símios e somos o único símio cujas fêmeas têm ovulação não aparente)[49], comportamento (os humanos formam casais com vínculo e os outros símios, não), linguagem e tamanho e configuração do cérebro (com certeza deve haver muitas diferenças na maneira pela qual os neurônios em nosso cérebro se conectam). Assim, apesar da semelhança geral com nossos primos primatas, evoluir um humano a partir de um ancestral simiesco provavelmente exigiu substanciais mudanças genéticas.

Será que podemos dizer algo a respeito dos genes específicos que nos tornam realmente humanos? No presente momento, não muito. Usando "scans" genômicos que comparam a sequência inteira de DNA de chimpanzés e humanos, podemos localizar *classes* de genes que têm evoluído rapidamente no ramo humano da nossa divergência. Isso inclui genes envolvidos no sistema imune, na formação de gametas, na morte de células e, mais intrigante, na percepção sensorial e na formação de nervos. Mas é inteiramente diferente concentrar a atenção num único gene e demonstrar quais são as mutações nesse gene que de fato *produziram* diferenças humano/chipanzé. Há "candidatos" a genes desse tipo, incluindo um (*FOXP2*) que poderia ter estado envolvido no surgimento da fala humana[50], mas as evidências são inconclusivas. E isso pode continuar assim para sempre. Para se obter uma prova conclusiva de que um dado gene causa diferenças humano/chipanzé seria preciso mover o gene de uma espécie para outra e ver que diferença faz, não sendo esse o tipo de experimento que qualquer um se disporia a tentar.[51]

A ESPINHOSA QUESTÃO DA RAÇA

Ao viajar ao redor do globo, você pode constatar sem esforço que os humanos das diversas regiões têm aparência diferente. Ninguém, por exemplo, confundiria um japonês com um banto. A existência de tipos humanos visivelmente diferentes é óbvia, mas não há um campo minado maior na biologia humana do que a questão da raça. A maioria dos biólogos fica o mais distante possível dela. Uma olhada na história da ciência nos diz por quê. Desde o início da moderna biologia, a classificação racial andou de mãos dadas com o preconceito racial. Na classificação dos animais do século 18, Carl Lineu notou que os europeus são "governados por leis", os asiáticos "governados por opiniões" e os africanos "governados por caprichos". No seu excelente livro *The Mismeasure of Man* ["A avaliação incorreta do homem"], Stephen Jay Gould documenta a péssima conexão de biólogos e raça no último século.

Em resposta a esses desagradáveis episódios de racismo, alguns cientistas vêm tendo uma reação exagerada, defendendo que as raças humanas não possuem uma correspondente realidade biológica e que são meras "construções" sociopolíticas, não merecedoras de um estudo científico. Mas, para os biólogos, raça – desde que não se aplique a humanos! – sempre foi um termo perfeitamente respeitável. Raças (também chamadas "subespécies" ou "ecotipos") são simplesmente populações de uma espécie que estão geograficamente separadas e diferem no aspecto genético em um ou mais traços.

Existem muitas raças de plantas e animais, como as populações de ratos que diferem apenas pela cor da pelagem, as populações de papagaios que diferem no tamanho e no canto e as raças de plantas que diferem na forma de suas folhas. Sem dúvida, seguindo essa definição, o *Homo sapiens* tem *realmente* raças. E o fato de termos raças é apenas mais uma indicação de que não diferimos de outras espécies que evoluíram.

A existência de diferentes raças entre os humanos mostra que nossas populações foram separadas geograficamente por tempo suficiente para que ocorressem algumas divergências genéticas. Mas a que ponto de divergência? E será que essas divergências genéticas batem com o que os fósseis indicam a respeito de nossa difusão a partir da África? E que tipo de seleção comandou essas diferenças?

Como poderíamos esperar da evolução, a variação física humana ocorre em grupos fechados e, apesar dos valentes esforços de alguns para criar divisões formais de raça, a definição exata de onde se deve traçar a linha demarcatória de uma raça particular é sempre completamente arbitrária. Não há limites nítidos: o número de raças reconhecidas pelos antropólogos tem variado de três a mais de trinta. Ao examinarmos os genes, vemos com maior clareza ainda a falta de diferenças nítidas entre as raças: praticamente todas as variações genéticas reveladas pelas modernas técnicas moleculares correlacionam-se de maneira muito tênue com as combinações clássicas de traços físicos, como cor de pele e tipo de cabelo, comumente usadas para determinar raças.

A evidência genética direta, acumulada ao longo das últimas três décadas, mostra que apenas cerca de 10% a 15% de toda a variação genética em humanos é representada por diferenças *entre* "raças" que são identificadas por suas diferenças na aparência física. O restante da variação genética, 85% a 90%, ocorre *entre indivíduos no interior das raças*.

O que isso significa é que as raças não mostram diferenças do tipo tudo ou nada na forma dos genes (alelos) que elas carregam. Ao contrário, elas geralmente têm os mesmos alelos, mas com frequências diferentes. O gene do grupo sanguíneo ABO, por exemplo, tem três alelos: A, B e O. Quase todas as populações humanas têm essas três formas, mas elas estão presentes com frequências diferentes nos diferentes grupos. O alelo O, por exemplo, tem uma frequência de 54% entre os japoneses, 64% entre os finlandeses, 74% entre os !Kung sul-africanos[*] e 85% entre os navajos. Isso é característico do tipo de diferenças que vemos no DNA: você não é capaz de diagnosticar a origem de uma pessoa a partir de um único gene, mas pode fazer isso examinando uma combinação de vários genes.

No nível genético, então, os seres humanos compõem um lote notavelmente similar. E é isso exatamente o que poderíamos esperar, considerando que os humanos modernos deixaram a África a apenas 60 mil a 100 mil anos atrás. Houve pouco tempo para uma divergência genética, embora nos tenhamos espalhado pelos quatro cantos do mundo, dividindo-nos em várias populações amplamente dispersas, isoladas até poucas décadas atrás.

Então, isso quer dizer que podemos ignorar as raças humanas? Não. Essas conclusões não implicam que as raças sejam meras construções mentais ou que as pequenas diferenças genéticas entre elas não tenham interesse. Algumas diferenças raciais nos dão clara evidência das pressões evolucionárias que agiram em diferentes áreas, e podem ser úteis na medicina. A anemia de células falciformes, por exemplo, é mais comum em negros cujos ancestrais vêm da África equatorial. Como esses portadores da mutação de células falciformes têm alguma resistência à malária por falciparum (a forma mais mortal da doença), é provável que a alta frequência dessa mutação em po-

---

[*] Os !Kung são povos sul-africanos radicados no deserto de Kalahari, cuja linguagem tem a característica de empregar estalidos, representados graficamente por um ponto de exclamação. (N. do T.)

pulações africanas, ou que derivem delas, seja o resultado de seleção natural como reação à malária. A doença de Tay-Sachs é uma enfermidade genética fatal, comum tanto nos judeus ashkenazi como nos cajun da Louisiana, alcançando alta frequência provavelmente por meio de flutuação genética em pequenas populações ancestrais. Conhecer a própria etnia é de imensa ajuda no diagnóstico dessas e de outras doenças de base genética. Além disso, as diferenças na frequência de alelos dos grupos raciais significam que a escolha de um doador de órgãos adequado, por exemplo, que requer uma combinação de diversos "genes compatíves", deve levar em conta a raça.

A maioria das diferenças genéticas das raças é trivial. No entanto, outras diferenças, como aquelas, físicas, de um indivíduo japonês para um finlandês, de um masai para um inuit, são evidentes. Temos então uma interessante situação, em que as diferenças gerais nas sequências de genes entre as pessoas são pequenas e, no entanto, esses mesmos grupos mostram diferenças destacadas numa série de traços visualmente aparentes, como a cor da pele, do cabelo, a forma do corpo e do nariz. Essas diferenças físicas óbvias não são características do genoma como um todo. Então, por que razão a pequena quantidade de divergência que ocorreu entre as populações humanas ficou concentrada nesses traços tão visualmente impactantes?

Algumas dessas diferenças fazem sentido como adaptações aos diferentes ambientes nos quais os primitivos humanos se encontravam. A pele mais escura dos grupos tropicais provavelmente oferece proteção diante da intensa luz ultravioleta, capaz de produzir melanomas letais, enquanto a pele clara dos grupos das altas latitudes permite a penetração de luz necessária à síntese da essencial vitamina D, que ajuda a prevenir o raquitismo e a tuberculose.[52] Mas e quanto às dobras das pálpebras dos asiáticos, ou ao nariz mais comprido dos caucasianos? Esses traços não têm nenhuma conexão óbvia com o ambiente. Para alguns biólogos, a existência de maior variação entre raças nos genes que afetam a aparência física, algo facilmente acessível pelos potenciais parceiros, aponta para uma coisa: *seleção sexual*.

Além dos padrões característicos de variação genética, há outras bases para considerar a seleção sexual como um forte elemento propulsor na evolução das raças. Somos únicos entre as espécies por termos desenvolvido culturas complexas. A linguagem nos deu uma notável capacidade de disseminar ideias e opiniões. Um grupo de humanos pode mudar sua cultura com maior rapidez do que consegue evoluir geneticamente. Mas a mudança cultural também pode *produzir* mudança genética. Imagine que uma ideia ou moda que se dissemina tem por base a preferência sexual de um determinado parceiro. Uma imperatriz da Ásia, por exemplo, pode ter uma queda por homens de cabelo preto liso e olhos amendoados. Ao criar uma moda, a preferência dela se espalha culturalmente a todas as suas súditas mulheres, e, vejam só, com o tempo, os indivíduos de cabelo encaracolado e olhos redondos serão em grande parte substituídos por indivíduos com cabelo preto liso e olhos amendoados. É essa "coevolução gene-cultura" – a ideia de que uma mudança no ambiente cultural leva a novos tipos de seleção nos genes – que torna especialmente atraente a ideia da seleção sexual por diferenças físicas.

Além do mais, a seleção sexual pode com frequência agir de modo incrivelmente rápido, o que faz dela uma candidata ideal a promover a rápida diferenciação evolucionária de traços físicos que ocorreu desde a mais recente migração de nossos ancestrais a partir da África. Com certeza, tudo isso é apenas especulação, sendo quase impossível testar, mas potencialmente explica certas diferenças desconcertantes entre os grupos.

Não obstante, a maior parte da controvérsia sobre raça concentra-se não nas diferenças físicas de populações, mas nas diferenças de comportamento. Será que a evolução fez com que certas raças se tornassem mais inteligentes, mais atléticas ou mais espertas do que outras? Devemos ser especialmente cautelosos em relação a isso, porque afirmações pouco fundamentadas nessa área podem dar um verniz científico ao racismo. Portanto, o que dizem os dados científicos? Quase nada. Embora populações diferentes possam ter comportamentos diferentes, QIs e habilidades diferentes, é difícil excluir a possibilidade de que essas diferenças sejam um produto não genético de diferenças ambientais ou culturais. Para determinar se certas diferenças das raças são baseadas em genes, temos que descartar essas influências. Tais estudos exigem experimentos controlados: pegar crianças de diferentes etnias, separá-las de seus pais e criá-las em ambientes idênticos (ou aleatórios). As diferenças comportamentais que se mantiverem podem ser genéticas. Como tais experimentos são antiéticos, não têm sido feitos sistematicamente, mas as adoções entre culturas mostram episodicamente que há fortes influências culturais no comportamento. Como o psicólogo Steven Pinker observou: "Se você adota crianças de uma parte do mundo subdesenvolvida tecnologicamente, elas vão encaixar-se na sociedade moderna muito bem". Isso sugere, no mínimo, que as raças não mostram grandes diferenças inatas no comportamento.

E NÓS?

Meu palpite – e isto é apenas uma especulação – é que as raças humanas são jovens demais para que possam ter evoluído diferenças importantes no intelecto e no comportamento. E tampouco há razão para achar que a seleção natural ou sexual tenha favorecido esse tipo de diferença. No próximo capítulo examinaremos os muitos comportamentos "universais" vistos em todas as sociedades humanas – comportamentos como a linguagem simbólica, o medo infantil de estranhos, a inveja, a fofoca e a oferta de presentes. Se esses elementos universais têm alguma base genética, sua presença em todas as sociedades acrescenta um peso adicional à visão de que a evolução não tem produzido divergência psicológica substancial nos grupos humanos.

Embora alguns traços, como a cor da pele e o tipo de cabelo, tenham divergido entre populações, eles parecem ser casos especiais, movidos por diferenças ambientais das várias localidades ou por seleção sexual a partir da aparência externa. Os dados de DNA mostram que, no todo, as diferenças genéticas de populações humanas são pequenas. Dizer que somos todos irmãos e irmãs independentemente de nossa pele é mais do que uma mera trivialidade reconfortante. E é exatamente o que poderíamos esperar do breve intervalo evolucionário percorrido desde a nossa recente origem na África.

E QUANTO AO MOMENTO PRESENTE?

Mesmo não parecendo ter produzido grandes diferenças entre as raças, a seleção produziu algumas diferenças intrigantes entre populações de grupos étnicos. Como essas populações são muito jovens, trata-se de uma clara evidência de que a seleção agiu entre os humanos em tempos recentes.

Um dos casos envolve nossa capacidade de digerir lactose, um açúcar encontrado no leite. Uma enzima chamada lactase quebra esse açúcar nos açúcares glucose e galactose, mais fáceis de ser absorvidos. Nascemos com a capacidade de digerir leite, é claro, pois esse tem sido desde sempre o principal alimento infantil. Mas, depois que desmamamos, aos poucos vamos parando de produzir lactase. E então muitos de nós acabamos perdendo inteiramente a capacidade de digerir lactose e nos tornamos "intolerantes a lactose", propensos a diarreias, gases e cãibras após ingerir laticínios. O desaparecimento da lactase em seguida ao desmame é talvez resultado de seleção natural: nossos ancestrais não tinham fonte de leite depois do desmame; então, por que produzir uma custosa enzima quando ela não é mais necessária?

Mas em algumas populações humanas os indivíduos continuam a produzir lactase ao longo da vida adulta, o que lhes dá uma rica fonte de nutrição indisponível aos outros. Vemos que a persistência da lactase é encontrada principalmente em populações que eram, ou ainda são, "pastoris" – ou seja, populações que criam vacas. Entre elas estão algumas populações europeias e do Oriente Médio, assim como africanas, a exemplo dos massai e dos tutsi. A análise genética mostra que a persistência da lactase nessas populações depende de uma simples mudança no DNA que regula a enzima, mantendo-o ligado na infância. Há dois alelos do gene – a forma "tolerante" (ligada) e a "intolerante" (desligada) – que diferem em uma única letra de seu código DNA. A frequência do alelo tolerante está correlacionada com o fato de as populações usarem vacas: é alta (50% a 90%) em populações pastoris da Europa, Oriente Médio e África e muito baixa (1% a 20%) em populações asiáticas e africanas que dependem da agricultura mais do que do leite.

Evidências arqueológicas mostram que os humanos começaram domesticando vacas entre 7 mil e 9 mil anos atrás no Sudão, tendo a prática se espalhado pela África Subsaariana e pela Europa alguns milhares de anos depois. A parte boa dessa história é que podemos, a partir do sequenciamento do DNA, determinar quando o alelo "tolerante" surgiu por mutação. Esse tempo, entre 3 mil e 8 mil anos atrás, encaixa notavelmente bem com o aumento do pastoreio. O que é melhor ainda é que o DNA extraído de esqueletos europeus de 7 mil anos de idade mostrou que eles eram intolerantes à lactose, como seria de esperar se não fossem ainda pastoris.

A evolução da tolerância à lactose é outro esplêndido exemplo de coevolução gene-cultura. Uma mudança puramente cultural (a criação de vacas, talvez para obtenção da carne) produziu uma nova oportunidade evolucionária: a capacidade de usar aquelas vacas para aproveitar seu leite. Dada a repentina disponibilidade de uma rica nova fonte de alimento, os ancestrais que possuíam o gene de tolerância devem ter tido uma substancial vantagem reprodutiva sobre os que carregavam o gene de intolerância. Na verdade, podemos avaliar essa vantagem observando a rapidez com que o gene da tolerância cresceu até alcançar as frequências que constatamos nas populações modernas. Os indivíduos tolerantes devem ter produzido,

E NÓS?

em média, 4% a 10% mais descendentes do que os que eram intolerantes. É uma seleção bem forte.[53]

Todo aquele que ensina evolução humana se depara inevitavelmente com uma pergunta: ainda estamos evoluindo? Os exemplos da tolerância à lactose e da duplicação do gene da amilase mostram que a seleção com certeza agiu nos últimos milhares de anos. Mas e quanto ao momento presente? É difícil dar uma resposta satisfatória. Com certeza, vários tipos de seleção que mudaram nossos ancestrais não se aplicam mais: as melhorias na nutrição, no saneamento e nos cuidados médicos acabaram com muitas doenças e distúrbios que mataram nossos ancestrais, removendo também fontes de seleção natural que antes eram poderosas. Como o geneticista britânico Steve Jones observa, há quinhentos anos uma criança britânica tinha apenas 50% de possibilidades de alcançar a idade reprodutiva, um número que agora subiu para 99%. E aqueles que conseguem sobreviver contam com a intervenção médica, que tem permitido a muitas pessoas levar uma vida normal quando antes teriam sido cruelmente eliminadas por seleção ao longo de nossa história evolucionária. Quantas pessoas com vista ruim, ou dentes ruins, incapazes de caçar ou de mastigar, teriam perecido na savana africana? (Eu certamente estaria entre os não aptos.) Quantos de nós não sofreram infecções que, se não fosse pelos antibióticos, nos teriam matado? É provável que, devido à mudança cultural, estejamos de várias maneiras indo ladeira abaixo em termos genéticos. Ou seja, genes que antes eram perniciosos não são mais tão ruins (podemos compensar genes "ruins" com um simples par de óculos ou um bom dentista) e esses genes podem persistir nas populações.

Inversamente, genes que antes eram úteis podem agora, devido à mudança cultural, ter efeitos destrutivos. Nosso amor por doces e gorduras, por exemplo, pode muito bem ter sido adaptativo nos nossos ancestrais, para quem essas delícias eram uma fonte de energia valiosa e rara.[54] Mas esses alimentos antes raros são agora prontamente disponíveis e portanto nossa herança genética acarreta degradação dentária, obesidade e problemas cardíacos. Além disso, nossa tendência a acumular gordura a partir de uma alimentação rica pode ter sido adaptativa durante épocas em que a variação na abundância de comida local produzia uma situação de alternância do banquete e da fome, dando uma vantagem seletiva a quem fosse capaz de armazenar calorias para os tempos difíceis.

Significará isso que estamos na verdade involuindo? Em algum grau, sim, mas provavelmente também nos tornamos mais adaptados aos ambientes modernos, que criam novos tipos de seleção. Devemos lembrar que, desde que algumas pessoas morram antes de ter parado de se reproduzir e desde que algumas pessoas deixem mais descendência do que outras, haverá uma oportunidade para que a seleção natural nos aprimore. E se houver variação genética que afete nossa capacidade de sobreviver e deixar filhos, essa vai promover mudança evolucionária. Com certeza é o que está acontecendo agora. Embora a mortalidade pré-reprodutiva seja baixa em algumas populações do Ocidente, é alta em muitos outros lugares, especialmente na África, onde a mortalidade infantil chega a superar 25%. E essa mortalidade com frequência é causada por doenças infecciosas como cólera, febre tifoide e tuberculose. Outras doenças, como malária e AIDS, continuam a matar muitas crianças e adultos em idade reprodutiva.

As fontes de mortalidade estão aí, assim como os genes que as aliviam. Alelos variantes de algumas enzimas, por exemplo a hemoglobina (especialmente o alelo da célula falciforme), conferem existência à malária. E existe um gene mutante – um alelo chamado *CCR5-Δ32* – que provê quem o carrega com forte proteção contra infecção pelo vírus da AIDS. Podemos prever que, se a AIDS continuar como fonte importante de mortalidade, a frequência desse alelo aumentará nas populações afetadas. Isso é evolução, tanto quanto a resistência aos antibióticos nas bactérias. E há sem dúvida outras fontes de mortalidade que não chegamos a compreender totalmente: toxinas, poluição, estresse e assim por diante. Se há algo que aprendemos a partir dos experimentos de criação de raças, é que quase toda espécie tem variação genética para responder a praticamente qualquer forma de seleção. De maneira lenta, inexorável e invisível, nosso genoma se adapta a várias novas fontes de mortalidade. Mas não a toda fonte. Distúrbios que têm causas tanto genéticas quanto ambientais, como obesidade, diabete e doenças cardiovasculares, podem não reagir à seleção porque a mortalidade que produzem ocorre principalmente depois que suas vítimas pararam de se reproduzir. A sobrevivência do mais apto é acompanhada pela sobrevivência do mais gordo.

Mas as pessoas não se preocupam tanto assim com a resistência a doenças, por mais importante que isso seja. Elas querem saber se os humanos estão ficando mais fortes, mais inteligentes ou mais bonitos. Isso, é claro, depende

E NÓS?

de esses traços estarem ou não associados à reprodução diferencial, o que simplesmente não temos como saber. E tampouco importa tanto. Na nossa cultura em rápida transformação, as melhorias sociais aprimoram nossa capacidade muito mais do que quaisquer mudanças em nossos genes – a não ser, é claro, que tomemos a decisão de ficar experimentando com nossa evolução por meio de manipulações genéticas, como pré-selecionar espermas e óvulos mais favoráveis.

A lição do registro fóssil humano, portanto, combinada com descobertas mais recentes em genética humana, confirma que somos mamíferos evoluídos – sem dúvida, mamíferos imponentes e aperfeiçoados, mas mamíferos construídos pelos mesmos processos que transformaram cada forma de vida no correr dos últimos bilhões de anos. Como todas as espécies, não somos o produto final da evolução, mas uma obra em progresso, embora nosso próprio progresso genético possa ser lento. E, embora já tenhamos percorrido um longo caminho desde nossos símios ancestrais, as marcas de nossa herança ainda nos traem. Gilbert e Sullivan[**] brincavam dizendo que somos apenas macacos depilados; Darwin não era tão divertido, mas era muito mais lírico – e verdadeiro:

> Forneci evidências o melhor que minha capacidade me permitiu fazer; e devemos reconhecer, como me parece, que o homem, com toda as suas nobres qualidades, com a compaixão que sente pelos mais desvalidos, com a benevolência que estende não só aos outros homens mas à mais humilde das criaturas vivas, com seu intelecto divino que tem penetrado nos movimentos e na constituição do sistema solar – com todos esses elevados poderes –, o Homem ainda carrega em sua compleição corporal a indelével marca de sua humilde origem.

[**] Dupla de compositores britânicos de operetas da Era Vitoriana, formada pelo libretista W. S. Gilbert (1836-1911) e pelo compositor Arthur Sullivan (1842-1900). Fizeram muito sucesso até internacionalmente e suas obras ainda são executadas com frequência nos países de língua inglesa, tendo influenciado o teatro musical do século 20 e também o discurso político, a literatura, o cinema e a televisão. (N. do T.)

NOTAS

1. A moderna teoria da evolução ainda é chamada de "darwinismo" apesar de ter ido bem além do que Darwin propôs inicialmente (ele, por exemplo, não tinha nenhum conhecimento de DNA ou de mutações). Esse tipo de adoção de nome não é comum na ciência: não chamamos a física clássica de "newtonismo" ou a relatividade de "einsteinismo". Mas Darwin estava tão correto e conseguiu tal feito com *A origem*, que para muitas pessoas seu nome é sinônimo de biologia evolucionária. Usei algumas vezes o termo "darwinismo" neste livro, mas tenham em mente que aqui o seu sentido é o de "moderna teoria evolucionária".
2. Ao contrário das cartelas de fósforos, por exemplo, as línguas humanas encaixam-se numa hierarquia aninhada, na qual algumas (como o inglês e o alemão) se parecem mais entre elas do que com outras línguas (o chinês, por exemplo). Na realidade, você pode construir uma árvore evolucionária de línguas com base na similaridade das suas palavras e gramáticas. A razão pela qual as línguas podem ser dispostas desse modo é porque passaram por sua própria forma de evolução, mudando gradualmente ao longo do tempo e divergindo conforme as pessoas se mudavam para novas regiões e perdiam contato entre elas. Assim como as espécies, as línguas têm especiação e ancestralidade comum. Foi Darwin quem primeiro notou essa analogia.
3. Os mamutes peludos foram extintos cerca de 10 mil anos atrás, provavelmente caçados até a extinção por nossos ancestrais. Pelo menos um espécime antigo ficou tão bem preservado por congelamento que, em 1951, forneceu a carne para um jantar do Clube dos Exploradores, em Nova York.
4. É provável que os mamíferos ancestrais mantivessem seus testículos adultos no abdome (alguns mamíferos, como o ornitorrinco e o elefante, ainda têm essa característica), o que nos leva a perguntar por que a evolução favoreceu o

deslocamento dos testículos para uma posição fora do corpo, na qual podem facilmente ser machucados. Ainda não sabemos a resposta, mas uma pista é que as enzimas envolvidas na produção do esperma simplesmente não funcionam bem na temperatura do interior do corpo (por isso os médicos dizem aos candidatos a pai que evitem banhos quentes antes do sexo). É possível que, à medida que o sangue quente foi evoluindo nos mamíferos, os testículos de alguns grupos tenham sido forçados a descer para se manter menos quentes. Mas talvez os testículos externos tenham evoluído por outras razões e as enzimas envolvidas na produção de esperma simplesmente tenham perdido sua capacidade de funcionar em altas temperaturas.

5. Os opositores da evolução costumam afirmar que a teoria da evolução deveria também explicar como a vida se originou e que o darwinismo é falho por não ter ainda a resposta. A objeção é equivocada. A teoria evolucionária lida apenas com o que acontece *depois* que a vida (que eu defino como organismos ou moléculas que se autorreproduzem) passou a existir. A origem da vida é atribuição não da biologia evolucionária, mas da abiogênese, um campo científico que abrange a química, a geologia e a biologia molecular. Como esse campo está em sua infância e, portanto, forneceu poucas respostas, omiti neste livro toda discussão sobre como a vida na Terra começou. Para uma visão geral das várias teorias concorrentes, ver o livro de Robert Hazen *Gen*e*sis: The Scientific Quest for Life's Origin*.

6. Note que, na primeira metade da história da vida, as únicas espécies eram as bactérias. Organismos multicelulares complexos só aparecem nos últimos 15% da história da vida. Para ver uma linha do tempo evolucionária em escala real, mostrando como é recente o surgimento de muitas formas familiares, consulte http://andabien.com/html/evolution-time-line.htm e continue rolando a tela.

7. Os criacionistas costumam usar o conceito bíblico de "espécies" para se referir àqueles grupos que foram especialmente criados (ver *Genesis* 1:12-25), mas nos quais alguma evolução é permitida. Ao explicar as "espécies", um *site* criacionista afirma: "Por exemplo, pode haver várias espécies de pombos, mas todos eles são ainda pombos. Portanto, 'pombos' seria uma 'espécie' de animal (ave, na realidade)". Desse modo, a microevolução é permitida nessas "espécies", mas a macroevolução *entre* espécies, não, e, segundo o *site*, não ocorreu. Em outras palavras, os membros de uma espécie teriam um ancestral comum; os membros de diferentes espécies, não. O problema é que os criacionistas não fornecem um critério para identificar "espécies" (será que elas correspondem ao gênero bioló-

gico? À família? As moscas todas são membros de uma espécie, ou de diferentes espécies?), então não podemos saber o que eles entendem como os limites da mudança evolucionária. Mas os criacionistas todos concordam com uma coisa: o *Homo sapiens* é uma "espécie" por si, e, portanto, deve ter sido criada. No entanto, não há nada nem na teoria nem nos dados da evolução implicando que a mudança evolucionária pudesse ser limitada: pelo que podemos ver, a macroevolução é simplesmente microevolução estendida por um longo período de tempo (ver http://www.clarifyingchristianity.com/creation.shtml e http://www.nwcreation.net/biblicalkinds.html para a visão criacionista de "espécies", e http://www.geocities.com/CapeCanaveral/hangar/2437/kinds.htm para uma refutação).

8. Os paleontólogos agora acreditam que todos os terápodas – e isso inclui o famoso *Tyrannosaurus rex* – eram cobertos por alguma forma de penas. Elas geralmente não são mostradas nas reconstruções dos museus, nem em filmes como *Jurassic Park*. Afinal, mostrar o *T. rex* coberto por uma penugem não combinaria com a sua reputação de ser aterrorizante!

9. Para uma atraente descrição de como "Dave", o primeiro espécime de *Sinornithosaurus*, foi descoberto e preparado, ver http://www.amnh.org/learn/pd/dinos/markmeetsdave.html.

10. A *NOVA* fez um programa de televisão brilhante documentando a descoberta do *Microraptor gui* e a controvérsia que se seguiu sobre se ele voava ou não. "The Four-Winged Dinosaur" ["O dinossauro de quatro asas"] pode ser visto *online* em http://www.pbs.org/wgbh/nova/microraptor/program.html.

11. Num feito recente impressionante, cientistas conseguiram obter fragmentos da proteína colágeno de um fóssil de 68 milhões de anos de *T. rex* e determinaram a sequência de aminoácido desses fragmentos. As análises mostram que o *T. rex* está mais proximamente aparentado com as aves atuais (galinhas e avestruzes) do que com qualquer outro vertebrado vivente. O padrão confirma o que os cientistas já suspeitavam há tempos: todos os dinossauros foram extintos, exceto uma linhagem que deu origem às aves. Cada vez mais, os biólogos admitem que as aves são simplesmente dinossauros altamente modificados. Na verdade, as aves são com frequência *classificadas* como dinossauros.

12. O sequenciamento do DNA e da proteína das baleias mostra que, entre os mamíferos, elas estavam relacionadas mais de perto com os artiodáctilos, um achado totalmente consistente com a evidência fóssil.

13. Veja um cervo-rato (*chevrotain*) entrando na água para fugir de uma águia em http://www.youtube.com/watch?v=13GQbT2ljxs.

14. O trabalho, no entanto, foi publicado e mostrou que, apesar de seus estilos diferentes de corrida, os avestruzes e os cavalos usam quantidades similares de energia para cobrir a mesma distância: M. A. Fedak e H. J. Seeherman. 1981. Uma reavaliação do consumo energético da locomoção mostra custos idênticos em bípedes e quadrúpedes, incluindo o avestruz e o cavalo. *Nature* 282:713-716.
15. Este vídeo mostra como as asas são usadas no acasalamento: http://revver.com/video/213669/masai-ostrich-mating/.
16. As baleias, que não têm ouvido externo, também têm músculos não funcionais da orelha (e às vezes aberturas do ouvido, minúsculas, sem uso) herdados de seus ancestrais mamíferos terrestres.
17. Pseudogenes, pelo que sei, nunca são ressuscitados. Depois que um gene experimenta uma mutação que o deixa desativado, rapidamente acumula outras mutações que degradam ainda mais a informação necessária para que ele produza sua proteína. A probabilidade de que todas essas mutações sejam revertidas para voltar a ativar o gene é praticamente zero.
18. Previsivelmente, os mamíferos marinhos que passam parte de seu tempo em terra, como os leões-marinhos, têm genes de RO mais ativos do que as baleias ou golfinhos, talvez porque ainda precisem detectar odores no ar.
19. Os criacionistas com frequência citam os desenhos "falseados" de Haeckel e procuram usá-los como uma arma para atacar a evolução em geral: os evolucionistas, alegam eles, distorcem os fatos para sustentar um darwinismo equivocado. Mas a história de Haeckel não é tão simples. Haeckel talvez não deva ser acusado de má-fé, mas apenas de desleixo: sua "fraude" consistiu em ilustrar três embriões diferentes usando a mesma prancha de madeira para gravura. Quando chamado a prestar contas, admitiu o erro e corrigiu-o. Simplesmente não há evidência de que ele tenha distorcido conscientemente a aparência dos embriões para torná-los mais parecidos do que eram. R. J. Richards (2008, capítulo 8) conta a história toda.
20. Nossa ancestralidade nos deixou muitas outras mazelas físicas. Hemorróidas, dores nas costas, soluços e apêndices inflamados – todos esses distúrbios são legado da nossa evolução. Neil Shubin descreve esses e muitos outros em seu livro *Your Inner Fish* ["O peixe dentro de você"].
21. Isso também inspirou o poema de William Cowper "A solidão de Alexander Selkirk", com sua famosa primeira estrofe:
    I am monarch of all I survey;
    My right there is none to dispute;

NOTAS

> *From the centre all round to the sea*
> *I am lord of the fowl and the brute.**

22. Para uma animação do deslocamento dos continentes ao longo dos últimos 150 milhões de anos, ver http://mulinet6.li.mahidol.ac.th/cd-rom/cd-rom0309t/Evolution_files/platereconanim.gif. Animações mais abrangentes sobre a história toda da Terra estão em http://www.scotese.com/.

23. Esta frase, com certeza a mais famosa de Tennyson, é do seu poema "In Memoriam A.H.H." (1850):

    > *[Man,] Who trusted God was love indeed*
    > *And love Creation's final law –*
    > *Tho' Nature, red in tooth and claw*
    > *With ravine, shrieked against his creed.***

24. Um vídeo de animação mostra vespas japonesas predando abelhas de mel introduzidas e estas, como defesa, cozinhando as invasoras até a morte. Está em http://www.youtube.com/watch?v=DcZCttPGy10. Cientistas descobriram recentemente outra maneira pela qual essas abelhas matam as vespas – por meio de sufocação. Em Chipre, as abelhas de mel locais também formam uma bola em volta das vespas invasoras. As vespas respiram expandindo e contraindo o abdômen, bombeando ar para dentro de seu corpo por meio de minúsculas passagens. A bola de abelhas compactada impede que as vespas movimentem seu abdome, privando-as de ar.

25. O livro *Parasite Rex*, de Carl Zimmer, relata muitas outras maneiras fascinantes (e horripilantes) por meio das quais os parasitas evoluíram para manipular seus hospedeiros.

26. Há outro aspecto dessa história que é quase tão impressionante: as formigas, que passam um monte de tempo em árvores, evoluíram a capacidade de planar. Quando caem de um galho, conseguem manobrar no ar de modo que, em vez de aterrissar no hostil chão da floresta, precipitam-se de volta para a segurança do tronco da árvore. Ainda não se sabe como é que uma formiga em queda

---

* Em tradução livre: "Sou monarca de tudo aquilo que olhar / Meu direito a isso ninguém contesta / Do centro por toda volta até o mar / Sou dono de toda ave e toda besta". (N. do T.)
** Em tradução livre: "[O homem] Acha que Deus é amor, realmente / E o amor, a lei final da Criação – Mas a natureza vermelha em dentes / E garras, grita contra essa visão. (N. do T.)

consegue controlar a direção de sua planagem, mas você pode ver vídeos desse comportamento incomum em http://www.canopyants.com/video1.hatml.

27. Os criacionistas às vezes citam essa língua como exemplo de um traço que poderia não ter evoluído, já que os estágios intermediários de evolução de línguas curtas para línguas compridas eram supostamente mal adaptados. Essa afirmação é infundada. Para uma descrição da língua comprida e de como ela provavelmente evoluiu por seleção natural, ver http://www.talkorigins.org/faqs/woodpecker/woodpecker.html.

28. Como escrevi, acaba de aparecer um relatório mostrando que o DNA extraído dos ossos de neandertais contém outra forma de luz-cor do gene. É provável, então, que alguns neandertais tivessem cabelo ruivo.

29. Diferentes raças são todas consideradas parte da espécie *Canis lupus familiaris*, pois podem facilmente produzir híbridos. Se ocorressem apenas como fósseis, suas diferenças substanciais nos levariam à conclusão de que há alguma barreira genética impedindo que formem híbridos; portanto, elas deveriam representar espécies diferentes.

30. Os insetos também se adaptaram às diferenças químicas das espécies de plantas, de modo que cada nova forma do besouro agora se dá melhor nas plantas introduzidas que eles habitam do que no antigo arbusto *soapberry*.

31. Para descrições de como a coagulação do sangue e o flagelo podem ter evoluído por meio de seleção, ver o livro de Kenneth Miller *Only a Theory*, assim como M. J. Pallen e N. J. Matzke (2006).

32. Para ver o tetraz cauda-de-faisão exibindo-se no terreiro diante das fêmeas, consulte http://www.youtube.com/watch?v=qcWx2VbT_j8.

33. A mais antiga espécie com reprodução sexual identificada até agora é uma alga vermelha adequadamente chamada de *Bangiomorpha pubescens*. São claramente visíveis dois sexos em seus fósseis de 1,2 bilhão de anos atrás.

34. É importante lembrar que estamos falando das diferenças entre machos e fêmeas quanto à *variância* no sucesso reprodutivo. Em contraste, o sucesso reprodutivo médio de machos e fêmeas deve ser igual, porque cada descendência deve ter um pai e uma mãe. Nos machos, essa média é alcançada por uns poucos, que procriam a maioria da descendência enquanto os demais não geram prole. Cada fêmea, por sua vez, tem aproximadamente o mesmo número de descendentes.

35. Quando pressionados, os criacionistas explicam os dimorfismos sexuais recorrendo a misteriosos caprichos do criador. Em seu livro *Darwin on Trial* ["Darwin julgado"], o defensor do projeto inteligente Phillip Johnson responde

à seguinte inquirição do evolucionista Douglas Futuyma: "Será que os cientistas da criação realmente acham que seu Criador considerou adequado criar uma ave que não consegue se reproduzir a não ser com um metro e meio de penas volumosas que fazem dela um alvo fácil dos leopardos?". Johnson responde: "Não sei o que os cientistas da criação podem supor, porém me parece que o pavão e sua fêmea são exatamente o tipo de criatura que um Criador caprichoso poderia favorecer, mas que um 'processo mecânico sem sentimentos' como a seleção natural nunca permitiria que se desenvolvesse". Uma hipótese bem compreendida e *testável* como a seleção sexual com certeza supera esse apelo não testável aos inescrutáveis caprichos de um criador.

36. Você pode perguntar-se por que, se as fêmeas têm uma preferência por traços não expressos, tais traços nunca evoluem em machos. Uma explicação é simplesmente que não ocorreram as mutações certas. Outra é que as mutações certas *ocorreram*, mas reduziram a sobrevivência do macho mais do que aumentaram sua capacidade de atrair parceiras.

37. Você pode objetar que essa concordância mostra apenas que todos os cérebros humanos são neurologicamente programados para dividir nesses mesmos pontos arbitrários o que na realidade é um *continuum* de aves. Mas essa objeção perde força quando você lembra que *as próprias aves* reconhecem os mesmos agrupamentos. Quando chega a época da reprodução, um pintarroxo macho corteja apenas pintarroxos fêmeos e não fêmeas de papagaio, estorninho ou corvo. As aves, como outros animais, são boas para reconhecer espécies diferentes delas!

38. Por exemplo, se 99% de todas as espécies produzidas fossem extintas, ainda precisaríamos de uma taxa de especiação de apenas uma nova espécie surgindo a cada 100 milhões de anos para produzir 100 milhões de espécies vivas.

39. Para uma clara apresentação de como a ciência reconstrói eventos antigos em geologia, biologia e astronomia, ver C. Turney, 2006, *Bonse, Rocks and Stars: The Science of When Things Happened*. Macmillan, Nova York.

40. Aqui temos uma descrição mais detalhada de como uma nova espécie alopoliploide surge. Acompanhe comigo, pois, embora o processo não seja difícil de compreender, requer ficar atento a alguns números. Toda espécie, exceto bactérias e vírus, carrega duas cópias de cada cromossomo. Nós humanos, por exemplo, temos 46 cromossomos, compreendendo 22 pares, ou *homólogos*, e mais os dois cromossomos sexuais: XX nas fêmeas e XY nos machos. Um membro de cada par de cromossomos é herdado do pai, o outro da mãe. Quando indivíduos de uma espécie produzem gametas (esperma e óvulos em animais,

pólen e óvulos em plantas), os homólogos se separam um do outro e apenas um membro de cada par vai para o esperma, ovo ou grão de pólen. Mas, antes disso, os homólogos devem alinhar-se e formar pares uns com os outros, de modo que possam ser adequadamente divididos. Se os cromossomos não conseguem formar pares adequadamente, o indivíduo não produzirá gametas e será estéril.

Essa falha no pareamento é a base da especiação alopoliploide. Suponha, por exemplo, que uma espécie de planta (vamos usar a imaginação e chamá-la de A) tem seis cromossomos, isto é, três pares de homólogos. Suponha, além disso, que essa espécie tem um parente, a espécie B, com dez cromossomos (cinco pares). Um híbrido entre as duas espécies terá oito cromossomos, obtendo três da espécie A e cinco da espécie B (lembre-se de que os gametas de cada espécie carregam apenas metade de seus cromossomos). Mesmo que esse híbrido seja viável e vigoroso, quando tentar formar pólen ou óvulos ele terá problemas. Cinco cromossomos de uma espécie tentarão parear com três da outra e isso criará uma bagunça. A formação de gametas será abortada – o híbrido é estéril. Mas suponha que de algum modo o híbrido consiga simplesmente duplicar todos os seus cromossomos, elevando o número de oito para dezesseis. Esse novo super-híbrido será capaz de empreender um adequado pareamento de cromossomos: cada um dos seis cromossomos da espécie A encontra seu homólogo e o mesmo acontece com os dez cromossomos da espécie B. Como o pareamento ocorre adequadamente, o super-híbrido será fértil, produzindo pólen ou óvulos que carregam oito cromossomos. O super-híbrido é conhecido tecnicamente como *alopoliploide*, do grego "diferente" e "múltiplo". Em seus dezesseis cromossomos, ele carrega o material genético completo das duas espécies parentais, A e B. Esperaríamos que ele tivesse a aparência de um intermediário dos dois pais. E sua nova combinação de traços poderia permitir-lhe viver num novo nicho ecológico.

O poliploide AB é não apenas fértil: produzirá descendência se for fertilizado por outro poliploide similar. Cada pai contribui com oito cromossomos para a semente, que vai crescer e virar outra planta AB de dezesseis cromossomos, exatamente como seus pais. Um grupo de tais poliploides compõe uma população autoperpetuante, com intercruzamentos.

E será também uma nova espécie. Por quê? Porque o poliploide AB está reprodutivamente isolado de ambas as espécies parentais. Quando forma híbridos seja com a espécie A, seja com a espécie B, a descendência é estéril. Suponha que produza híbridos com a espécie A. O poliploide vai produzir gametas com

NOTAS

oito cromossomos, três originalmente da espécie A e cinco da espécie B. Esses vão fundir-se com os gametas da espécie A, que contêm três cromossomos. A planta que surgir dessa união terá onze cromossomos. E será estéril, pois, embora cada cromossomo A tenha um parceiro, nenhum dos cromossomos B terá parceiro. Uma situação similar acontece quando o poliploide AB cruza com a espécie B: a descendência terá treze cromossomos e os cinco cromossomos A não conseguirão parear durante a formação do gameta.

O novo poliploide, então, produz apenas híbridos estéreis quando cruza com qualquer uma das duas espécies que lhe deram origem. No entanto, quando os poliploides cruzam uns com os outros, a descendência é fértil, apresentando todos os dezesseis cromossomos de seus pais. Em outras palavras, os poliploides formam um grupo intercruzável que é reprodutivamente isolado de outros grupos – isso justamente é o que define uma espécie biológica distinta. E essa espécie surgiu sem isolamento geográfico – o que é necessário, porque, se duas espécies vão formar híbridos, elas devem viver no mesmo lugar.

Antes de mais nada, como é que as espécies poliploides se formam? Não precisamos entrar em todos os intrincados detalhes; basta dizer que isso envolve a formação de um híbrido entre as duas espécies parentais, seguido por uma série de passos nos quais esses híbridos produzem pólens ou óvulos especiais que carregam conjuntos duplos de cromossomos (os chamados *gametas não reduzidos*). A fusão desses gametas produz um poliploide individual em apenas duas gerações. E todos esses passos foram documentados tanto em estufa como na natureza.

41. Como um exemplo de autopoliploide, vamos supor que membros de uma espécie de planta tenham catorze cromossomos, ou sete pares. Um indivíduo pode ocasionalmente produzir gametas não reduzidos contendo todos os catorze cromossomos em vez de sete. Se esse gameta se fundisse com um gameta normal, de sete cromossomos, de outro indivíduo da mesma espécie, obteríamos uma planta semiestéril com 21 cromossomos: ela é estéril principalmente porque, durante a formação do gameta, há três cromossomos homólogos tentando parear, em vez dos dois normais, e isso não funciona bem. Mas, se esse indivíduo produz de novo uns poucos gametas não reduzidos de 21 cromossomos que se fundem com gametas normais da mesma espécie, obtemos um indivíduo autopoliploide de 28 cromossomos. Ele carrega duas cópias completas do genoma parental. Uma população de tais indivíduos pode ser considerada uma nova espécie, pois eles podem intercruzar com outros autopoliploides similares,

embora produzam indivíduos largamente estéreis de 21 cromossomos quando cruzam com a espécie parental. Essa espécie autopoliploide tem exatamente os mesmos genes que os membros da espécie parental única, mas em dose quádrupla em vez de dupla.

Como um autopoliploide recém-formado tem os mesmos genes que sua espécie parental, ele com frequência se parece muito com ela. Membros da nova espécie podem às vezes ser identificados apenas por meio da contagem de seus cromossomos ao microscópio e constatando que têm duas vezes mais cromossomos que os indivíduos da espécie parental. Existem na natureza muitas espécies autopoliploides que ainda não foram identificadas, pois são parecidas com seus pais.

42. Embora seja rara a ocorrência de casos de especiação não poliploide em "tempo real", existe pelo menos uma ocorrência que parece plausível. Ela envolve dois grupos de mosquitos em Londres, que muitas vezes são nomeados como subespécies mas mostram um substancial isolamento reprodutivo. O *Culex pipiens pipiens* é um dos mosquitos urbanos mais comuns. Suas vítimas mais frequentes são os pássaros e, como ocorre em muitas espécies de mosquitos, as fêmeas põem ovos apenas depois de fazer sua refeição de sangue. No inverno, os machos morrem, mas as fêmeas entram num estado similar ao de hibernação, chamado "diapausa". Quando acasalam, os *pipiens* formam grandes enxames nos quais machos e fêmeas copulam em massa.

Quinze metros abaixo, nos túneis do metrô de Londres, vive uma subespécie estreitamente relacionada: o *Culex pipiens moletus*, assim chamado porque prefere picar mamíferos, especialmente os passageiros do metrô (isso foi um verdadeiro martírio nas *blitz* da Segunda Guerra Mundial, quando milhares de londrinos eram obrigados a dormir nas estações de metrô durante os ataques aéreos). Além de predar ratos e humanos, o *molestus* não precisa de uma refeição de sangue para pôr ovos e, como poderíamos esperar para habitantes de túneis com temperatura amena, prefere acasalar em espaços confinados e não entra em diapausa no inverno.

A diferença na maneira pela qual essas duas subespécies acasalam leva a um forte isolamento sexual nas duas formas, seja na natureza, seja em laboratório. Isso, aliado à substancial divergência genética que têm, indica que estão a caminho de se tornar espécies diferentes. De fato, alguns entomologistas já as classificam desse modo – como *Culex pipiense* e *Culex molestus*.

Como a construção do metrô só começou a partir da década de 1860 e muitas das linhas têm menos de cem anos de idade, esse evento de "especiação" pode ter ocorrido num período de memória recente. No entanto, a razão pela qual essa história não é incontestável é que existe um par de espécies similar em Nova York: uma acima da superfície e outra nos túneis do metrô. É possível que ambos os pares de espécies sejam representativos de um par similar que divergiu há mais tempo e que vive em outra parte do mundo, tendo cada um deles migrado para seu respectivo habitat em Londres e Nova York. O que precisamos para atacar esse problema, e o que ainda nos falta, é uma boa árvore familiar baseada no DNA desses mosquitos.

43. O grupo costumava ser chamado de *hominídeos*, mas esse termo agora é reservado a todos os grandes símios atuais e extintos, incluindo humanos, chipanzés, gorilas, orangotangos e os seus ancestrais.
44. Uma indicação da natureza competitiva da paleoantropologia é o número de pessoas que compartilham o crédito pela descoberta, preparação e descrição do *Sahelanthropus*: o trabalho acadêmico que a anuncia tem 38 autores – tudo isso a respeito de um único crânio!
45. http://www.youtube.com/watch?v=V9DIMhKotWU&NR=1 mostra um chipanzé andando desajeitado nas duas pernas.
46. Ver http://www.pbs.org/wgbh/evolution/library/07/1/l_071_03.html para um clipe das pegadas e como foram feitas.
47. Note que essa seria na realidade a segunda vez que a linhagem humana migraria da África – a primeira teria sido a da difusão do *Homo erectus*.
48. Ver http://www.talkorigins.org/faqs/homs/compare.html para uma discussão de como os criacionistas tratam o registro fóssil humano.
49. Ao contrário da maioria dos primatas, as fêmeas humanas não mostram sinais visíveis quando ovulam (os genitais das fêmeas de babuíno, por exemplo, ficam inchados e vermelhos quando elas estão férteis). Existe mais de uma dúzia de teorias sobre por que as fêmeas humanas evoluíram no sentido de ocultar seu período de fertilidade. A mais famosa é a que afirma tratar-se de uma estratégia feminina para manter seu macho por perto dando sustento e cuidados à prole. Se um homem não sabe quando sua mulher está fértil e quer ser pai, precisa ficar por perto e copularem com frequência.
50. A ideia de que o *FOXP2* é um gene de linguagem vem da observação de que ele evoluiu muito depressa na linhagem humana, que existem formas mutantes do gene que afetam a capacidade da pessoa de produzir e compreender a fala e que mutações similares em ratos tornam os filhotes incapazes de guinchar.
51. Na realidade, isso foi tentado pelo menos uma vez. Em 1927, Ilya Ivanovich

Ivanov, um excêntrico biólogo russo cujo forte era produzir híbridos animais por meio de inseminação artificial, usou essa técnica para tentar criar híbridos humano/chipanzé (apelidados de "humanzés" ou "chumanos"). Numa estação de campo na Guiana Francesa, ele inseminou três fêmeas de chipanzé com esperma humano. Felizmente não houve gravidez e seus planos de realizar depois o experimento inverso foram frustrados.

52. Biólogos identificaram pelo menos dois genes responsáveis por boa parte da diferença na pigmentação da pele entre populações europeias e africanas. Curiosamente, ambos foram descobertos porque afetam a pigmentação de peixes.

53. Um caso similar foi descrito recentemente para a amilase-1, a enzima salivar que quebra amido em açúcares mais simples. As populações humanas com muito amido em sua dieta, como os japoneses e os europeus, têm mais cópias do gene do que as populações que subsistem com dietas com baixa presença de amido, como os pescadores ou caçadores-coletores da floresta tropical. Em contraste com a enzima lactase, a seleção natural aumentou a expressão da amilase-1 ao favorecer a duplicação dos genes que a produzem.

54. Lembre-se de que nenhuma comida tem um sabor inerente – o "gosto" que ela tem para os indivíduos depende das interações que evoluíram nos receptores do gosto e os neurônios estimulados no cérebro. É quase certo que a seleção natural moldou nosso cérebro e nossas papilas gustativas de modo que achemos atraentes os sabores das comidas doces e gordurosas, inclinando-nos a procurá-las. Carne podre provavelmente é tão deliciosa para uma hiena quanto um *sundae* de sorvete é para nós.

55. A maioria dos psicólogos evolucionistas acha que o AAE era uma realidade – que ao longo dos milhões de anos da evolução humana o ambiente, tanto físico quanto social, foi relativamente constante. Mas é claro que não há como saber isso. Afinal, durante 7 milhões de anos de evolução nossos ancestrais viveram em climas diferentes, interagiram com espécies diversas (incluindo outros hominíneos), interagiram em diferentes tipos de sociedade e se espalharam pelo planeta inteiro. A própria ideia de que houve algum "ambiente ancestral" que possamos invocar para explicar o comportamento humano moderno é um conceito intelectual, uma suposição que fazemos porque, no final, é o máximo que conseguimos fazer.

CAPÍTULO 9

A EVOLUÇÃO REVISITADA

Depois de dormir cem milhões de séculos por fim abrimos os olhos num planeta suntuoso, cintilante de cores, generoso em vida. Em algumas décadas fecharemos os olhos de novo. Pergunto: Não será um modo nobre e esclarecido de gastar nosso breve tempo ao sol se trabalharmos para entender o universo e como foi que viemos acordar nele? É assim que respondo quando me perguntam – o que ocorre com surpreendente frequência – por que me dou ao trabalho de acordar todas as manhãs.

— Richard Dawkins

Há poucos anos, um grupo de homens de negócios de um subúrbio rico de Chicago pediu que eu falasse sobre o tópico evolução *versus* projeto inteligente. A seu crédito, tinham o fato de se mostrarem intelectualmente curiosos, a ponto de querer aprender mais sobre essa suposta "controvérsia". Mostrei as evidências da evolução e depois expus por que o projeto inteligente era uma explicação da vida mais religiosa do que científica. Após essa fala, um membro da plateia veio ter comigo e disse: "Achei sua explanação da evolução muito convincente – mas ainda não acredito nela".

Essa afirmação contém uma ambiguidade profunda e bastante disseminada, que muitas pessoas compartilham a respeito da biologia evolutiva. A explanação é convincente, mas elas não ficam convencidas. Como é possível? Outras áreas da ciência não são atormentadas por esse tipo de problema.

Não duvidamos da existência dos elétrons ou dos buracos negros, embora esses fenômenos sejam bem mais distantes da nossa experiência cotidiana do que a evolução. Afinal, você pode ver fósseis em qualquer museu de história natural e lemos a toda hora que bactérias e vírus evoluem e ficam resistentes a medicamentos. Então, qual é o problema com a evolução?

Sem dúvida, o problema *não* é a falta de evidências. Tendo lido este livro até aqui, espero que você já esteja convencido de que a evolução é bem mais do que uma teoria científica: é uma verdade científica. Examinamos evidências de diversas áreas – registro fóssil, biogeografia, embriologia, estruturas vestigiais, projeto abaixo do ideal e assim por diante – e todas essas evidências mostraram, sem sombra de dúvida, que os organismos evoluíram. E tampouco se trata apenas de pequenas mudanças "microevolucionárias": vimos novas espécies se formarem, tanto em tempo real como no registro fóssil, e descobrimos formas transicionais em grandes grupos, como baleias e animais terrestres. Observamos a seleção natural em ação e temos todas as razões para achar que ela é capaz de produzir organismos e traços complexos.

Também vimos que a biologia evolutiva faz previsões testáveis, embora não, é claro, no sentido de prever como uma espécie particular vai evoluir, pois isso depende de uma miríade de fatores incertos, como o tipo de mutações que vão surgir e a maneira pela qual os ambientes poderão mudar. Mas é possível prever onde os fósseis serão encontrados (tomemos, por exemplo, a previsão de Darwin de que os ancestrais humanos seriam encontrados na África), prever quando os ancestrais comuns apareceram (por exemplo, a descoberta do "peixápode"* *Tiktaalik* em rochas com 370 milhões de anos, descrito no capítulo 2), e prever qual o aspecto desses ancestrais antes de realmente descobri-los (como o notável "elo perdido" entre formigas e vespas, também descrito no capítulo 2). Os cientistas previram que iriam descobrir fósseis de marsupiais na Antártica – e descobriram. E podemos prever que, se encontrarmos uma espécie animal na qual os machos são vivamente coloridos e as fêmeas não, essa espécie terá um sistema de acasalamento polígino.

Todo dia, centenas de observações e experimentos são despejadas na

---

* O autor inventa aqui uma palavra que junta "peixe" com "tetrápode" ("animal de quatro patas"), para se referir a uma forma transicional. (N. do T.)

calha da literatura científica. Muitos deles não têm tanto a ver com a evolução – são observações sobre detalhes de fisiologia, bioquímica, desenvolvimento e assim por diante –, mas muitos têm a ver. E todo fato que tem alguma relação com a evolução confirma sua verdade. Cada fóssil que encontramos, cada molécula de DNA que sequenciamos, cada sistema de órgãos que dissecamos vem apoiar a ideia de que as espécies evoluem a partir de ancestrais comuns. Apesar das inúmeras observações *possíveis* que poderiam provar que a evolução é falsa, não há nenhuma nesse sentido. Não encontramos mamíferos em rochas pré-cambrianas, nem humanos nas mesmas camadas que os dinossauros, ou quaisquer outros fósseis fora da ordem evolucionária. O sequenciamento do DNA dá sustentação às relações evolucionárias de espécies originalmente deduzidas do registro fóssil. E, como previsto pela seleção natural, não encontramos espécies com adaptações que beneficiem apenas uma espécie diferente. Encontramos, de fato, genes mortos e órgãos vestigiais, incompreensíveis para a ideia de criação especial. Apesar de haver 1 milhão de possibilidades de que esteja errada, a evolução sempre aparece como certa. Isso é o mais próximo que conseguimos chegar de uma verdade científica.

Bem, quando afirmamos que "a evolução é uma verdade", o que queremos dizer é que os grandes princípios do darwinismo têm sido verificados. Os organismos evoluem, fazem isso gradualmente, as linhagens se dividem em espécies diferentes a partir de ancestrais comuns e a seleção natural é o principal mecanismo da adaptação. Nenhum biólogo sério duvida dessas proposições. Mas isso não significa que o darwinismo esteja cientificamente exaurido e que não reste mais nada a ser compreendido. Longe disso. A biologia evolutiva está cheia de questões e controvérsias. De que maneira exatamente funciona a seleção sexual? As fêmeas selecionam os machos com bons genes? Em que medida a flutuação genética (como algo oposto à seleção natural ou sexual) participa da evolução das sequências de DNA ou dos traços dos organismos? Que fósseis de hominíneos estão na linha direta do *Homo sapiens*? O que provocou a "explosão" de vida do Cambriano, na qual muitos novos tipos de animais surgiram num período de apenas alguns milhões de anos?

Os críticos da evolução apoderam-se dessas controvérsias, argumentando que elas mostram haver algo errado com a teoria da evolução. Mas isso é enganoso. Não há discordância de biólogos sérios a respeito das principais afirmações da teoria evolucionária – apenas quanto aos detalhes de como a evolução ocorreu e sobre o papel relativo dos diversos mecanismos evolucionários. Longe de desacreditar a evolução, as "controvérsias" são, na verdade, indicação de que estamos num campo dinâmico, próspero. O que move a ciência adiante é a ignorância, o debate e o teste de teorias alternativas por meio de observações e experimentos. Uma ciência sem controvérsia é uma ciência sem progresso.

A esta altura, eu poderia simplesmente dizer: "Forneci a evidência e ela mostra que a evolução é uma verdade. C.Q.D.". Mas estaria sendo negligente se fizesse isso, porque, como os homens de negócios com quem conversei depois da minha palestra, são muitas as pessoas que exigem mais do que apenas evidências para aceitar a evolução. Para elas, a evolução levanta questões tão profundas sobre propósito, moralidade e sentido, que elas simplesmente não conseguem aceitá-la, não importa quanto se ofereça de evidência. Não é tanto o fato de termos evoluído dos símios que as incomoda; são as consequências emocionais de encarar esse fato. E, a não ser que lidemos com essas preocupações, não vamos avançar no sentido de tornar a evolução uma verdade universalmente aceita. Como observou o filósofo americano Michael Ruse, "ninguém perde o sono preocupado com lapsos no registro fóssil. Mas muitas pessoas perdem o sono preocupadas com aborto e drogas e com o declínio da família e com o casamento *gay* e todas as demais coisas que se opõem aos chamados 'valores morais'".

Nancy Pearcey, uma filósofa americana conservadora e defensora do projeto inteligente, expressa esse receio comum:

> Por que o público se preocupa de modo tão apaixonado com uma teoria da biologia? Porque as pessoas sentem intuitivamente que há muito mais em jogo do que uma teoria científica. Elas sabem que quando uma evolução naturalista é ensinada numa aula de ciências, então uma visão naturalista da ética será ensinada mais adiante no corredor, na sala de aula de história, na aula de sociologia, na aula de vida familiar e em todas as áreas do currículo.

Pearcey argumenta (e muitos criacionistas americanos concordam) que todas as coisas que são percebidas como males da evolução vêm de duas visões de mundo que fazem parte da ciência: o naturalismo e o materialismo. O naturalismo é a visão segundo a qual a única maneira de compreender nosso universo é por meio do método científico. O materialismo é a ideia de que a única realidade é a matéria física do universo e de que tudo o mais, incluindo pensamentos, desejos e emoções, vem de leis físicas que atuam sobre a matéria. A mensagem da evolução, assim como de toda a ciência, é de um materialismo naturalista. O darwinismo nos diz que, como todas as espécies, os seres humanos surgiram da ação de forças cegas, sem propósito, ao longo de éons de tempo. Na medida em que nos é possível determinar, as mesmas forças que deram origem às samambaias, cogumelos, lagartos e esquilos também nos produziram. Certo, a ciência não pode excluir completamente a possibilidade de uma explicação sobrenatural. É possível – embora muito improvável – que todo o nosso mundo seja controlado por elfos. Mas explicações sobrenaturais como essa simplesmente nunca se fizeram necessárias: já conseguimos compreender o mundo muito bem usando a razão e o materialismo. Mais ainda, as explicações sobrenaturais sempre significam o fim da inquirição; ou seja, é desse jeito que Deus quer, e fim de papo. A ciência, ao contrário, nunca está satisfeita: nossos estudos sobre o universo vão continuar até que os humanos sejam extintos.

Mas a noção de Pearcey, de que essas aulas sobre evolução vão inevitavelmente vazar para o estudo da ética, da história e da "vida familiar", é desnecessariamente alarmista. Como é possível derivar sentido, propósito ou ética da evolução? Não há como fazê-lo. A evolução é apenas uma teoria sobre o processo e os padrões da diversificação da vida e não um grandioso esquema filosófico sobre o sentido da vida. Ela não pode dizer-nos o que fazer, ou como nos devemos comportar. E esse é o grande problema para muitas pessoas religiosas, que querem encontrar na história de nossas origens uma razão para a nossa existência e uma direção a respeito de como devemos nos comportar.

A maioria de nós precisa de fato de sentido, de propósito e de orientação moral na nossa vida. Como poderemos encontrar tudo isso se aceitarmos que a evolução é a verdadeira história da nossa origem? Essa resposta está fora do domínio da ciência. Mas a evolução pode ainda assim lançar alguma luz sobre a questão de se nossa moralidade é delimitada por nossa genética. Se nossos corpos são o produto da evolução, o que podemos dizer sobre nosso comportamento? Será que carregamos a bagagem psicológica de nossos milhões de anos na savana africana? Nesse caso, em que medida somos capazes de superar isso?

A BESTA DENTRO DE NÓS

Uma crença comum a respeito da evolução é que, se admitirmos que somos apenas mamíferos evoluídos, nada poderá evitar que nos comportemos como animais. A moralidade será atirada pela janela e a lei da selva prevalecerá. Essa é a "visão naturalista da ética" que Nancy Pearcey teme poder alastrar-se por nossas escolas. Como diz a velha canção de Cole Porter:

Dizem que os ursos têm casos amorosos
E até mesmo os camelos.
Somos homens e mamíferos – vamos botar pra quebrar!

Uma versão mais recente dessa noção foi oferecida pelo antigo congressista Tom DeLay, em 1999. Deixando implícito que o massacre na Escola Columbine, no Colorado, poderia ter raízes darwinianas, DeLay leu em voz alta na tribuna do Congresso americano uma carta de um jornal do Texas comentando – sarcasticamente – que "isso [o massacre] poderia ser decorrência do fato de nossos sistemas escolares ensinarem às crianças que elas não são nada além de símios glorificados que evoluíram a partir da mesma sopa primordial de lama". No seu livro mais vendido, *Godless: The Church of Liberalism* ["Ateísta: A Igreja do Liberalismo"], a comentarista conservadora Ann Coulter é mais explícita ainda, afirmando que, para os liberais, a evolução "deixa-os à vontade moralmente. Faça o que você achar – coma sua secretária, mate a vovó, aborte seu filho defeituoso –, Darwin diz que isso vai beneficiar a humanidade!". Darwin, é claro, nunca afirmou isso.

Mas será que a moderna biologia evolutiva chega a afirmar que estamos geneticamente programados para nos comportar como nossos antepassados supostamente bestiais? Para muitos, essa impressão vem do livro imensamente popular do evolucionista Richard Dawkins, *O gene egoísta* – ou talvez do seu título. Este parece implicar que a evolução faz com que nos comportemos de modo egoísta, preocupados apenas conosco. Quem quer morar num mundo assim? Mas o livro não diz nada nesse sentido. Como Dawkins mostra claramente, o gene "egoísta" é uma metáfora de como a seleção natural atua. Os genes atuam *como se* fossem moléculas egoístas: aqueles que produzem melhor adaptação agem como se estivessem empurrando para fora outros genes na batalha pela existência futura. E, sem dúvida, genes egoístas podem produzir comportamentos egoístas. Mas existe também uma imensa literatura científica sobre como a evolução pode favorecer genes que levam à cooperação, ao altruísmo e até mesmo à moralidade. Afinal, nossos antepassados podem não ter sido inteiramente bestiais e, seja como for, a selva, com sua variedade de animais, muitos deles vivendo em sociedades complexas e cooperativas, não é tão sem lei quanto se pode imaginar.

Portanto, se nossa evolução como símios sociais deixou sua marca em nosso cérebro, que tipos de comportamentos humanos poderiam estar "programados"? O próprio Dawkins disse que *O gene egoísta* podia igualmente ter por título *O gene cooperativo*. Será que estamos programados para ser egoístas, cooperativos, ou ambos?

Nos últimos anos surgiu uma nova disciplina acadêmica que tenta responder a essa questão, interpretando o comportamento humano à luz da evolução. A *psicologia evolucionista* remonta sua origem ao livro de E. O. Wilson, *Sociobiologia*, uma abrangente síntese evolucionária do comportamento animal que sugere, em seu último capítulo, que o comportamento humano poderia também ter explicações evolucionárias. Boa parte da psicologia evolucionista procura explicar o comportamento humano moderno como decorrente de resultados adaptativos da seleção natural que atuaram em nossos ancestrais. Se situarmos o início da "civilização" por volta de 4.000 a.C., quando havia complexas sociedades tanto urbanas quanto agrícolas, veremos que passaram desde então apenas 6 mil anos. Isso equivale a um milésimo do tempo total que a linhagem humana percorreu desde que se desligou da linhagem dos chipanzés. Como se fosse a cobertura de um bolo, apenas 250 gerações de sociedade civilizada recobrem as 300 mil gerações durante as quais podemos ter sido caçadores-coletores vivendo em pequenos grupos sociais. E a seleção teria tido muitos éons para nos adaptar a tal estilo de vida. Os psicólogos evolucionistas chamam o ambiente físico e social ao qual nos adaptamos nesse longo período de "Ambiente de Adaptação Evolutiva", ou AAE.[55] Por certo, como dizem os psicólogos evolucionistas, conseguimos reter muitos comportamentos que evoluíram no AAE, mesmo que não sejam mais adaptativos – ou que sejam até mal adaptados. Afinal, houve relativamente pouco tempo para uma mudança evolucionária desde o surgimento da moderna civilização.

De fato, todas as sociedades humanas parecem compartilhar um número de "universais humanos" amplamente reconhecidos. Donald Brown listou dezenas desses traços no seu livro com esse nome, incluindo o uso da linguagem simbólica (uso de palavras como símbolos abstratos para ações, objetos e pensamentos), a divisão do trabalho entre os sexos, a dominância do macho, a crença religiosa ou sobrenatural, o luto pelos mortos, o favorecimento de parentes em detrimento de não parentes, a arte decorativa e a moda, a dança e a música, as fofocas, os adornos corporais e o amor pelos doces. Como a maioria desses comportamentos distingue os humanos de outros animais, eles podem ser vistos como aspectos da "natureza humana".

Mas não devemos supor que comportamentos amplamente difundidos reflitam sempre adaptações de base genética. É fácil demais encontrar uma razão evolucionária que possa explicar por que muitos dos comportamentos dos humanos modernos foram adaptativos no AAE. Por exemplo, arte e literatura podem ser o equivalente à cauda do pavão, com os artistas e escritores deixando mais genes pelo fato de sua produção ter um apelo junto às mulheres. Estupro? Seria uma maneira que aqueles homens que não conseguem encontrar parceiras arrumaram para deixar descendência; tais homens teriam então sido selecionados no AAE por sua propensão a abusar do poder e forçar a cópula com mulheres. Depressão? Sem problemas: poderia ser uma maneira de se retirar de modo adaptativo de situações estressantes, acumulando recursos mentais para poder lidar com a vida. Ou poderia representar uma forma ritualizada de derrota social, permitindo à pessoa se retirar da competição, recuperar-se e voltar para enfrentar um novo dia. Homossexualidade? Embora esse comportamento pareça ser o oposto do que a seleção natural incentiva (os genes para o comportamento *gay*, como não são passados adiante, desapareceriam rapidamente das populações), ainda dá para salvar as coisas assumindo que, no AAE, os machos homossexuais permaneciam em casa e ajudavam sua mãe a produzir descendência. Nessa circunstância, os genes da "gayzice" poderiam ser passados adiante por homossexuais pela produção de mais irmãos e irmãs, indivíduos que compartilhariam esses genes. A propósito, nenhuma dessas explicações é minha. Todas, na realidade, foram publicadas na literatura científica.

A EVOLUÇÃO REVISITADA

Existe uma tendência crescente (e perturbadora) entre os psicólogos, biólogos e filósofos de darwinizar todo aspecto do comportamento humano, transformando assim seu respectivo estudo num jogo de salão científico. Mas essa reconstrução fantasiosa de como as coisas talvez tenham evoluído não é ciência; são histórias. Stephen Jay Gould satirizou-as, chamando-as de "Justso Stories", nome de um livro de Kipling que dá explicações divertidas mas totalmente fantasiosas sobre vários traços dos animais ("Como o leopardo conseguiu suas pintas" e assim por diante).[*]

E tampouco se pode dizer que nenhum comportamento tem base evolucionária. Com certeza alguns têm. Entre esses estão os comportamentos que quase com certeza são adaptações, pois são amplamente compartilhados entre os animais e têm uma importância óbvia para a sobrevivência e a reprodução. Os comportamentos que vêm à mente são comer, dormir (embora não se saiba ainda por que precisamos dormir, um período de descanso para o cérebro é algo muito difundido nos animais), o impulso sexual, cuidar da prole e favorecer os parentes em detrimento dos não parentes.

Uma segunda categoria de comportamentos inclui aqueles que muito provavelmente evoluíram por seleção, mas cuja importância adaptativa não é tão evidente, como os cuidados dos pais com a prole. O comportamento sexual é o mais óbvio. Num paralelo com muitos animais, os machos humanos são largamente promíscuos e as fêmeas são mais criteriosas (isso apesar da monogamia socialmente impingida que predomina em muitas sociedades). Os machos são maiores e mais fortes que as fêmeas e têm níveis mais altos de testosterona – hormônio associado à agressão. Em sociedades nas quais o sucesso reprodutivo foi medido, a presença desse hormônio nos machos é invariavelmente mais alta do que nas fêmeas. Análises estatísticas de anúncios pessoais publicados em jornais – que, com certeza, não são a forma mais rigorosa de investigação científica – têm mostrado que, enquanto os homens procuram mulheres mais jovens com o corpo apto à maternidade, as mulheres preferem parceiros um pouco mais velhos que tenham dinheiro, *status* e estejam dispostos a investir em seu relacionamento. Todos esses aspectos fazem sentido à luz do que sabemos sobre seleção sexual em animais. Embora isso não nos torne exatamente equivalentes a elefantes-marinhos, os paralelos

---

[*] No Brasil, o título do livro é *Histórias assim*. (N. do T.)

implicam fortemente que há aspectos de nosso corpo e comportamento que foram moldados por seleção sexual.

Mas, de novo, devemos tomar cuidado ao fazer extrapolações a partir de outros animais. Talvez os homens sejam maiores não porque estejam competindo por mulheres, mas em função do resultado evolucionário da divisão do trabalho: pode ser que no AAE os homens caçassem, enquanto as mulheres, que tinham os filhos, tomavam conta deles e cuidavam da comida (note que esta ainda é uma explanação evolucionária, mas que envolve seleção natural e não sexual). E é preciso fazer algum malabarismo mental para tentar explicar *cada* aspecto da sexualidade humana por meio da evolução. Nas sociedades ocidentais modernas, por exemplo, as mulheres se adornam de maneira muito mais elaborada do que os homens, usando maquiagem, roupas variadas e cheias de imaginação e assim por diante. Isso diverge muito do que ocorre em animais com maior seleção sexual, como as aves-do-paraíso, pois nesse caso são os machos que evoluíram demonstrações elaboradas, cores corporais e ornamentos. E há sempre a tentação de olhar para o comportamento no nosso ambiente imediato, em nossa sociedade, e esquecer que os comportamentos com frequência variam ao longo do tempo e do espaço. Ser homossexual pode não ser a mesma coisa em San Francisco hoje como era na Atenas de 2.500 anos atrás. Poucos comportamentos são tão absolutos ou inflexíveis como a linguagem ou o sono. Não obstante, podemos estar bem confiantes de que alguns aspectos do comportamento sexual, do amor universal por gorduras e doces e da nossa tendência de acumular reservas de gordura são traços que eram adaptativos em nossos ancestrais – mas não o são necessariamente hoje. E linguistas como Noam Chomsky e Steven Pinker têm defendido de modo convincente que o uso de linguagem simbólica é provavelmente uma adaptação genética, com aspectos de sintaxe e gramática de algum modo codificados em nosso cérebro.

Finalmente, há a grande categoria dos comportamentos às vezes vistos como adaptações, mas sobre cuja evolução não sabemos praticamente nada. Nisso estão incluídos vários dos universais humanos mais interessantes, como códigos morais, religião e música. Há um número infindável de teorias (e de livros) sobre como esses aspectos podem ter evoluído. Alguns pensadores modernos construíram cenários elaborados sobre como nosso senso de moralidade, e muitos princípios morais, podem ser fruto da seleção natural atuando na atitude mental herdada de um primata social, do mesmo modo que a linguagem deu ensejo à construção de uma sociedade e de uma cultura complexas. Mas no final essas ideias se reduzem a especulações não testadas – e provavelmente não testáveis. É quase impossível reconstruir como esses aspectos evoluíram (ou mesmo definir se são traços que evoluíram geneticamente) e se são adaptações diretas ou, como fazer fogo, meros subprodutos de um complexo cérebro que evoluiu flexibilidade comportamental para cuidar de seu corpo. Devemos ver com muita suspeita as especulações que não estão acompanhadas por evidências concretas. Minha visão é que as conclusões sobre a evolução do comportamento humano devem se basear em pesquisas pelo menos tão rigorosas quanto as usadas no estudo de animais não humanos. E se você ler revistas sobre comportamento animal, verá que esse requisito é colocado num nível bem alto, de modo que muitas afirmações sobre psicologia evolucionista afundam sem deixar rastro.

Não há razão, portanto, para enxergar a nós mesmos como marionetes que dançam puxadas pelas cordinhas da evolução. Sim, certas partes do nosso comportamento podem ser geneticamente codificadas, instiladas por seleção natural nos nossos ancestrais moradores da savana. Mas genes não são destino. Uma lição que todos os geneticistas aprendem, mas que parece não ter permeado a consciência dos não cientistas, é que "genética" não significa "imutável". Fatores ambientais de todo tipo podem afetar a expressão dos genes. A diabete juvenil, por exemplo, é uma doença genética, mas seus efeitos danosos podem ser eliminados em grande medida por pequenas doses de insulina: uma intervenção ambiental. Minha visão pobre, que percorre toda a família, não chega a ser um obstáculo graças aos óculos. Do mesmo modo, podemos reduzir nosso apetite voraz por chocolate e carne com alguma força de vontade e a ajuda das reuniões dos Vigilantes do Peso, e a instituição do casamento já avançou bastante no sentido de conter o comportamento promíscuo dos homens.

O mundo ainda está cheio de egoísmo, imoralidade e injustiça. Mas olhe para outras partes e você encontrará também inúmeros atos de bondade e altruísmo. Pode haver elementos de ambos os comportamentos que tenham a ver com nossa herança evolutiva, mas esses atos são em grande parte questão de escolha, não de genes. Fazer doações de caridade, alistar-se como voluntário para erradicar doenças em países pobres, combater incêndios colocando em risco a própria vida – nenhum desses atos poderia ter sido instilado em nós diretamente pela evolução. E, conforme os anos passam, embora horrores como a "limpeza étnica" em Ruanda e nos Bálcãs ainda estejam entre nós, vemos um senso de justiça cada vez maior espalhando-se pelo mundo. Nos tempos romanos, algumas das mentes mais sofisticadas que já existiram achavam um entretenimento vespertino excelente sentar e assistir seres humanos literalmente lutando para defender a própria vida uns contra os outros, ou enfrentando animais selvagens. Não existe hoje uma cultura no planeta que não acharia isso uma barbárie. Similarmente, o sacrifício humano já foi parte importante de muitas sociedades. Também isso, felizmente, desapareceu. Em muitos países, a igualdade de homens e mulheres é agora muito bem aceita. Nações mais ricas estão-se tornando conscientes de suas obrigações de ajudar, em vez de explorar, as mais pobres. Preocupamo-nos mais sobre como tratar os animais. Nada disso tem a ver com a evolução, pois a mudança tem acontecido depressa demais para estar sendo causada por nossos genes. Assim, fica claro que, qualquer que seja a nossa herança genética, ela não é uma camisa-de-força que nos prenda para sempre às maneiras "bestiais" de nossos antepassados. A evolução nos diz de onde viemos, não para onde podemos ir.

E, embora a evolução opere de uma maneira sem propósito, materialista, isso não significa que nossa vida não tenha propósito. Seja por meio de pensamento religioso ou secular, elaboramos nossos próprios propósitos, sentido e moralidade. Muitos encontram significado no trabalho, na família e em passatempos. Há consolo e alimento para o cérebro na música, na arte, na literatura e na filosofia.

Muitos cientistas têm encontrado profunda satisfação espiritual na contemplação das maravilhas do universo e em nossa capacidade de decifrá-las. Albert Einstein, que muitas vezes é equivocadamente descrito como um religioso convencional, não obstante via o estudo da natureza como uma experiência espiritual:

> A coisa mais bela que podemos experimentar é o misterioso. É a emoção fundamental que está na raiz da verdadeira arte e da verdadeira ciência. Aquele que não conhece essa emoção e que não consegue mais admirar-se, que não sente mais assombro, é como se estivesse morto, é como uma vela extinta. Foi a experiência do mistério – mesmo que mesclada com o medo – que engendrou a religião. Saber que existe algo que não somos capazes de penetrar, conhecer as manifestações da mais profunda razão e da mais

radiante beleza, que são acessíveis apenas à nossa razão em suas formas mais elementares – é esse conhecimento e essa emoção que constituem a verdadeira atitude religiosa; nesse sentido, e somente nesse, sou um homem profundamente religioso... Já me basta o mistério da eternidade da vida e o pressentimento da maravilhosa estrutura da realidade, junto com o sincero esforço de compreender alguma parte, por menor que seja sempre, da razão que se manifesta a si mesma na natureza.

Derivar sua espiritualidade da ciência também significa aceitar um sentido concomitante de humildade diante do universo e a probabilidade de não conseguirmos nunca ter todas as respostas. O médico Richard Feynman era um desses adeptos:

> Eu não preciso ter uma resposta. Não me assusta não saber das coisas, estar perdido num universo misterioso sem nenhum propósito – que, pelo que sei, é assim que ele é na realidade, provavelmente. Isso não me assusta.

Mas é excessivo esperar que todos se sintam desse modo, ou que assumam que *A origem das espécies* pode suplantar a *Bíblia*. Apenas umas poucas pessoas conseguem encontrar um consolo e apoio constantes nas maravilhas da natureza; e menos gente ainda tem o privilégio de contribuir com essas maravilhas por meio de sua própria pesquisa. O escritor britânico Ian McEwan lamenta o fracasso da ciência em tomar o lugar da religião convencional:

> Nossa cultura secular e científica não substituiu nem mesmo desafiou esses sistemas mutuamente incompatíveis de pensamento sobrenatural. O método científico, o ceticismo ou a racionalidade em geral ainda precisam encontrar uma narrativa abrangente com suficiente poder, simplicidade e amplo apelo para competir com as velhas histórias que dão sentido à vida das pessoas. A seleção natural é uma explicação poderosa, elegante e econômica da vida na Terra em toda a sua diversidade, e talvez contenha as sementes de um mito rival da criação, que poderia ter a força adicional de ser verdadeiro – mas ela ainda espera por seu sintetizador inspirado, seu poeta, seu Milton... Razão e mito ainda permanecem companheiros de cama desconfortáveis.

Eu com certeza não reivindico a posição de um Milton do darwinismo.

Mas posso pelo menos dissipar as falsas concepções que afugentam as pessoas da evolução e da impressionante derivação de toda a incrível diversidade da vida a partir de uma única molécula replicante. A maior dessas falsas concepções é a que faz acreditar que aceitar a evolução de algum modo vai dividir nossa sociedade, corromper nossa moralidade, impelir-nos a nos comportar como animais e trazer uma nova geração de Hitlers e Stalins.

Isso simplesmente não vai acontecer, como podemos concluir ao ver os vários países europeus cujos residentes abraçaram inteiramente a evolução e mesmo assim conseguem permanecer civilizados. A evolução não é moral nem imoral. Ela simplesmente é, e podemos interpretá-la como quisermos. Tentei mostrar que podemos fazer duas interpretações dela: que ela é simples e que ela é maravilhosa. E longe de condicionar nossas ações, o estudo da evolução pode liberar nossa mente. Os seres humanos podem ser apenas um pequeno galho na vasta árvore frondosa da evolução, mas somos um animal muito especial. Conforme a seleção natural foi forjando nosso cérebro, ela abriu para nós mundos inteiramente novos. Aprendemos como melhorar nossa vida de modo incomensurável em relação à de nossos antepassados, que eram atormentados por doenças, desconforto e uma busca interminável de alimento. Podemos voar por cima das mais altas montanhas, mergulhar fundo pelos oceanos e até viajar a outros planetas. Fazemos sinfonias, poemas e livros para satisfazer nossas paixões estéticas e necessidades emocionais. Nenhuma outra espécie conseguiu nada remotamente similar.

Mas há algo ainda mais extraordinário. Somos a única criatura a quem a seleção natural legou um cérebro complexo o suficiente para compreender as leis que governam o universo. E devemos estar orgulhosos por ser a única espécie que entendeu como foi que nos tornamos assim.

GLOSSÁRIO

Nota: para alguns termos, como "gene", os cientistas têm várias definições, com frequência técnicas e às vezes conflitantes. Em tais casos, forneci a que considero a definição de trabalho mais comum.

ADAPTAÇÃO: Um aspecto de um organismo que evoluiu por seleção natural pelo fato de desempenhar melhor alguma função em comparação com seus antecedentes. As flores das plantas, por exemplo, são adaptações para atrair polinizadores.

ALELOS: Uma forma particular de um determinado gene, produzida por mutação. Por exemplo, existem três alelos do gene que codifica a proteína produtora do nosso tipo sanguíneo: os alelos A, B e O. Todos são formas mutantes de um único gene, com diferenças sutis na sequência de DNA.

APTIDÃO: Na biologia evolucionária, termo técnico que denota o número relativo de descendentes produzidos pelos portadores de um alelo em relação a outros. Quanto maior a prole, maior a aptidão. Mas "aptidão" também pode ser usado mais informalmente, referindo-se ao grau maior ou menor de adaptação de um organismo ao seu ambiente e modo de vida.

ATAVISMO: Expressão ocasional numa espécie viva de um traço antes presente numa espécie, mas que depois havia desaparecido. Um exemplo é a aparição esporádica de cauda em bebês humanos.

BARREIRAS DE ISOLAMENTO REPRODUTIVO: Aspectos de base genética das espécies que as impedem de formar híbridos férteis com outras espécies – por exemplo, diferenças nos rituais de corte que impedem o intercruzamento.

BIOGEOGRAFIA: Estudo da distribuição das plantas e animais pela superfície da Terra.

DIMORFISMO SEXUAL: Traço diferencial entre os machos e fêmeas de uma espécie, como o tamanho ou a presença de pelos corporais nos humanos.

ENDÊMICO: Adjetivo que se refere a uma espécie confinada a uma região particular e que não é encontrada em nenhum outro lugar, como os tentilhões endêmicos das ilhas Galápagos. A palavra pode também ser usada como substantivo.

ESPECIAÇÃO ALOPOLIPLOIDE: É a origem de uma nova espécie de planta, que começa com a hibridização de duas espécies diferentes, seguida por uma duplicação do número de cromossomos nesse híbrido.

ESPECIAÇÃO AUTOPOLIPLOIDE: Origem de uma nova espécie de planta que ocorre quando todo o sistema de cromossomos de uma espécie ancestral é duplicado.

ESPECIAÇÃO GEOGRÁFICA: Especiação que começa com o isolamento geográfico de duas ou mais populações, que subsequentemente desenvolvem barreiras de isolamento reprodutivo de base genética.

ESPECIAÇÃO SIMPÁTRICA: Especiação que tem lugar sem a existência de quaisquer barreiras geográficas que isolem fisicamente as populações umas das outras.

ESPECIAÇÃO: Evolução de novas populações que são reprodutivamente isoladas de outras.

ESPÉCIE: Grupo de populações naturais que se intercruzam e estão reprodutivamente isoladas de outros grupos. Esta é a definição de espécie preferida pela maioria dos biólogos e é também chamada de "conceito biológico de espécie".

ESPÉCIES IRMÃS: Duas espécies parentes próximas; ou seja, que estão mais estreitamente relacionadas entre elas do que com qualquer outra espécie. Humanos e chimpanzés são espécies irmãs.

EVOLUÇÃO: Mudança genética em populações, que com frequência produz mudanças em traços observáveis dos organismos ao longo do tempo.

FLUTUAÇÃO GENÉTICA: Mudança evolucionária que ocorre por amostragem aleatória de diferentes alelos de uma geração para a seguinte. Isso causa mudança evolucionária não adaptativa.

GAMETAS: Células reprodutivas, incluindo o esperma e óvulos em animais, e o pólen e óvulos em plantas.

GENE: Um segmento do DNA que produz uma proteína ou um produto de RNA.

GENOMA: O complemento genético inteiro de um organismo, compreendendo todos os seus genes e DNA.

HERDABILIDADE: A proporção de variação observável num traço que pode ser explicada por variações nos genes dos indivíduos. Variando de zero (toda a variação se deve ao ambiente) a 1 (toda a variação se deve aos genes), a herdabilidade dá uma ideia de quão prontamente um traço vai reagir à seleção natural ou artificial

GLOSSÁRIO

A herdabilidade da altura humana, por exemplo, varia de 0,6 a 0,85, dependendo da população testada.

HOMINÍNEOS: Todas as espécies, vivas ou extintas, do lado "humano" da árvore evolucionária depois que nosso ancestral comum com os chimpanzés se dividiu nas duas linhagens que iriam produzir os humanos modernos e os chimpanzés modernos.

HOMÓLOGOS: Par de cromossomos que contém os mesmos genes, embora esses cromossomos possam ter diferentes formas desses genes.

ILHAS CONTINENTAIS: Ilhas, como a Grã-Bretanha e Madagascar, que já foram parte de um continente mas se separaram dele por deriva continental ou por se erguerem do nível do mar.

ILHAS OCEÂNICAS: Ilhas que nunca foram conectadas a um continente, mas que, como as ilhas do Havaí e de Galápagos, foram formadas por vulcões ou outras forças que produziram uma nova terra fazendo-a surgir do oceano.

LEK: Uma área ou terreno onde os machos de uma espécie se reúnem para desempenhar suas exibições de corte.

MACROEVOLUÇÃO: "Grande" mudança evolucionária, geralmente por meio de mudanças importantes na forma do corpo ou da evolução de um tipo de planta ou animal a partir de outro tipo. A mudança do nosso ancestral primata para os modernos humanos, ou dos antigos répteis para aves, seria considerada uma macroevolução.

MICROEVOLUÇÃO: "Pequena" mudança evolucionária, como a mudança de tamanho ou de cor de uma espécie. Um exemplo é a evolução de diferentes cores de pele ou tipo de cabelo entre as populações humanas; outro exemplo é a evolução da resistência a antibióticos nas bactérias.

MUTAÇÃO: Pequena mudança no DNA, que em geral altera apenas uma única base nucleotídica na sequência de bases que forma o código genético de um organismo. As mutações com frequência surgem como erros durante a cópia das moléculas de DNA que acompanham a divisão celular.

NICHO ECOLÓGICO: Conjunto das condições físicas e biológicas, incluindo clima, alimentos, predadores, presas etc., encontrado por uma determinada espécie na natureza.

PARTENOGÊNESE: Forma de reprodução assexuada na qual os indivíduos têm ovos que se desenvolvem e tornam-se adultos sem fertilização.

POLIANDRIA: Sistema de acasalamento no qual as fêmeas copulam com mais de um macho.

POLIGINIA: Sistema de acasalamento no qual os machos copulam com mais de uma fêmea.

POLIPLOIDIA: Uma forma de especiação, envolvendo hibridização, na qual a nova espécie tem um número aumentado de cromossomos. Pode envolver tanto autopoliploidia como alopoliploidia (ver acima).

PSEUDOGENE: Gene inativo que não produz uma proteína.

RAÇA: População geograficamente distinta de uma espécie, que difere de outras populações em um ou mais traços. Os biólogos às vezes chamam raças de "ecotipos" ou "subespécies".

RADIAÇÃO ADAPTATIVA: Produção de várias ou muitas novas espécies a partir de um ancestral comum, usualmente quando o ancestral invade um habitat novo e vazio, como um arquipélago. A radiação é "adaptativa" porque as barreiras genéticas entre as espécies surgem como subprodutos da seleção natural que adapta as populações aos seus ambientes. Um exemplo é a profusa especiação dos tentilhões-do-havaí [honeycreepers, da tribo Drepanidini, família *Fingillidae*].

SELEÇÃO ESTABILIZADORA: Seleção natural que favorece indivíduos "médios" numa população, mais do que aqueles que se situam nos extremos. Um exemplo é a maior sobrevivência dos bebês humanos que têm peso médio no nascimento, em relação aos mais leves ou mais pesados.

SELEÇÃO NATURAL: Reprodução não aleatória, diferencial, de alelos de uma geração à seguinte. Isso geralmente resulta do fato de os portadores de alguns alelos serem mais capazes de sobreviver ou de se reproduzir em seu ambiente do que os portadores de alelos alternativos.

SELEÇÃO SEXUAL: Reprodução não aleatória, diferencial, de alelos, que dá a seus portadores diferente sucesso na obtenção de parceiros de acasalamento. É uma forma de seleção natural.

SISTEMÁTICA: Ramo da biologia evolucionária dedicado a discernir as relações evolucionárias de espécies e a construção de árvores evolucionárias que retratem essas relações.

TETRÁPODE: Animal vertebrado com quatro membros.

TRAÇO VESTIGIAL: Traço que constitui um resquício evolucionário de um aspecto que já foi útil numa espécie ancestral, mas que não é mais útil da mesma maneira. Traços vestigiais podem ser não funcionais (as asas do kiwi) ou cooptados para novos usos (as asas do avestruz).

SUGESTÕES PARA LEITURAS ADICIONAIS

Nota: *Forneço as referências no formato-padrão da literatura científica. Cada referência mostra, por ordem, o sobrenome e as iniciais do autor, nomes de outros autores, o ano de publicação, o título do livro ou artigo e, quando o artigo é de alguma publicação científica, o nome dessa publicação, seguido pela edição e pela numeração de página.*

GERAL

BROWNE, J. 1996. *Charles Darwin: Voyaging*. 2002. *Charles Darwin: The Power of Place*. Knopf, Nova York (publicado em 2003 como um *set* pela Princeton University Press). Esta biografia em dois volumes de Darwin, por Janet Browne, é um tratado magistral e muito bem escrito do homem, seu meio e suas ideias. De longe, a melhor das muitas biografias de Darwin.

CARROLL, S. B. 2005. *Endless Forms Most Beautiful*. W. W. Norton, Nova York. Uma animada discussão da interface de evolução e biologia do desenvolvimento, por um dos mais destacados praticantes da "evo devo" ["biologia evolutiva do desenvolvimento"].

CHIAPPE, L. M. 2007. *Glorified Dinosaurs: The Origin and Early Evolution of Birds*. Wiley, Hoboken, NJ. Um relato atualizado e escrito com clareza da origem das aves a partir dos dinossauros com penas.

CRONIN, H. 1992. *The Ant and the Peacock: Sexual Selection from Darwin to Today*. Cambridge University Press, Cambridge, RU. Uma introdução à seleção sexual, para o leitor médio.

DARWIN, C. 1859. *On the Origin of Species*. Murray, Londres. O livro que deu início a tudo;

um clássico mundial. O livro de ciência mais popular de todos os tempos (foi, afinal, escrito para o público inglês) e o livro de ciência que todos *precisam* ter lido para se considerarem de fato instruídos. Embora a prosa vitoriana incomode um pouco algumas pessoas, tem trechos lindíssimos e os argumentos superam qualquer coisa.

DAWKINS, R. 1982. *The Extended Phenotype: The Long Reach of the Gene.* Oxford University Press, Oxford, RU. Um dos melhores livros de Dawkins – uma discussão sobre como a seleção numa espécie pode produzir uma diversidade de traços, incluindo alterações no ambiente e no comportamento de outras espécies.

——, 1996. *The Blind Watchmaker: Why the Evidence of Evolution Reveals a Universe Without Design.* W. W. Norton, Nova York. O panegírico de Dawkins ao poder e à beleza da seleção natural. Uma leitura absorvente, proporcionada por nosso melhor escritor de ciência.

——, 2004. *The Ancestor's Tale: A Pilgrimage to the Dawn of Evolution.* Weidenfeld & Nicolson, Nova York. Um grande relato da evolução, ricamente ilustrado, começando com os humanos e remontando aos nossos ancestrais comuns com todas as outras espécies.

——, 2006. *The Selfish Gene: 30th Anniversary Edition* (publicado pela primeira vez em 1976). Oxford University Press, Oxford, RU. Outro clássico – talvez o melhor livro escrito sobre a moderna teoria evolucionária, essencial para qualquer um que queira entender a seleção natural.

DUNBAR, R., L. BARRETT, e J. LYCETT. 2005. *Evolutionary Psychology: A Beginner's Guide,* Oneworld, Oxford, RU. Um guia curto mas útil para esse campo em crescimento.

FUTUYMA, D. J. 2005. *Evolution.* Sinauer Associates, Sunderland, MA. O melhor livro acadêmico sobre biologia evolucionária. A não ser que você seja estudante de biologia, esse livro pode ser muito técnico para ler direto de cabo a rabo, mas vale a pena tê-lo pelo menos para consulta.

GIBBONS, A. 2006, *The First Human: The Race to Discover Our Earliest Ancestors.* Doubleday, Nova York. Um excelente relato das recentes descobertas em paleoantropologia, lidando não só com a ciência mas também com as personalidades fortes e competitivas empenhadas na busca de nossas origens.

GOULD, S. J. 2007. *The Richness of Life: The Essential Stephen Jay Gould* (S. Rose, ed.). W. W. Norton, Nova York. Este único livro vale por vários, já que todos os livros e ensaios de Gould merecem ser lidos. Essa coleção póstuma inclui 44 ensaios do mais eloquente expoente e defensor da evolução.

JOHANSON, D. e B. EDGAR. 2006. *From Lucy to Language* (ed. rev.). Simon & Schuster, Nova York. Talvez o melhor relato geral sobre a evolução humana em quase todos os aspectos, escrito por um dos descobridores do espécime "Lucy" de *Australopithecus afarensis*.

KITCHER, P. 1987. *Vaulting Ambition: Sociobiology and the Quest for Human Nature*, MIT Press, Cambridge, MA. Uma crítica clara e muito bem fundamentada da sociobiologia.

MAYR, E. 2002. *What Evolution Is*, Basic Books, Nova York. Um resumo popular da moderna teoria evolucionária por um dos maiores biólogos evolucionários do nosso tempo.

MINDELL, DAVID. 2007. *The Evolving World: Evolution in Everyday Life*. Harvard University Press, Cambridge, MA. Uma discussão do valor prático da biologia evolucionária, incluindo suas aplicações na agricultura e na medicina.

PINKER, S. 2002. *The Blank Slate: The Modern Denial of Human Nature*, Viking, Nova York. Um livro de leitura agradável e uma contundente defesa do lado da "natureza" no debate natureza *versus* criação.

PROTHERO, D. R. 2007. *Evolution: What the Fossils Say and Why It Matters*. Columbia University Press, Nova York. Melhor tratamento popular do registro fóssil, inclui extensa discussão sobre evidência fóssil da evolução, tratando, entre outras coisas, de formas transicionais e fazendo a crítica de como os criacionistas distorcem essa evidência.

QUAMMEN, D. 1997. *The Song of the Dodo: Island Biogeography in an Age of Extinction*, Scribner's, Nova York. Uma absorvente discussão de vários aspectos da biogeografia das ilhas, incluindo sua história, teoria moderna e implicações para a conservação.

SHUBIN, N. 2008. *Your Inner Fish*. Pantheon, Nova York. Uma descrição de leitura fácil de como nossa ancestralidade afetou o corpo humano. Escrito por um dos descobridores do transicional "peixápode" *Tiktaalik roseae*.

ZIMMER, C. 1999, *At the Waters Edge: Fish with Fingers, Whales with Legs, and How Life Came Ashore but Then Went Back to Sea*, Free Press, Nova York. Um dos melhores jornalistas científicos descreve duas grandes transições na evolução dos vertebrados: a evolução dos animais terrestres a partir dos peixes e a evolução das baleias a partir de mamíferos com cascos.

——. 2001. *Evolution: The Triumph of an Idea*, Harper Perennial, Nova York. Um tratamento geral da biologia evolucionária, escrito para acompanhar a série sobre evolução transmitida pelo Public Broadcasting System. É introdutório, mas abrangente, cobrindo não apenas a teoria e evidências da evolução como também suas implicações filosóficas e teológicas.

———. 2005. *Smithsonian Intimate Guide to Human Origins*, HarperCollins, Nova York. Um relato bem ilustrado da evolução humana, que inclui tanto o registro fóssil quanto as recentes descobertas da genética molecular.

EVOLUÇÃO, CRIACIONISMO E QUESTÕES SOCIAIS

Com exceção de alguns artigos em Pennock (2001), omito referências aos escritos de criacionistas e defensores do projeto inteligente (PI), pois seus argumentos têm por base a religião, não a ciência. O livro de Eugenie Scott, *Evolution vs.Creationism: An Introduction*, descreve as várias encarnações do criacionismo, incluindo o PI. Os que desejem ouvir o lado dos antievolucionistas devem consultar os livros de Michael Behe, William Dembski, Phillip Johnson e Jonathan Wells.

LIVROS E ARTIGOS

COYNE, J. A. 2005. *The faith that dares not speak its name: The case against intelligent design*. New Republic, 22 de agosto de 2005, págs. 21-33. Um resumo curto do PI e uma revisão de seu manual para a escola pública, *Of Pandas and People* ["Sobre pandas e pessoas"].

FORREST, B. e P. R. GROSS. 2007. *Creationism's Trojan Horse: The Wedge of Intelligent Design*. Oxford University Press, Nova York. Uma análise abrangente e uma crítica do projeto inteligente.

FUTUYMA, D. J. 1995. *Science on Trial: The Case for Evolution*. Sinauer Associates, Sunderland, MA. Um breve resumo das evidências da evolução, assim como um resumo da teoria evolucionária e respostas a alguns argumentos comuns dos criacionistas.

HUMES, E. 2007. *Monkey Girl: Evolution, Education, Religion, and the Battle for America's Soul*. Ecco (HarperCollins), Nova York. Um relato da tentativa dos defensores do projeto inteligente de inserir suas ideias num currículo de escola pública em Dover, Pensilvânia, e do julgamento subsequente que rotulou o projeto inteligente como "não ciência".

ISAAK, M. 2007. *The Counter-Creationism Handbook*. University of California Press, Berkeley. Neste útil guia, Isaak faz uma breve apresentação e refuta centenas de argumentos dos criacionistas e dos defensores do projeto inteligente.

KITCHER, P. J. 2006. *Living with Darwin: Evolution, Design, and the Future of Faith*. Oxford University Press, Nova York. Uma ardente defesa do darwinismo e sugestões sobre como ele pode ser reconciliado com as necessidades espirituais das pessoas.

LARSON, E. J. 1998. *Summer for the Gods*. Harvard University Press, Cambridge,

MA. Este relato de fácil leitura do Julgamento de Scopes, a primeira incursão do darwinismo nos tribunais americanos, corrige muitas concepções equivocadas que se popularizaram sobre o "Julgamento do Macaco". O livro ganhou o Prêmio Pulitzer de 1998 na categoria História.

MILLER, K. R. 2000. *Finding Darwin's God: A Scientist's Search for Common Ground Between God and Evolution.* Harper Perennial, Nova York. Eminente biólogo, autor de livros didáticos e católico praticante, Miller refuta enfaticamente os argumentos em favor do projeto inteligente e depois discute como ele próprio concilia o fato da evolução com sua crença religiosa.

———. 2008. *Only a Theory: Evolution and the Battle for America's Soul.* Viking, Nova York. Uma crítica atual do projeto inteligente que não só trata do argumento da "complexidade irredutível" como mostra por que o PI constitui uma séria ameaça à educação científica nos Estados Unidos.

NATIONAL ACADEMY OF SCIENCES. 2008. *Science, Evolution, and Creationism.* National Academies Press, Washington, DC. Um documento do grupo de cientistas de maior prestígio nos Estados Unidos, assumindo uma posição de crítica ao criacionismo e apresentando as evidências da evolução. Pode ser baixado em http://www.nap.edu/catalog.php?record_id=11876.

PENNOCK, R. T. 1999. *Tower of Babel: The Evidence Against the New Creationism.* MIT Press, Cambridge, MA. Talvez a análise mais exaustiva e desmitificadora do criacionismo, em particular da sua nova encarnação, o projeto inteligente.

———, (ed.). 2001. *Intelligent Design Creationism and Its Critics: Philosophical, Theological, and Scientific Perspectives.* MIT Press, Cambridge, MA. Ensaios de defensores e também de opositores da evolução, com alguma troca provocativa de argumentos.

PETTO, A. J., e L. R. GODFREY (eds.). 2007. *Scientists Confront Intelligent Design and Creationism.* W. W. Norton, Nova York. Uma série de ensaios a cargo de cientistas, sobre paleontologia, geologia e outros aspectos da teoria evolucionária, relacionados com a controvérsia evolução-criação, além de discussões sobre a sociologia da controvérsia.

SCOTT, E. C. 2005. *Evolution vs. Creationism: An Introduction*, University of California Press, Berkeley. Uma descrição desapaixonada do que a evolução e o criacionismo são na realidade.

SCOTT, E. C., e G. BRANCH. 2006. *Not in Our Classrooms: Why Intelligent Design Is Wrong for Our Schools,* Beacon Press, Boston. Uma série de ensaios sobre as implicações científicas, educacionais e políticas do ensino do projeto inteligente e de outras formas de criacionismo nas escolas públicas americanas.

RECURSOS NA INTERNET

http://www.archaeologyinfo.com/evolution.htm. Um bom retrato e descrição (embora levemente desatualizado) dos vários estágios da evolução humana.

http://www.darwin-online.org.uk/. A obra completa de Charles Darwin na internet. Contém não só todos os seus livros (incluindo as seis edições de *The Origin*) como também seus trabalhos acadêmicos. Há várias cartas pessoais de Darwin no Darwin Correspondence Project: http://www.darwinproject.ac.uk/.

http://www.gate.net/~rwms/EvoEvidence.html. Um vasto *site* reunindo várias linhas de evidências sobre a evolução.

http://wwvv.gate.net/~rwms/crebuttals.html. Um *site* que examina e desbanca completamente várias afirmações criacionistas.

http://www.natcenscied.org/. Um conjunto de recursos online reunidos pelo National Center for Science Education, organização dedicada à defesa do ensino da evolução nas escolas públicas americanas. Fornece atualizações sobre batalhas em andamento com o criacionismo e traz *links* para vários outros *sites*.

http://www.pbs.org/wgbh/evolution/. Um vasto *site* da internet inspirado pela série da PBS Evolution, contendo diversos recursos para estudantes e professores, como discussões sobre a história do pensamento evolucionário, evidências da evolução e questões teológicas e filosóficas. As seções sobre evolução humana são particularmente boas.

http://www.pandasthumb.org/. O *site* do Panda's Thumb (nome de um ensaio famoso de Stephen Jay Gould) lida com recentes descobertas em biologia evolucionária e também com a oposição à evolução em andamento nos Estados Unidos.

http://www.talkorigins.org/. Um guia abrangente sobre todos os aspectos da evolução. Faz parte do *site* o melhor guia *online* de evidências sobre a evolução, em http://www.talkorigins.org/faqs/comdesc/.

Entre os vários blogs de qualidade sobre biologia evolucionária, dois se destacam. Um deles é "The Loom" (http://blogs.discovermagazine.com/loom), do escritor de ciência Carl Zimmer. O outro é "This Week in Evolution", o blog do professor da Cornell, R. Ford Denison, em http://blog.lib.umn.edu/denis036/thisweekinevolution/. Traz novas descobertas em biologia evolucionária e é acessível a qualquer um que tenha conhecimento de biologia em nível de universidade.

REFERÊNCIAS

PREFÁCIO

Davis, P. e D. H. Kenyon. 1993. *Of Pandas and People: The Central Question of Biological Origins* (2ª ed.), Foundation for Thought and Ethics, Richardson, TX.

INTRODUÇÃO

BBC Poll on Evolution. Ipsos MORI. 2006. http://www.ipsos-mori.com/content/bbc-survey-on-the-origins-of-life.ashx.

Berkman, M. B., J. S. Pacheco e E. Plutzer. 2008. Evolution and creationism in America's schools: A national portrait. *Public Library of Science Biology* 6:e124.

Harris Poll #52. 6 de julho de 2005. http://www.harrisinteractive.com/harris_poll/index.asp?PID=581.

Miller, J. D., E. C. Scott e S. Okamoto. 2006. Public acceptance of evolution. *Science* 313:765-766.

Shermer, M. 2006. *Why Darwin Matters: The Case Against Intelligent Design.* Times Books, Nova York.

CAPÍTULO 1 – O QUE É EVOLUÇÃO?

Darwin, C. 1993. *The Autobiography of Charles Darwin* (N. Barlow, ed.). W. W. Norton, Nova York.

Hazen, R. M. 2005. *Gen*e*sis: The Scientific Quest for Life's Origin.* Joseph Henry Press, Washington, DC.

Paley, W. 1802. *Natural Theology; or, Evidences of the Existence and Attributes of the Deity. Collected from the Appearances of Nature.* Parker, Philadelphia.

CAPÍTULO 2 – ESCRITO NA PEDRA

APESTEGUÍA, S. e H. Zaher. 2006. A Cretaceous terrestrial snake with robust hindlimbs and a sacrum. *Nature* 440:1037-1040.

CHALINE, J., B. Laurin, P. Brunet-Lecomte e L. Viriot. 1993. Morphological trends and rates of evolution in arvicolids (Arvicolidae, Rodentia): Towards a punctuated equilibria/disequilibria model. *Quaternary International* 19:27-39.

CHEN, J. Y., D. Y. Huang e C. W. Li. 1999. An early Cambrian craniate-like chordate. *Nature* 402:518-522.

DAESCHLER, E. B., N. H. Shubin e F. A. Jenkins. 2006. A Devonian tetrapod-like fish and the evolution of the tetrapod body plan. *Nature* 440:757-763.

DIAL, K. P. 2003. Wing-assisted incline running and the evolution of flight. *Science* 299:402-404.

GRAUR, D. e D. G. Higgins. 1994. Molecular evidence for the inclusion of cetaceans within the order Artiodactyla. *Molecular Biology and Evolution* 11:357-364.

HEDMAN, M. 2007. *The Age of Everything: How Science Explores the Past*, University of Chicago Press, Chicago,

HOPSON, T. A. 1987. The mammal like reptiles: A study of transitional fossils, *American Biology Teacher* 49:16-26.

JI, Q., M. A. Norell, K. Q. Gao, S. A. Ji e D. Ren. 2001. The distribution of integumentary structures in a feathered dinosaur. *Nature* 410:1084-1088.

KELLOGG, D. E. e J. D. Hays, 1975. Microevolutionary patterns in Late Cenozoic Radiolaria. *Paleobiology* 1:150-160.

LAZARUS, D. 1983. Speciation in pelagic protista and its study in the planktonic microfossil record: A review. *Paleobiology* 9:327-340.

LI, Y., L.-Z. Chen et al. 1999. Lower Cambrian vertebrates from South China. *Nature* 402:42-46.

MALMGREN, B. A. e J. P. Kennett, 1981. Phyletic gradualism in a late Cenozoic planktonic foraminiferal lineage; Dsdp site 284, southwest Pacific. *Paleobiology* 7:230-240.

NORELL, M. A., J. M. Clark, L. M. Chiappe e D. Dashzeveg. 1995. A nesting dinosaur. *Nature* 378:774-776.

ORGAN, C. L., M. H. Schewitzer, W. Zheng, Lm. M. Freimark, L. C. Cantley e J. M. Asara. 2008. Molecular phylogenetics of Mastodon and *Tyrannosaurus rex, Science* 320:499.

PEYER, K. 2006. A reconsideration of Compsognathus from the upper Tithonian of Carriers, Southern France. *Journal of Vertebrate Paleontology* 26:879-896.

PRUM, R. O. e A. H. Brush. 2002. The evolutionary origin and diversification of feathers. *Quarterly Review of Biology* 77:261-295.

SHELDON, P. 1987. Parallel gradualistic evolution of Ordovician trilobites. *Nature* 330:561-563.

SHIPMAN, P. 1998. *Taking Wing: Archaeopteryx and the Evolution of Bird Flight*. Weidenfeld & Nicolson, Londres.

SHU, D. G., H. L. Luo, S. C. Morris, X. L. Zhang, S. X. Hu, L. Chen, J. Han, M. Zhu, Y. Li e L. Z. Chen. 1999. Lower Cambrian vertebrates from South China. *Nature* 402:42-46.

SHU, D. G., S. C. Morris, J. Han, Z. F. Zhang, K. Yasui, P. Janvier, L. Chen, X. L. Zhang, J. N. Liu, Y. Li e H. Q. Liu. 2003. Head and backbone of the Early Cambrian vertebrate *Haikouichthys*. *Nature* 421:526-529.

SHUBIN, N. H., E. B. Daeschler e F. A. Jenkins. 2006. The pectoral fin of *Tiktaalik roseae* and the origin of the tetrapod limb. *Nature* 440:764-771.

SUTERA, R. 2001. The origin of whales and the power of independent evidence. *Reports of the National Center for Science Education* 20:33-41.

THEWISSEN, J. G. M., L. N. Cooper, M. T. Clementz, S. Bajpail e B. N. Tiwari. 2007. Whales originated from aquatic artiodactyls in the Eocene epoch of India. *Nature* 450:1190-1194.

WELLS, J. W. 1963. Coral growth and geochronometry. *Nature* 187:948-950.

Wilson, E. O., F. M. Carpenter e W. L. Brown. 1967. First Mesozoic ants. *Science* 157:1038-1040.

XU, X. e M. A. Norell. 2004. A new troodontid dinosaur from China with avian like sleeping posture. *Nature* 431:838-841.

XU, X., X.-L. Wang e X.-C. Wu. 1999. A dromaeosaurid dinosaur with a filamentous integument from the Yixian Formation of China. *Nature* 401:262-266.

XU, X ., Z. H. Zhou, X.-L. Wang, X. W. Kuang, F. C. Zhang e X. K. Du. 2003. Four-winged dinosaurs from China. *Nature* 421:335-340.

CAPÍTULO 3 – RESÍDUOS: VESTÍGIOS, EMBRIÕES E MAUS PROJETOS

ANDREWS, R. C. 1921. A remarkable case of external hind limbs in a humpback whale. *American Museum Novitates* 9:1-6.

BANNERT, N. e R. Kurth. 2004. Retroelements and the human genome: New perspectives on an old relation. *Proceedings of the National Academy of Sciences of the United States of America* 101:14572-14579.

BAR-MAOR, J. A., K. M. Kesner e J. K. Kaftori. 1980. Human tails. *Journal of Bone and Joint Surgery* 62:508-10.

BEHE, M. 1996. *Darwin's Black Box*. Free Press, Nova York.

BEJDER, L. e B. K. Hall. 2002. Limbs in whales and limblessness in other vertebrates: Mechanisms of evolutionary and developmental transformation and loss. *Evolution and Development* 4:445-458.

BRAWAND D., W. Wahli e H. Kaessmann. 2008. Loss of egg yolk genes in mammals and the origin of lactation and placentation. *Public Library of Science Biology* 6(3):e63.

CHEN, Y. P., Y. D. Zhang, T. X. Jiang, A. J. Barlow, T. R. St Amand, Y. P. Hu, S. Heaney, P. Francis-West, C. M, Chuong e R. Maas. 2000. Conservation of early odontogenic signaling pathways in Aves. *Proceedings of the National Academy of Sciences of the United States of America* 97:10044-10049.

DAO, A. H. e M. G. Netsky. 1984. Human tails and pseudotails. *Human Pathology* 15:449-453.

DOBZHANSKY, T. 1973. Nothing in biology makes sense except in the light of evolution. *American Biology Teacher* 35:125-129.

FRIEDMAN, M. 2008. The evolutionary origin of flatfish asymmetry. *Nature* 454: 209-212.

GILAD, Y., V. Wiebe, M. Przeworski, D. Lancet e S. Pääbo. 2004. Loss of olfactory receptor genes coincides with the acquisition of full trichromatic vision in primates. *Public Library of Science Biology* 2:120-125.

GOULD, S. J. 1994. *Hen's Teeth and Horses' Toes: Further Reflections in Natural History*. W. W. Norton, Nova York.

HALL, B. K. 1984. Developmental mechanisms underlying the formation of atavisms. *Biological Reviews* 59:89-124.

HARRIS, M. P., S. M. Hasso, M. W. J. Ferguson e J. F. Fallon. 2006. The development of archosaurian first-generation teeth in a chicken mutant. *Current Biology* 16:371-377.

JOHNSON, W. E.e J. M. Coffin. 1999. Constructing primate phylogenies from ancient retrovirus sequences. *Proceedings of the National Academy of Sciences of the United States of America* 96:10254-10260.

KISHIDA, T., S. Kubota, Y. Shirayama e H. Fukami. 2007. The olfactory receptor gene repertoires in secondary-adapted marine vertebrates: Evidence for reduction of the functional proportions in cetaceans. *Biology Letters* 3:428-430.

KOLLAR, E. J. e C. Fisher. 1980. Tooth induction in chick epithelium: Expression of quiescent genes for enamel synthesis. *Science* 207:993-995.

KRAUSE, W. J. e C. R. Leeson. 1974. The gastric mucosa of 2 monotremes: The duck-billed platypus and echidna. *Journal of Morphology* 142:285-299.

REFERÊNCIAS

MEDSTRAND, P. e D. L. Mager. 1998. Human-specific integrations of the HERV-K endogenous retrovirus family. *Journal of Virology* 72:9782-9787.

LARSEN, W. J. 2001. *Human Embryology* (3ª ed.). Churchill Livingston, Philadelphia.

NIIMURA, Y. e M. Nei. 2007. Extensive gains and losses of olfactory receptor genes in mammalian evolution. *Public Library of Science ONE* 2:e708.

NISHIKIMI, M., R. Fukuyama, S. Minoshima, N. Shimizu e K. Yagi. 1994. Cloning and chromosomal mapping of the human nonfunctional gene for L-gulono-γ-Iactone oxidase, the enzyme for L-ascorbic-acid biosynthesis missing in man. *Journal of Biological Chemistry* 269:13685-13688.

NISKIKIMI, M. e K. Yagi. 1991. Molecular basis for the deficiency in humans of gulonolactone oxidase, a key enzyme for ascorbic acid biosynthesis. *American Journal of Clinical Nutrition* 54:1203S-1208S.

OHTA, Y. e M. Nishikimi. 1999. Random nucleotide substitutions in primate nonfunctional gene for L-gulono-γ-Iactone oxidase, the missing enzyme in γ-ascorbic-acid biosynthesis. *Biochimica et Biophysica Acta* 1472:408-411.

ORDOÑEZ, G. R., L. W. Hiller, W. C. Warren, F. Grutzner, C. Lopez-Otin e X. S. Puente. 2008. Loss of genes implicated in gastric function during platypus evolution. *Genome Biology* 9:R81.

RICHARDS, R. J. 2008. *The Tragic Sense of Life: Ernst Haeckel and the Struggle over Evolution*. University of Chicago Press, Chicago.

ROMER, A. S. e T. S. Parsons. 1986. *The Vertebrate Body*. Sanders College Publishing, Philadelphia.

SADLER, T. W. 2003. *Langman's Medical Embryology* (9ª ed.). Lippincott Williams & Wilkins, Philadelphia.

SANYAL, S., H. G. Jansen, W. J. de Grip, E. Nevo e W. W. de Jong. 1990. The eye of the blind mole rat, *Spalax ehrenbergi*. Rudiment with hidden function? *Investigative Ophthalmology and Visual Science* 31:1398-1404.

SHUBIN, N. 2008. *Your Inner Fish*. Pantheon, Nova York.

ROUQUIER, S., A. Blancher e D. Giorgi. 2000. The olfactory receptor gene repertoire in primates and mouse: Evidence for reduction of the functional fraction in primates.*Proceedings of the National Academy of Sciences of the United States of America* 97:2870-2874.

VON BAER, K. E. 1828, *Entwickelungsgeschichte der Thiere: Beobachtung und Reflexion* (voL 1). Königsberg, Bornträger.

ZHANG, Z. L. e M. Gerstein. 2004. Large-scale analysis of pseudogenes in the human genome. *Current Opinion in Genetics & Development* 14:328-335.

CAPÍTULO 4 – A GEOGRAFIA DA VIDA

Barber, H. N., H. E. Dadswell e H. D. Ingle. 1959. Transport of driftwood from South America to Tasmania and Macquarie Island. *Nature* 184:203-204.

Brown, J. H. e M. V. Lomolino. 1998. *Biogeography*. 2ª ed. Sinauer Associates, Sunderland, MA.

Browne, J. 1983. *The Secular Ark: Studies in the History of Biogeography*. Yale University Press, New Haven e Londres.

Carlquist, S. 1974. *Island Biology*. Columbia University Press, Nova York.

— 1981. Chance dispersal. *American Scientist* 69:509-516.

Censky, E. J., K. Hodge e J. Dudley. 1998. Over-water dispersal of lizards due to hurricanes. *Nature* 395:556.

Goin, F. J., J. A. Case, M. O. Woodburne, S. F. Vizcaino e M. A. Reguero. 2004. New discoveries of "opposum-like" marsupials from Antarctica (Seymour Island, Medial Eocene). *Journal of Mammalian Evolution* 6:335-365.

Guilmette, J. E., E. P. Holzapfel e D. M. Tsuda. 1970. Trapping of air-borne insects on ships in the Pacific (Part 8). *Pacific Insects* 12:303-325.

Holzapfel, E. P. e J. C. Harrell. 1968. Transoceanic dispersal studies of insects. Pacific Insects 10:115-153.

— 1970. Trapping of air-borne insects in the Antarctic area (Part 3). *Pacific Insects* 12:133-156.

McLoughlin, S. 2001. The breakup history of Gondwana and its impact on pre-Cenozoic floristic provincialism. *Australian Journal of Botany* 49:271-300.

Reinhold, R. 21 de março de 1982. Antarctica yields first land mammal fossil. *New York Times*.

Woodburne, M. O. e J. A. Case. 1996. Dispersal, vicariance, and the Late Cretaceous to early tertiary land mammal biogeography from South America to Australia. *Journal of Mammalian Evolution* 3:121-161.

Yoder, A. D. e M. D. Nowak. 2006. Has vicariance or dispersal been the predominant biogeographic force in Madagascar? Only time will tell. *Annual Review of Ecology, Evolution, and Systematics* 37:405-431.

CAPÍTULO 5 – O MOTOR DA EVOLUÇÃO

CARROLL, S. P. e C. Boyd. 1992. Host race radiation in the soapberry bug: Natural history with the history. *Evolution* 46:1052-1069.

DAWKINS, R. 1996. *Climbing Mount Improbable*. Penguin, Londres.

REFERÊNCIAS

DOEBLEY, J. F., B. S. Gaut e B. D. Smith. 2006. The molecular genetics of crop domestication. *Cell* 127:1309-1321.

DOOLITTLE, W. F. e O. Zhaxbayeva. 2007. Evolution: Reducible complexity – the case for bacterial flagella. *Current Biology* 17:R510-R512.

ENDLER, J. A. 1986. *Natural Selection in the Wild*, Princeton University Press, Princeton, NJ.

FRANKS, S. J., S. Sim e A. E. Weis. 2007. Rapid evolution of flowering time by an annual plant in response to a climate fluctuation. *Proceedings of the National Academy of Sciences of the United States of America* 104:1278-1282.

GINGERICH, P. D.1983. Rates of evolution: Effects of time and temporal scaling. *Science* 222:159-161.

GRANT, P. R. 1999. *Ecology and Evolution of Darwin's Finches*. (Ed. rev.) Princeton University Press, Princeton, NJ.

HALL, B. G. 1982. Evolution on a petri dish: The evolved B-galactosidase system as a model for studying acquisitive evolution in the laboratory. *Evolutionary Biology* 15:85-150.

HOEKSTRA, H. E., R. J. Hirschmann, R. A. Bundey, P. A. InseI e J. P. Crossland. 2006. A single amino acid mutation contributes to adaptive beach mouse color pattern. *Science* 313:101-104.

JIANG, Y. e R. F. Doolittle. 2003. The evolution of vertebrate blood coagulation as viewed from a comparison of puffer fish and sea squirt genomes. *Proceedings of the National Academy of Sciences of the United States of America* 100:7527-7532.

KAUFMAN D. W. 1974. Adaptive coloration in *Peromyscus polionotus*: Experimental selection by owls. *Journal of Mammalogy* 55:271-283.

LAMB, T. D., S. P. Collin e E. N. Pugh. 2007. Evolution of the vertebrate eye: Opsins, photoreceptors, retina and eye cup. *Nature Reviews Neuroscience* 8:960-975.

LENSKI, R. E. 2004. Phenotypic and genomic evolution during a 20.000-generation experiment with the bacterium *Escherichia coli*. *Plant Breeding Reviews.* 24:225-265.

MILLER, K. R. 1999. *Finding Darwin's God: A Scientist's Search for Common Ground Between God and Evolution*. Cliff Street Books, Nova York.

— 2008. *Only a Theory: Evolution and the Battle for America's Soul*. Viking, Nova York.

NEU, H. C.1992. The crisis in antibiotic resistance. *Science* 257:1064-1073.

NILSSON, D.-E. e S. Pelger.1994. A pessimistic estimate of the time required for an eye to evolve. *Proceedings of the Royal Society of London*, Series B, 256:53-58.

PALLEN, M. J. e N. J. Matzke. 2006. *From The Origin of Species* to the origin of bacterial flagella. *Nature Reviews Microbiology* 4:784-790.

Rainey, P. B. e M. Travisano. 1998. Adaptive radiation in a heterogeneous environment. *Nature* 394:69-72.

Reznick, D. N. e C. K Ghalambor. 2001. The population ecology of contemporary adaptations: What empirical studies reveal about the conditions that promote adaptive evolution. *Genetica* 112:183-198.

Salvini-Plawen, L. V. e E. Mayr. 1977. On the evolution of photoreceptors and eyes. *Evolutionary Biology* 10:207-263.

Steiner, C. C., J. N. Weber e H. E. Hoekstra. 2007. Adaptive variation in beach mice produced by two interacting pigmentation genes. *Public Library of Science Biology* 5:e219.

Vila, C., P. Savolainen, J. E. Maldonado, I. R. Amorim, J. E. Rice, R. L. Honeycutt, K. A. Crandall, J. Lundeberg e R. K. Wayne. 1997. Multiple and ancient origins of the domestic dog. *Science* 276:1687-1689.

Weiner, J. 1995. *The Beak of the Finch: A Story of Evolution in Our Time*. Vintage, Nova York.

Xu, X. e R. F. Doolittle. 1990. Presence of a vertebrate fibrinogen-like sequence in an echinoderm. *Proceedings of the National Academy of Sciences of the United States of America* 87:2097-2101.

Yanoviak, S. P., M. Kaspari, R. Dudley e J. G. Poinar. 2008. Parasite-induced fruit mimicry in a tropical canopy ant. *American Naturalist* 171:536-544.

Zimmer, C. 2001. *Parasite Rex: Inside the Bizarre World of Nature's Most Dangerous Creatures*. Free Press, Nova York.

CAPÍTULO 6 – COMO O SEXO MOVE A EVOLUÇÃO

Andersson, M. 1994. *Sexual Selection*. Princeton University Press, Princeton, NJ.

Burley, N. T. e R. Symanski. 1998. "A taste for the beautiful": Latent aesthetic mate preferences for white crests in two species of Australian grassfinches. *American Naturalist* 152:792-802.

Butler, M. A., S. A. Sawyer e J. B. Losos. 2007. Sexual dimorphism and adaptive radiation in Anolis lizards. *Nature* 447:202-205.

Butterfield, N. J. 2000. *Bangiomorpha pubescens n. gen., n. sp.: Implications for the evolution of sex, multicellularity, and the Mesoproterozoic/Neoproterozoic radiation of eukaryotes*. Paleobiology 3:386-404.

Darwin, C. 1871. *The Descent of Man, and Selection in Relation to Sex*. Murray, Londres.

Dunn, P. O., L. A. Whittingham e T. E. Pitcher. 2001. Mating systems, sperm competition, and the evolution of sexual dimorphism in birds. *Evolution* 55:161-175.

REFERÊNCIAS

ENDLER, J. A. 1980. "Natural selection on color patterns in Poecilia reticulata. Evolution 34:76-91.

FIELD, S.A..e M. A. Keller. 1993. Alternative mating tactics and female mimicry as postcopulatory mate-guarding behavior in the parasitic wasp Cotesia rubecula. *Animal Behaviour* 46:1183-1189.

FUTUYMA, D. J. 1995. *Science on Trial: The Case for Evolution.* Sinauer Associates, Sunderland, MA.

HILL, G. E. 1991. Plumage coloration is a sexually selected indicator of male quality. *Nature* 350:337-339.

HUSAK, J. F., J. M. Macedonia, S. F. Fox e R. C. Sauceda. 2006. Predation cost of conspicuous male coloration in collared lizards *(Crotaphytus collaris)*: An experimental test using clay-covered model lizards. *Ethology* 112:572-580.

JOHNSON, P. E. 1993. *Darwin on Trial* (2ª. ed.). InterVarsity Press, Downers Grove, IL.

MCFARLAN, D. (ed.). 1989. *Guinness Book of World Records.* Sterling Publishing Co., Nova York.

MADDEN, J. R. 2003. Bower decorations are good predictors of mating success in the spotted bowerbird. *Behavioral Ecology and Sociobiology* 53:269-277.

— 2003. Male spotted bowerbirds preferentially choose, arrange and proffer objects that are good predictors of mating success. *Behavioral Ecology and Sociobiology* 53:263-268.

PETRIE, M. e T. Halliday. 1994. Experimental and natural changes in the peacock's *(Pave cristatus)* train can affect mating success. *Behavioral Ecology and Sociobiology* 35:213-217.

Petrie, M. 1994. Improved growth and survival of offspring of peacocks with more elaborate trains. *Nature* 371:598-599.

PETRIE, M., T. Halliday e C. Sanders. 1991. Peahens prefer peacocks with elaborate trains. *Animal Behaviour* 41:323-331.

PRICE, C. S. C., K. A. Dyer e J. A. Coyne. 1999. Sperm competition between *Drosophila* males involves both displacement and incapacitation. *Nature* 400:449-452.

PRYKE, S. R. e S. Andersson. 2005, Experimental evidence for female choice and energetic costs of male tail elongation in red-collared widowbirds. *Biological Journal of the Linnean Society* 86:35-43.

VEHRENCAMP, S. L., J. W. Bradbury e R. M. Gibson. 1989. The energetic cost of display in male sage grouse. *Animal Behaviour* 38:885-896.

WALLACE, A. R. 1892. Note on sexual selection. *Natural Science Magazine*, pág. 749.

WELCH, A. M., R. D. Semlitsch e H. C. Gerhardt. 1998. Call duration as an indicator of genetic quality in male gray tree frogs. *Science* 280:1928-1930.

CAPÍTULO 7 – A ORIGEM DAS ESPÉCIES

ABBOTT, R. J. e A. J. Lowe, 2004. Origins, establishment and evolution of new polyploid species: Senecio cambrensis and S. eboracensis in the British Isles. *Biological Journal of the Linnean Society* 82:467-474.

ADAM, P. 1990. *Saltmarsh Ecology*. Cambridge University Press, Cambridge, UK.

AINOUCHE, M. L., A. Baumel e A. Salmon. 2004. *Spartina anglica* C. E. Hubbard: A natural model system for analysing early evolutionary changes that affect allopolyploid genomes. *Biological Journal of the Linnean Society* 82: 475-484.

AINOUCHE, M. L., A. Baumel, A. Salmon e G. Yannic. 2004. Hybridization, polyploidy and speciation in *Spartina* (Poaceae). *New Phytologist* 161:165-172.

BYRNE, K. e R. A. Nichols. 1999. *Culex pipiens* in London Underground tunnels: Differentiation between surface and subterranean populations. *Heredity* 82:7-15.

CLAYTON, N. S. 1990. Mate choice and pair formation in Timor and Australian mainland zebra finches. *Animal Behaviour* 39:474-480.

COYNE, J. A. e H. A. Orr. 1989. Patterns of speciation in *Drosophila*. *Evolution* 43:362-381.
— 1997. "Patterns of speciation in Drosophila" revisited. *Evolution* 51:295-303.
— 2004. Speciation. Sinauer Associates, Sunderland, MA.

COYNE, J. A. e T. D. Price. 2000. Little evidence for sympatric speciation in island birds. *Evolution* 54:2166-2171.

DODD, D. M. B. 1989. Reproductive isolation as a consequence of adaptive divergence in *Drosophila pseudoobscura*. *Evolution* 43:1308-1311.

GALLARDO, M. H., C. A. Gonzalez e I. Cebrian. 2006. Molecular cytogenetics and allotetraploidy in the red vizcacha rat, Tympanoctomys barrerae *(Rodentia,* Octodontidae*). Genomic,* 88:214-221.

HALDANE, J. B. S. Natural selection. Págs. 101-149 em P. R. Bell, ed., *Darwin's Biological Work: Some Aspects Reconsidered*. Cambridge University Press, Cambridge, UK.

JOHNSON, S. D. 1997. Pollination ecotypes of *Satyrium hallackii* (Orchidaceae) in South Africa. *Botanical Journal of the Linnean Society* 123:225-235.

KENT, R. J., L. C. Harrington e D. E. Norris. 2007. Genetic differences between *Culex pipiens f. molestus and Culex pipiens pipiens (*Diptera: Culicidae*) in New York. Journal of Medical Entomology* 44:50-59.

KNOWLTON, N., L. A. Weigt, L. A. Solórzano, D. K. Mills e E. Bermingham. 1993. Divergence in proteins, mitochondrial DNA, and reproductive compatibility across the Isthmus of Panama. *Science* 260:1629-1632.

LOSOS, J. B. e D. Schluter. 2000. Analysis of an evolutionary species-area relationship. *Nature* 408:847-850.

REFERÊNCIAS

Mayr, E. 1942. *Systematics and the Origin of Species*. Columbia University Press, Nova York.
— 1963. *Animal Species and Evolution*. Harvard University Press, Cambridge, MA.
Pinker, S. 1994. *The Language Instinct: The New Science of Language and Mind*. HarperCollins, Nova York.
Ramsey, J. M. e D. W. Schemske. 1998. The dynamics of polyploid formation and establishment in flowering plants. *Annual Review of Ecology, Evolution, and Systematics* 29:467-501.
Savolainen, V., M.-C. Anstett, C. Lexer, I. Hutton, J.J. Clarkson, M. V. Norup, M. P. Powell, D. Springate, N. Salamin e W. J. Baker. 2006. Sympatric speciation in palms on an oceanic island. *Nature* 441:210-213.
Schliewen, U. K., D. Tautze S. Pääbo. 1994. Sympatric speciation suggested by monophyly of crater lake cichlids. *Nature* 368:629-632.
Weir, J. e R. Ingram. 1980. Ray morphology and cytological investigations of Senecio cambrensis Rosser. *New Phytologist* 86:237-241.
Xiang, Q.-Y., D. E. Soltis e P. S. Soltis. 1998. The eastern Asian and eastern and western North American floristic disjunction: Congruent phylogenetic patterns in seven diverse genera. *Molecular Phylogenetics and Evolution* 10:178-190.

CAPÍTULO 8 –E NÓS?

Barbujani, G., A. Magagni, E. Minch e L. L. Cavalli-Sforza. 1997. An apportionment of human DNA diversity. *Proceedings of the National Academy of Sciences of the United States of America* 94:4516-4519.
Bradbury, J. 2004. Ancient footsteps in our genes: Evolution and human disease. *Lancet* 363:952-953.
Brown, P., T. Sutikna, M. J. Marwood, R. P. Soejono, E. Jatmiko, E. W. Saptomo e R. A. Due. 2004. A new small bodied hominin from the Late Pleistocene of Flores, Indonesia. *Nature* 431:1055-1061.
Brunet, M. et al. 2002. A new hominid from the Upper Miocene of Chad, central Africa. *Nature* 418:145-151.
Bustamante, C. D. et al. 2005. Natural selection on protein-coding genes in the human genome. *Nature* 4·37:1153-1157.
Dart R. A. 1925. *Astralopithecus africanus:* The Man-Ape of South Africa. *Nature* 15:195-199.
Dart, R. A. (com D. Craig). 1959. *Adventures with the Missing Link*. Harper, Nova York.

Davis, P. e D. H. Kenyon. 1993. *Of Pandas and People: The Central Question of Biological Origins* (2ª ed.). Foundation for Thought and Ethics, Richardson, TX.

Demuth, J. P., T. D. Bie, J. E. Stajich, N. Cristianini e M. W. Hahn. 2007. The evolution of mammalian gene families. *Public Library of Science* ONE. 1:e85.

Enard, W., M. Przeworski, S. E. Fisher, C. S. L. Lai, V. Wiebe, T. Kitano, A. P. Monaco e S. Paabo. 2002. Molecular evolution of FOXP2, a gene involved in speech and language. *Nature* 418:869-872.

Enard, W. e S. Paabo. 2004. Comparative primate genomics. *Annual Review of Genomics and Human Genetics* 5:351-378.

Enattah, N. S., T. Sahi, E. Savilahti, J. D. Terwilliger, L. Peltonen e I. Jarvela. 2002. Identification of a variant associated with adult-type hypolactasia. *Nature Genetics* 30:233-237.

Frayer, D. W., M. H. Wolpoff, A. G. Thorne, F. H. Smith e G. G. Pope. 1993. Theories of modern human origins: The Paleontological Test 1993. *American Anthropologist* 95:14-50.

Gould, S. J. 1981. *The Mismeasure of Man*. W. W. Norton, Nova York. The Gallup Poll: Evolution, Creationism, and Intelligent Design. http://www.galluppoll.com/content/default.aspx?ci=21814.

Johanson, D. C, e M. A. Edey. 1981. *Lucy: The Beginnings of Humankind*. Simon & Schuster, Nova York.

Jones, S. 1995. *The Language of Genes*. Anchor, Londres.

King, M. C. e A. C. Wilson. 1975. Evolution at two levels in humans and chimpanzees. *Science* 188:107-116.

Kingdon, J. 2003. *Lowly Origin: Where, When, and Why Our Ancestors First Stood Up*. Princeton University Press, Princeton, NJ.

Kingsley. 2007. cis-*Regulatory changes in kit ligand expression and parallel evolution of pigmentation in sticklebacks and humans*. *Cell* 131:1179-1189.

Lamason, R. L. et al. 2005. SLC24A5, a putative cation exchanger, affects pigmentation in zebrafish and humans. *Science* 310:1782-1786.

Lewontin, R. C. 1972. The apportionment of human diversity. *Evolutionary Biology* 6:381-398.

Miller, C. T., S. Beleza, A. A. Pollen, D. Schluter, R. A. Kittles, M. D. Shriver e D.M. Kingsley, 2007. cis-Regulatory changes in kit ligand expression and paralell evolution of pigmentation in sticklebacks and humans. *Cell* 131:1179-1189.

Morwood, M. J., et al. 2004. Archaeology and age of a new hominin from Flores ineastern Indonesia. *Nature* 431:1087-1091.

Mulder, M. B. 1988. Reproductive success in three Kipsigis cohorts. Págs. 419-435 em T. H. Clutton-Brock, ed., *Reproductive Success: Studies of Individual Variation in Contrasting Breeding Systems*. University of Chicago Press, Chicago.

OBENDORF, P. J., C. E. Oxnard e B. J. Kefford. 2008. Are the small human-like fossils found on Flores human endemic cretins? *Proceedings of the Royal Society of London*, Series B, 275:1287-1296.

PERRY, G. H., et al. 2007. Diet and the evolution of human amylase gene copy number variation. *Nature Genetics* 39:1256-1260.

PINKER, S. 1994. *The Language Instinct: The New Science of Language and Mind*. HarperCollins, Nova York.

— 2008. Have humans stopped evolving? http://www.edge.org/q2008/q08_8.html#pinker.

RICHMOND, B. G. e W. L. Jungers. 2008. *Orrorin tugenensis* femoral morphology and the evolution of hominin bipedalism. *Science* 319:1662-1665.

ROSENBERG, N. A., J. K. Pritchard, J. L. Weber, H. M. Cann, K. K. Kidd, L. A. Zhivotovsky e M. W. Feldman. 2002. Genetic structure of human populations. *Science* 298:2381-2385.

SAGAN, Carl. 2000. *Carl Sagan's Cosmic Connection: An Extraterrestrial Perspective*. Cambridge University Press, Cambridge, UK.

SUWA, G., R. T. Kono, S. Katoh, B. Asfaw e Y. Beyene. 2007. A new species of great ape from the late Miocene epoch in Ethiopia. *Nature* 448:921-924.

TISHKOFF, S. A., et al. *2007:* Convergent adaptation of human lactase persistence in Africa and Europe. *Nature Genetics* 39:31-40.

TOCHERI, M. W., C. M. Orr, S. G. Larson, T. Sutikna, Jatmiko, E. W. Saptomo, R. A. Due, T. Djubiantono, M. J. Morwood e W. L. Jungers. 2007. The primitive wrist of *Homo floresiensis* and its implications for hominin evolution. *Science* 317:1743-1745.

Wood, B. 2002. Hominid revelations from Chad. *Nature* 418:133-135.

CAPÍTULO 9 – A EVOLUÇÃO REVISITADA

Brown, D. E. *Human Universals*. 1991. Temple University Press, Philadelphia.

Coulter, A. 2006. *Godless: The Church of Liberalism*. Crown Forum (Random House), Nova York.

Dawkins, R. 1998. *Unweaving the Rainbow: Science, Delusion, and the Appetite for Wonder*. Houghton Mifflin, Nova York.

Einstein, A. 1999. *The World as I See It*. Citadel Press, Secaucus, NJ.

Feynman, R. 1983. *The Pleasure of Finding Things Out*. Public Broadcasting System television program Nova.

Harvard University Press, fórum do autor. Entrevista com Michael Ruse e J. Scott Turner, "*Off the Page*". http://harvardpress.typepad.com/off_the_page/j_scott_turner/index.html.

McEwan, I. 2007. End of the world blues. Págs. 351-365 em C. Hitchens, ed., *The Portable Atheist*. Da Capo Press, Cambridge, MA.

Miller, G. 2000. *The Mating Mind: How Sexual Choice Shaped the Evolution of Human Nature*. Doubleday, Nova York.

Pearcey, N. 2004, Darwin meets the Berenstain bears: Evolution as a total worldview. Págs. 53-74 em W. A. Dembski, ed., *Uncommon Dissent: Intellectuals Who Find Darwinism Unconvincing*. ISI Books, Wilmington, DE,

Pinker, S. 1994. *The Language Instinct: The New Science of Language and Mind*. HarperCollins, Nova York.

— 2000. Survival of the clearest. *Nature* 404:441-442.

— 2003. *The Blank Slate: The Modern Denial of Human Nature*. Penguin, Nova York.

Price, J., L. Sloman, R. Gardner, P. Gilber e P. Rohde. 1994. The social competition hypothesis of depression. *British Journal of Psychiatry* 164:309-315.

Thornhill, R. e C. T. Palmer. 2000. *A Natural History of Rape: Biological Bases of Sexual Coercion*. MIT Press, Cambridge, MA.

Wilson, E. O. 1975. *Sociobiology: The New Synthesis*. Belknap Press of Harvard University Press, Cambridge, MA.

CRÉDITOS DAS ILUSTRAÇÕES

FIGURAS 1-3: Ilustrações de Kalliopi Monoyios.
FIGURA 4: Ilustração de Kalliopi Monoyios a partir de Malmgren e Kennett (1981).
FIGURA 5: Ilustração de Kalliopi Monoyios a partir de Kellogg e Hays (1975).
FIGURA 6: Ilustração de Kalliopi Monoyios a partir de Sheldon (1987).
FIGURA 7: Ilustração de Kalliopi Monoyios a partir de Kellogg e Hays (1975).
FIGURA 8: Ilustração de Kalliopi Monoyios.
FIGURA 9: Ilustração de Kalliopi Monoyios (*Compsognathus* a partir de Peyer 2006).
FIGURA 10A: Ilustração de *Sinornithosaurus* por Mick Ellison, usada com permissão; fóssil, com permissão do American Museum of Natural History.
FIGURA 10B: Ilustração de *Microraptor* por Kalliopi Monoyios; fóssil, com permissão do American Museum of Natural History.
FIGURA 11: Ilustração do *Mei long* por Mick Ellison, usada com permissão; fóssil, com permissão do American Museum of Natural History; foto do papagaio, cortesia de José Luis Sanz, Universidad Autónoma de Madrid.
FIGURA 12: Ilustração de Kalliopi Monoyios.
FIGURA 13: Ilustração de Kalliopi Monoyios a partir de Wilson et al. (1967).
FIGURA 14: Ilustrações de Kalliopi Monoyios, fotos das caudas extraídas de Bar-Maor et al. (1980), usadas com permissão do *Journal of Bone and Joint Surgery*.

FIGURA 15:	Foto do peixe-zebra, cortesia da doutora Victoria Prince, foto de embrião humano, cortesia do National Museum of Health and Medicine.
FIGURA 16:	Ilustrações de Kalliopi Monoyios.
FIGURA 17:	Ilustrações de Alison E. Burke.
FIGURA 18:	Fotos do doutor Ivan Misek, usadas com permissão.
FIGURA 19:	Ilustrações de Alison E. Burke.
FIGURA 20:	Ilustrações de Kalliopi Monoyios.
FIGURA 21:	Ilustrações de Kalliopi Monoyios; distribuição fóssil a partir de McLoughlin (2001).
FIGURAS 22, 23:	Ilustrações de Kalliopi Monoyios.
FIGURA 24:	Ilustração de Kalliopi Monoyios a partir de Wood (2002).
FIGURAS 25-27:	Ilustrações de Kalliopi Monoyios.

ÍNDICE REMISSIVO

abelhas, 139-140, 142, 147, 164, 187, 207-20
orquídeas e, 142, 147, 187
Acanthostega gunnari, 59
adaptações, 22, 33, 65, 121, 240, 247, 257, 262, 264-265
  benéficas a mais de uma espécie, 142
  conciliação entre, 32
  convergentes, 121
  traços vestigiais e, 72
  ver também seleção natural
Adventures with the Missing Link (Dart), 221
África, 113-118, 122-124, 127, 129, 137, 202, 204, 213, 216
  mortalidade infantil na, 252
  evolução humana na, 86, 110, 223, 228-229, 236, 238; *ver também* evolução humana
Agassiz, Louis, 116
água-viva, 47-49
AIDS e HIV, 93, 159, 252
alce, 122
Alexandre, o Grande, 89
alelos, 150-151, 246, 250
Ambiente de Adaptação Evolutiva (AAE), 261
Ambulocetus, 73-74
América do Sul, 113, 116-118, 122-123, 125, 133-135
América do Norte, 118-119, 122-123, 133, 176, 179, 190, 193
Américas, 115, 120-121, 123, 134-135
  Galápagos, 115, 120-121, 123, 135
Amundsen, Roald, 127
analogia com o relojoeiro, 21
anatomia comparada, 96

ancestralidade comum, 22, 25-26, 29-30, 34, 38
ancestrais comuns, 25-26, 29-31, 256-257
  em ilhas, 136
  evolução convergente e, 121
  genes mortos e, 91
  na evolução humana, 223, 228
  registro fóssil e, 62, 70-71, 75-76
  relógio molecular e, 117, 214
  separação geográfica e, 206, 213, 215
Andersson, Malte, 183-184
Andersson, Steffan, 175
anemia falciforme, 246
anfíbios, 29, 39, 42, 48, 58, 60-61
  desenvolvimento do embrião e, 90, 102-104
  em ilhas, 115, 118, 127-128, 131-133, 136
Animal Species and Evolution (Mayr), 200
Antártica, 118, 122, 126-128
antibióticos, 157-158, 251-252
Arca de Noé, 115-116, 121, 123
arcos branquiais, 97-99, 102, 108
arcos da aorta, 107-109
arcos embrionários, 98, 101
  branquiais, 97-99, 102
  da aorta, 107-108
apêndices, 82-83, 86
aranhas, 130-132, 184
Archaeopteryx lithographica, 62
arquipélagos, 210-211, 213
  Galápagos, 162, 211
  Juan Fernández, 113-114, 127-128, 131, 133, 135
Aristóteles, 42
arraia, 107

arrector pili, 86
artrópodes, 131
artiodáctilos, 72
árvores, 124-126, 129, 131, 133-134
    acácia, 149
    especiação nas, 211-213
    formato das folhas nas, 152
    palmeiras, 216
    asas, 57, 63, 67, 69, 77, 81-84, 106, 139-140, 142, 148
Ásia, 118, 122-123
atavismos, 80, 87, 89-91
ateísmo, 20
Austrália, 115-124, 157, 216, 239
australopitecíneos, 226, 231, 234, 236, 239
    Australopithecus afarensis, 230, 232-235
    Australopithecus africanus, 223
    Australopithecus (Paranthropus) bolsei, 231, 236
aves:
    beija-flores, 204, 206-207
    cuidados parentais entre as, 187
    dentes e, 90
    desenvolvimento das, 90
    em ilhas, 115, 118, 127-129, 131-133, 135-136, 138
    especiação nas, 200-202, 206, 208-220
    evolução das, 62, 69-70, 152
    mutacionismo e, 34
    na linha do tempo da história da vida, 41
    não voadoras, 81-83, 117, 137
    papagaios, 190, 245
    pavões, 173, 181-183
    pica-paus, 143
    seleção sexual nas, 177-183, 185-186, 188-192, 194, 196, 206-207
    tamanho do corpo nas, 162
    tentilhões, 129, 137, 192, 211
    voo nas, 69, 81, 83
aves-do-paraíso, 173, 190, 192
aves não voadoras, 81-83, 117, 137
avestruzes, 80-83, 117
Axel, Richard, 94

B

bactérias, 156, 158-160, 165, 172
    flagelos das, 165-166
    na linha do tempo da história da vida, 28, 37
    resistência a drogas das, 24, 158-159
baleias, 47, 54, 70-72, 75, 77, 153, 167
    atavismos em, 80, 87
    embrionárias, 99-100
    traços vestigiais em, 82, 87, 91
bananas, 218
Basilosaurus, 73
bebês:
    peso ao nascer dos, 162
    reflexo de agarre dos, 105
Beagle, HMS, 113, 115-116
beija-flores, 204, 206-207
besouro do arbusto *soapberry*, 163
besouros, 84, 142-143, 163
Behe, Michael, 111
biogeografia (distribuição das espécies), 115-118, 124-125, 127, 131, 136, 138, 242
    continentes e, 115-119, 122-128, 131-138
    criacionismo e, 123, 126
    ilhas e, *ver* ilhas
"Bloody Sire, The" (Jeffers), 139
bonobos, 226
bowerbirds ("caramancheiros"), 174
Brown, Donald, 262
Brunet, Michel, 229
Buck, Linda, 94
Burley, Nancy, 197
Bush, George W., 10

C

cães, 154-155
cacto orelha-de-coelho, 119
cactos, 118-119, 121
camarões, 212, 216
camuflagem, 173
cangurus, 85, 116, 123
carriças-azuis, 189
caudas, vestigiais e atávicas, 88, 90
cauda-de-espada, 176
cavalos, 75
    atavismos e traços vestigiais em, 90
cavalos-marinhos, 190-191
ceco, 85
César, Júlio, 89
Carroll, Scott, 163

ÍNDICE REMISSIVO

cervo, 122, 125, 174, 177-178, 188
   galhada do, 177
Chapman, Matthew, 10
chasco-cinzento, 175
chipanzés, 92-93, 222-223, 226-231, 233-236, 239, 242-244
   cérebro dos, 239
   crânios dos, 225
   dentes dos, 239-241, 251
   gene GLO nos, 92
   ossos da perna dos, 225
   vírus e, 92
China, 117
Chomsky, Noam, 264
ciência:
   religião e, 10, 20, 233, 238
   teorias na, *ver* teoria
classificação de animais e plantas, 29-30, 202
coagulação do sangue, 147, 164-165, 167-168
cobras, 76, 129, 175
cordados, 76
cristianismo, 19
   ver também religião
cóccix, 86, 88
coelhos, 119
coevolução da gene-cultura, 248, 250
comportamento humano, 234, 261, 263, 265
   moralidade e, 17, 258-261, 264, 266, 268
   sexual, 263-264
comportamento sexual, 263-264
conceito de espécies morfológicas, 201
Constituição dos EUA, 10
continentes, 83, 115-119, 122-129, 131-135
corais, 45-46, 204
Coulter, Ann, 260
criacionismo, 9-11, 17-20, 38
   desenvolvimento do olho e, 171
   e adaptações benéficas a espécies versus indivíduos, 151
   e adaptações benéficas a mais de uma espécie, 150
   e classificação de animais e plantas, 29-30, 202
   e distribuição das espécies, 115-116, 126
   especiação e, 202, 206, 209-210
   evolução humana e, 210, 236
   e idade da Terra, 45, 48, 116, 165
   formas transicionais e, 47, 54, 57-58
   no arquipélago de Galápagos, 19
   no conselho escolar, 9-10
   Origem das espécies e, 26, 31, 34, 38, 62, 70-71, 75-77
   registro fóssil e, 22-23, 32
   religião e, 10, 17, 19-20
   seleção sexual e, 177, 180, 182-183, 185-186
   sistemas complexos e, 158, 169
   visões no mundo a respeito do, 11
   ver também projeto inteligente
criança de Taung, 223, 225
cruzamento (criação):
   doméstico, 146, 154
   inter-racial, 30, 39, 50, 182, 190, 196
cuidados com filhos, 185-188, 190, 193, 252
cuidados parentais, 187-188, 226
cultura, 227, 247-248, 253, 264, 266-267

D

Dart, Raymond, 221-223, 225
Darwin, Charles, 9-10, 12, 15-17, 19-20
   A descendência do homem, 123, 191, 222, 224
   biogeografia e, 115-118, 124-125, 127, 131, 138,
   criação de animais e plantas e, 133-134, 137, 144, 153-154, 172
   desenvolvimento do olho e, 171
   e elo entre aves e répteis, 57
   embriologia e, 96, 98, 103-104, 106
   especiação e, 200-202, 208-220
   flutuação genética e, 151-153, 172
   formas transicionais e, 47, 54, 57-58, 62, 72, 74-77
   pavões e, 173, 181-183, 196
   seleção sexual e, 177-180, 182-183, 185-192, 194, 196, 198
   sobre a ignorância científica, 169
   Sobre a Origem das espécies, *ver On the Origin of Species*
   sobre evolução humana, 126, 223, 226, 228-229, 241-242, 251
   sobre seleção natural, 141-172
   traços vestigiais e, 82, 87, 91
Darwin, Erasmus, 23

Darwinism, *ver* evolução
Darwin's Black Box (Rehe), 111
datação radiométrica, 45-46
Dawkins, Richard, 147, 255, 260-261
definição, 10
DeLay, Tom, 260
dentes:
   aves e, 104
deriva continental, 37, 132
Descent of Man, and Selection in Relation to Sex, The (Darwin), 191
desertos, 210
   plantas nos, 118
diabetes, 265
Dial, Kenneth, 69
dimorfismos sexuais, 176, 184, 189-190, 192, 197
   classificação de espécies e, 202
   modelos de viés sensorial dos, 197-198
dinossauros:
   extinção dos, 75
   na ancestralidade comum de aves e répteis, 56-57, 73, 84, 86, 92-93, 121, 136
   terópodas, 62-63, 65, 69
distribuição das espécies, *ver* biogeografia
DNA, 23, 25, 29-31, 34, 42, 72, 257
   coagulação do sangue e, 147
   especiação e, 202, 206, 208-220
   evolução humana e, 223, 228-229, 236, 241-242, 251
   flutuação genética e, 151-152, 172
   genes mortos e, 91, 93-96
   mutações no, 146-147, 151-152, 155, 157, 159-160, 165, 171
   relógio molecular e, 117, 214
   ver também genes
doença de Tay-Sachs, 247
doenças, 152, 158-159, 172, 247, 251-252
   raça e, 245
Dobzhansky, Theodosius, 79, 87
Doolittle, Fred, 166
Doolittle, Russell, 168
donzelinhas, 181
Dorudon, 73, 75
Drosophila (moscas frugívoras), 131, 181, 202, 213-214
Dubois, Eugene, 225

E

E. coli, 157
Eddington, Arthur, 36
educação, debate evolução/criacionismo e, 18-20, 224
Einstein, Albert, 36, 266
elefantes-marinhos, 178, 188, 190
elos perdidos, ver formas transicionais
embriões, 79-80, 90, 95-96, 98-100, 102-104, 108
   baleia, 84, 87, 89, 104, 106
   cavalo, 65-80
   humanos, ver embriões humanos
   peixes, 128-129, 132, 136
   tubarão, 99
embriões humanos, 99-100
   cauda dos, 86
   lanugo dos, 104-106
   nervo laríngeo recorrente nos, 107-109
   saco da gema dos, 96
embriões de tubarão, 99
Endler, John, 164
escolas, debate evolução/criacionismo e, 18-20, 224
especiação, 23, 25-27, 29, 34, 38, 200-202, 206, 208-220
   barreiras geográficas e, 206, 210, 214-216, 220
   barreiras reprodutivas e, 204, 206, 210-211, 215, 220
   em laboratório, 144, 146, 157-159, 169, 172, 180-181
   em línguas, 206, 208-210, 215
   evolução convergente e, 120-122
   mutacionismo e, 34
   poliploide, 214-220
   ritmo da, 210
   simpátrica, 215-217
espécies, 199-220
   classificação das, 29-30, 202
   como acidentes, 208
   como comunidades evolucionárias, 241
   crípticas, 203-204
   distribuição das, ver biogeografia
   irmãs, 206, 212-213, 217
   origens das, *ver* especiação

ÍNDICE REMISSIVO

esponjas, 48-49
estômagos, 85, 96
estrelas, 214-215
especiação geográfica, 209-210, 212-214, 216-217
esperma, 148, 178, 180-181, 184-187, 196, 204-205, 218, 253
eucariotes, 49
Eucyrtidium, 53, 55
eufórbias, 118-119, 121
Eusthenopteron foordi, 59
evolução, 9-12, 15-19, 255-268
   acaso e necessidade na, 137, 147
   ancestralidade comum na, *ver* ancestralidade comum
   atavismos e, 80, 87-91
   ceticismo inicial em relação à, 17-18
   como teoria versus fato, 18-20, 36-39
   controvérsias a respeito da, 257-258
   convergente, 120-122
   das línguas, 208-209
   desenvolvimento embrionário como espelho da, 97-106
   dos humanos, ver evolução humana
   dúvidas sobre a, 256
   em laboratório, 144, 146, 156-159, 169, 172
   ensino da, 9, 11, 223
   espécies como unidades da, 205
   evidência biogeográfica da, ver biogeografia
   flutuação genética na, 151-153, 172, 207-208
   formas transicionais na, ver formas transicionais
   genes mortos e, 91, 93-96
   lacunas e defeitos na, 9
   micro- e macro-, 51, 56, 160-161
   oposição à, 17
   origem das espécies na, *ver* especiação
   previsões feitas pela, 18, 123, 189, 210, 215, 226, 256
   registro fóssil e, *ver* registro fóssil
   resumida, 23
   ritmo da, 24
   seis princípios da, 38
   seleção natural e, *ver* seleção natural
   sexo e, *ver* seleção sexual
   traços vestigiais e, *ver* traços vestigiais
evolução convergente, 120-122
evolução humana, 86, 110, 223, 228-229, 236, 238-239, 241-242, 251
   cérebro na, 221-223, 225-229, 231, 234-237, 239-244, 261, 263-266, 268
   continuidade da, 238-244
   crânio na, 221-222, 225-228, 230-231, 234, 236, 238-241, 251
   Darwin sobre a, 115-117, 123-124, 204, 224-225, 238-239, 253
   elos perdidos (formas tradicionais) na, 209
   genes na, 242-244
   na linha do tempo da história da vida, 41-43, 48
   no registro fóssil, 75, 210, 225-226, 228-229, 234, 237, 240, 242, 250
   postura ereta na, 229, 234, 236, 240-241
   seleção sexual na, 190, 194, 247-249
   uso de ferramentas na, 204-7, 209
extinção, 32, 129-130, 138
   ancestralidade comum de aves e, 23, 25-26, 29-30, 34, 38

F

falaropos, 190
felinos, 200-201
Feynman, Richard, 267
filhos procriados, números recordes de, 186
Fisher, C., 90
flor-de-macaco, 204
flutuação genética, 151-153, 172, 207, 247
focas, elefantes-marinhos, 178-179, 188, 190, 263
fogo, controle do, 257, 265
formas transicionais (elos perdidos), 47, 54, 57-58, 62, 72, 75-77
   entre formigas e vespas, 75, 256
   entre humanos e símios, 223-237, 229-234, 242-244; *ver também* evolução humana
   entre peixes e anfíbios, 58-61
   entre répteis e aves, 54, 56-57, 61-63, 69-70
   entre répteis e cobras, 76

entre répteis e mamíferos, 46, 48, 75
na evolução das baleias, 47, 54, 71-75, 77, 79

G

galinhas, 90
Galápagos, ilhas, 127-129,131, 133-135, 137, 162, 211
    criacionismo nas, 9-10
geografia da vida, *ver* biogeografia
gene-cultura, coevolução, 248, 250
genes, 20, 26-27, 30-32, 34, 174, 178-179, 184-188, 192-197, 203-209, 215, 218, 220
    alelos dos, 150-151, 246-247, 250
    amostra aleatória de, 34, 146-147
    ancestralidade comum e, 34
    atavismos e, 80, 87, 89-91
    comportamento humano e, 234
    "egoísta", 260
    especiação e, 23, 25-26, 200-202, 206, 208-220
    especiação e, 28, 200-202, 206-218
    fatores ambientais e, 265
    "humanidade" e, 223, 242, 244, 260
    intercruzamento e, 202-205, 208, 214
    mortos (pseudogenes), 91, 93-96, 242, 257
    na seleção natural, 31, 135-137; *ver também* seleção natural
    raças e, 238, 244-248
    tolerância à lactose e, 250-251
    ver também DNA
gene cultura, coevolução, 248, 250
genes vestigiais (genes mortos), 91, 95, 242, 257
    mutações em, 152, 154
Gilbert, William S., 221, 253
Gingerich, Philip, 169
girafas, 108
Gish, Duane, 70
glaciares, 117, 124, 126, 210
Globorotalia conoidea, 29-30
Gene *GLO*, 91-92
Glossopteris, 125-127
Godless: The Church of Liberalism (Coulter), 260
Goldschmidt, Richard, 34
golfinhos, 78, 95
    desenvolvimento do embrião nos, 98, 102
golfinhos (toninhas), 72

Gondwana, 117, 122-123, 126
gorilas, 124, 222, 226-228, 230
Gould, Stephen Jay, 80, 245, 263
gradualismo, 23-24
Grant, Peter, 162
Grant, Rosemary, 162
gravidade, teoria da, 35-36, 38
gravidez, 137
    abdominal, 110
Gray, Asa, 174
Gray, Tom, 232
Grã-Bretanha, 127, 136
Guinness Book of World Records, 186

H

Haeckel, Ernst, 103
Haikouella lanceolata, 76
Haldane, J.B.S., 77
Hall, Barry, 157
Halliday, Tim, 182
Havaí, 128-129, 131, 133, 135, 137, 211, 213
hérnias, 33, 110
Herschel, John, 200
híbridos:
    estéreis, 204, 208, 218-219
    férteis, 218
Hill, Andrew, 232
Hill, Geoff, 193-194
hipopótamos, 71-72
HIV e AIDS, 93, 159
Homo, 235, 257
    H. erectus, 225, 236, 238-240
    H. floresiensis, 239
    H. habilis, 236-237, 240
    H. heidelbergensis, 237
    H. sapiens, 224-225, 230-231, 235, 237-239
homossexualidade, 263
humanos:
    cérebro dos, 162, 165
    classificação dos, 202, 224, 229, 245
    nervo laríngeo recorrente nos, 107-109
    partos dos, 110
    pseudogenes nos, 91-92
    raças dos, 244, 246-247
    traços vestigiais nos, 82, 87, 91, 212
Husak, Jerry, 175

ÍNDICE REMISSIVO

I

iguanas, 128
ilhas, 113-115, 127-130, 132-138
  arquipélagos, 210-211, 213, 215
  aves não voadoras em, 81-83, 117
  continentais, 115, 125, 127-129, 131, 134-136
  habitat, 204, 211, 216
  ilhas Galápagos, 127-129, 131, 134-135, 137, 162, 211
  Juan Fernández, 113-114, 127-128, 131, 133, 135
  oceânicas, 115, 127-129, 131, 138, 216-217
Indohyus, 72-73
Ingram, Ruth, 220
insetos, 114-115, 128-133, 139, 142-143, 149, 160, 163
  especiação em, 200-202, 206, 209-219
  plantas e, 160-161, 163
intercruzamento, 202-205, 209, 214
Ismail, Mulai, 186

J

Jeffers, Robinson, 139
Johanson, Donald, 226, 232
Jones, John, III, 9-12
Jones, Steve, 251
Juan Fernández, arquipélago, 113-114, 124-128, 131, 133, 135
julgamento de Scopes (julgamento do Macaco), 10, 223
julgamento do Macaco (julgamento de Scopes), 9, 223

K

kakapos, 81, 138
katydids, 142, 147
Kaufman, Donald, 144, 146
King, Mary-Claire, 242
Kingdon, Jonathan, 241
Kitzmiller et al. vs. Dover Area School District et al., 9
Kollar, E. J., 90

L

linguagem, 236, 242, 246-247
  simbólica, 249, 262, 264
Language Instinct, The (Pinker), 209
lanugo, 104-105
laringe, 99, 108-109
Leakey, Louis, 225, 232, 236
Leakey, Mary, 232
leite, 249-250
lêmures, 85, 137-138, 226
Lenski, Richard, 157
libélulas, 180
Lindbergh, Charles, 132
Lineu, Carl, 202, 224, 226, 245
linguados, 106-107
leões, 116, 148, 150
lagartos, 175, 184, 189, 211, 217
Lowly Origin (Kingdon), 241
Lucy, 226, 232, 234-235
Lyell, Charles, 116, 225

M

macacos, 96, 193, 194
  reflexo de agarre em, 106
McEwan, Ian, 267
macroevolução, 56, 161
Madagascar, 118, 127, 137-138
Madden, Joah, 183
malária, 203, 246-247, 252
mamíferos:
  artiodáctilos, 72
  desenvolvimento embrionário dos, 100, 104, 106
  e formas transicionais entre peixes e anfíbios, 72
  em ilhas, 118, 128-129, 132-133, 136, 138
  gene *GLO* nos, 92
  marsupiais, 47, 62, 115, 119-122, 236
  na árvore evolucionária dos vertebrados, 27-29
  na linha do tempo da história da vida, 41-43, 46, 48-49
  nervo laríngeo recorrente nos, 107-109
  placentários, 116, 119-121
  postura de ovos e, 96
  répteis como ancestrais dos, 42, 47-48, 61, 75, 77, 100
mamute peludo, 31
mamutes, 31-32

marsupiais, 47, 62, 115, 119-122, 256
Más a Tierra, ilha, 114, 129
materialismo, 259
Mayr, Ernst, 199-200, 203, 206
Mei long, 65, 68
micróbios, 156-157
microevolução, 56, 161
Microraptor gui, 63, 67
Miller, Kenneth, 168
millipedes, 180
Mismeasure of Man, The (Gould), 245
Monod, Jacques, 21
monogamia, 188-190, 262
monotremados, 96
moralidade, 17, 258-261, 264-266, 268
morcegos, 92, 133, 137
morcegos frugívoros, 92
moscas frugívoras (*Drosophila*), 131, 181, 188, 202, 204, 211, 214
mosquitos, 203, 205
mostarda-silvestre, 164
mulas, 205
mutacionismo, 34
mutações genéticas, 25, 31, 145-147, 151, 155, 171
   aleatoriedade das, 147
   barreiras de espécies e, 204
   em ornitorrincos, 95
   especiação e, 208
   especiação instantânea via, 30
   na evolução humana, 242
   no gene *GLO*, 91-92
   postura de ovos e, 96
   sentido do olfato e, 94-95
   traços vestigiais e, 88

N

nascimento, 80, 104-105, 124, 135
naturalismo, 258-259
Natural Selection in the Wild (Endler), 164
Nature, 80
Neanderthais, 225, 237-230
nervo laríngeo recorrente, 107-109
Nova Zelândia, 83, 133, 136-138
Nilsson, Dan-Eric, 171-172
Norell, Mark, 65

O

O homem do ano, 106
Of Pandas and People (Davis e Kenyon), 9-11
olfato, sentido do, 107-108, 255
olhos e visão, 71, 230
   evolução dos, 171-172
   vestigiais, 82, 84
orangotangos, 85, 92, 226-228
orelhas, mexer as, 86-87
organismos marinhos, 43, 50
   Eucyrtidium, 53, 55
   Globorotalia conoidea, 51
   Pseudocubus vema, 51-52
ornitorrincos, 95-96
orquídeas, 187, 199, 213
   insetos e, 142
Orr, Allen, 210, 214
Orrorin tugenensis, 230
ouriços-do-mar, 206
ovos (óvulos), 129, 131, 141, 163, 180, 186-188, 190, 196, 198
   competição pós-cópula e, 180
   especiação e, 206, 217
   postura de, 81, 96

P

Pakicetus, 73-74
Paley, William, 21-23
Palimpsesto de Arquimedes, 79
palimpsestos, 79-80, 96
papagaios, 190, 245
partenogênese, 184
parto, 110
pássaros-pretos, 179
Paulo II, papa, 44
pavões, 173, 181-183, 196
Pearcey, Nancy, 258, 260
pegadas de Laetoli, 232-233
peixes, 28-29, 33, 38, 70, 75, 77, 164, 167, 174, 190, 192, 198
   cegos, 84
   de barbatana lobada, 48, 58-60
   desenvolvimento embrionário e, 80, 89-90, 97-98, 100-104, 106
   dimorfismo sexual em, 177-179, 188-190
   em ilhas, 128-129, 131-132, 136

ÍNDICE REMISSIVO

especiação em, 206, 216, 219
linguados, 106-107
na linha do tempo da história da vida, 41-43
nervo laríngeo recorrente e, 108-109
peixe-zebra, 97
peixes-agulha, 190-191
peixinhos de aquário, 175, 184
pele arrepiada, 86
Pelger, Susanne, 171-172
penas, 57, 62-71
penicilina, 159
pepino-do-mar, 168
perdiz chukar, 69
perdizes, 69
Petrie, Marion, 181-182, 196
pica-paus, 142-143, 147
pinguins, 80-82
Pinker, Steven, 209, 248, 264
placenta, 96, 102, 119, 121
planagem, 62-63, 70
plâncton, 50, 53
plantas, 42-43, 46-48, 50, 56, 114-119, 123, 126, 128, 142, 144, 160-164, 172
    árvores, *ver* árvores
    camuflagem e, 121
    criação de, 116, 126, 154, 156, 172
    de deserto, 118-119, 121
    distribuição das, 116
    em ilhas, 130, 132
    especiação nas, 200-202, 216-219
    formato das folhas nas, 142, 245
    insetos e, 160, 163
    seca e, 162, 164
pools de genes, 203, 205, 208, 215
porquinhos-da-índia, 92-93
Porter, Cole, 260
Price, Trevor, 217
primatas:
    gene *GLO* nos, 91-93
    sentido do olfato nos, 94-95
Princess Ida (Gilbert e Sullivan), 221
projeto, 143
    imperfeição do, 39
    ver também projeto inteligente
projeto inteligente, 9, 149, 165
    e adaptações benéficas a mais de uma espécie, 150
    extinção e, 32, 129-130
    formas transicionais e, 72
    mau projeto e, 34, 106-111
    seleção natural, 23-24, 31
    sistemas complexos e, 158, 166-167, 169
    traços vestigiais e, 72
    ver também criacionismo
    visão de Darwin de, 22-23
    visões ao redor do mundo sobre o, 11
Pruett-Jones, Stephen, 189
Pseudocubus vema, 51-52
psicologia evolucionista, 260, 265
Pryke, Sarah, 175
pseudogenes (genes mortos), 91-93, 95-96, 152
    mutações em, 152
Pseudomonas fluorescens, 158

Q

quivi, 81, 83, 106

R

raça, 238, 244-249
radiações adaptativas, 136
Rainey, Paul, 159
ratitas, 81, 83
ratos, 130, 138, 245
    cor da pelagem em, 144-146, 150, 154, 245
ratos toupeira cegos, 84
Reagan, Ronald, 35
recapitulação, 102
receptor olfativo (RO), genes de, 94-95
registro fóssil, 26, 31, 38, 41, 43-44, 46-50, 53, 56-57, 70-71, 75-77, 160, 162, 169, 210, 220
    adaptações complexas e, 157
    ancestrais comuns no, 47, 91
    árvores no, 124, 126
    baleias no, 47, 54, 70-75, 77
    biogeografia e, 115-118, 124-125, 127, 136-138
    criacionismo e, 38
    datação de rochas no, 45-46
    dinossauros no, 62-63
    e ordenação das camadas de rocha, 44
    e taxas de evolução, 169

evidência da evolução no, 53, 57, 89, 92
evolução das aves no, 70
evolução humana no, 86, 110, 223, 228-229, 236-239, 241-242
formação de fósseis no, 42
formas transicionais no, 47, 54, 57-58, 62, 72, 74-77
incompletude do, 42, 47
linha do tempo da história da vida no, 41-43, 48-49
mutacionismo e, 34
relógio molecular e, 117
Tiktaalik roseae no, 58-60
reflexo de agarre, 105
relatividade, teoria da, 34
religião, 223, 238
   ciência e, 10, 266
   criacionismo e, 11-12, 15, 245, 258-259
   Darwin sobre a, 200-201, 220
   Teologia natural, 23
   ver também criacionismo; projeto inteligente
relógio molecular, 117, 214
répteis, 83, 90, 95-96, 98, 100, 102, 104, 110
   aves evoluídas a partir de, 80, 82, 90, 117, 123, 166, 217
   desenvolvimento embrionário e, 97-98, 100-102, 104, 106
   em ilhas, 128-129, 132-133, 136-137
   especiação em, 211, 219
   evolução das cobras a partir de, 76
   lagartos, 175, 184, 189, 211, 219
   mamíferos evoluídos a partir de, 24, 29, 42, 47-48, 62, 75-76
   mutacionismo e, 34
   na evolucionária árvore de vertebrados, 8-9
   na linha do tempo da história da vida, 41-43, 46, 48
reprodução sexual, 150, 184-185
   especiação e, 200, 208, 210, 217
resistência a drogas, 34, 158-160, 246, 252
rinocerontes, 32
rins, 102
rochas:
   medição da idade das, 44-45
   ordenação das camadas de, 44

Rodhocetus, 74, 79
roedores, 180, 219
Romer, Alfred, 85
Rothschild, lorde Walter, 199
Ruse, Michael, 259

S

saco de gema, 97
saís havaianos, 129-130, 136, 138
sapos, 122-123, 129, 138, 174, 184
Sahelanthropus tchadensis, 229-231
Santa Helena, 113, 127-128, 130
São Tomé, 129, 204
Scopes, John, 10, 223
Scott, Robert, 126
seca, 162, 169, 210
seleção:
   artificial versus natural, 154
   criação de animais e plantas, 116, 126, 128, 154, 156, 172
   divergente, 207
   em laboratório, 144, 146, 156-159, 172
   natural, *ver* seleção natural
   sexual, *ver* seleção sexual
seleção divergente, 207
seleção natural, 12, 16-17, 23-24, 32-35, 37, 39, 52, 54-55, 61, 69-70, 77
   acaso e necessidade na, 137
   apêndices e, 82
   atavismos e, 87
   aves não voadoras e, 81
   barreiras geográficas e, 206
   benefícios reprodutivos e, 148, 153, 155, 189, 193
   ceticismo inicial em relação à, 16
   conciliação entre adaptações na, 33
   criação de animais e plantas e, 154, 156, 172
   e benefícios à espécie versus indivíduo, 147-148
   e benefícios a mais de uma espécie, 147
   e desenvolvimento embrionário em humanos, 90
   e resistência a drogas e venenos, 24, 158-159
   e taxa de mudança evolucionária, 34, 161-162, 169, 172

ÍNDICE REMISSIVO

em ilhas, 127
em laboratório, 169, 172
estabilizadora, 162
evolução convergente e, 120-122
flutuação genética versus, 151-153, 172
herdabilidade na, 155
linguados e, 106-107
na evolução humana, 223, 228-229, 236, 238-239, 241-242, 251
nervo laríngeo recorrente e, 108
observando a, 144, 171, 250
plantas do deserto e, 118
seleção artificial versus, 155
sentido do olfato e, 94
sexual, *ver* seleção sexual
sistemas complexos formados por, 154, 158, 161, 169, 256
tolerância à lactose e, 249-250
traços vestigiais e, 82, 87, 91
variações na, 146, 152, 156
Wallace e a, 31, 182, 191-192
seleção sexual, 177-183, 186, 188-192, 194, 196, 247-249
barreiras geográficas e, 215-216, 270
competição macho-macho na, 150, 177-190, 192
em aves, 173, 179, 182, 184, 188-190, 192
em humanos, 198, 202, 220, 223, 249
escolhas por parte das fêmeas na, 182, 184, 187, 189, 198
tamanho dos gametas e, 185-186
Selfish Gene, The (Dawkins), 260
Selkirk, Alexander, 113-114, 129
Sereno, Paul, 41, 65
Sexual Selection (Andersson), 184
Sheldon, Peter, 52
Shermer, Michael, 15
Shubin, Neil, 58-60
símios, 223-227, 229-234, 241-244, 253
Simpson, George Gaylord, 134
Sinornithosaurus millenii, 63-66
sistema circulatório (vasos sanguíneos), 100, 102, 104
Sobre a origem das espécies (Darwin), 15, 17, 23, 41, 201, 267
biogeografia e, 136-138
criação de animais e plantas e, 144, 153-154, 172
desenvolvimento do olho e, 170
desenvolvimento embrionário e, 106
e elo entre aves e répteis, 62
especiação em, 200-202, 206, 208-220
formas transicionais e, 47, 52, 54, 57-58, 70-72, 74-77
registro fóssil e, 26, 31, 34, 38
seleção natural e, 121, 136-137
Sociobiology (Wilson), 261
Sphecomyrmafreyi (formiga similar à vespa), 76
Staphylococcus aureus, 159
Steno, Nicolaus, 44
Streptococcus, 160
suculentas, 118
Sullivan, Arthur, 221, 253
superposição, 44
Symanski, Richard, 197

T

tamanduás, 92, 93
tartarugas marinhas, 33
tasneira-de-oxford, 219
tasneirinhas, 219-220
tatus, 123
tectonismo das placas, 36, 39
tentilhões, 129-130, 137, 162, 193-194, 197
teologia natural, 23
teoria atômica, 15
Tennyson, Alfred, lorde, 140
Terra:
  idade da, 45, 48, 116, 165
  mudanças na, 117; *ver também* deriva continental
testes, 34, 37
tetrápodes, 48-49, 58-59, 148, 164
tetraz-cauda-de-faisão, 175, 183, 187, 195
teoria(s), 21, 24, 31-39
  evolução como, 9-12, 15-21, 242
  previsões a partir da, 30-31
terópodas, 62-65, 69
tigres, 201, 205
  dente-de-sabre, 35
Tiktaalik roseae, 58-61, 256
tipos sanguíneos, 146, 150
tolerância à lactose, 250-251

toupeiras, 84, 119-120
traços vestigiais, 72, 82, 91, 242
  em humanos, 85-87, 90-95, 99-102, 105, 109-110
  genes vestigiais, 91, 95
trigo, 218
trilobitas, 52-54
trompas de Falópio, 119
tubas uterinas, *ver* trompas de Falópio
tuberculose, 158
Turquia, 11, 17-18

U
uretra, 110
uso de ferramentas, 236-239, 241-242

V
vacas, 250
vasos sanguíneos (sistema circulatório), 90, 97-98, 100-101, 108
Vertebrate Body, The (Romer), 85
vertebrados, 96-98, 100-104, 107-108
  coagulação do sangue nos, 147, 164, 161-168
  desenvolvimento embrionário dos, 94, 98, 100-106
  e formas transicionais entre peixes e anfíbios, 58-61
vermes, 42, 48-49, 140, 142, 176, 210
  nematelmintos, 141
vespas, 139, 142

formigas com aspectos de, 75-76, 256
  orquídeas e, 142
  vespas gigantes asiáticas, 129
vírus, 93, 157-160
  resistência a drogas nos, 24, 158-160, 252
visão, *ver* olhos e visão
vitamina C, 91-93
viúva-de-colar-vermelho, 174-177
voador, 119, 131
Von Baer, Karl Ernst, 98
voo, 57, 62-63, 65, 69-71, 73

W
Wallace, Alfred Russel, 31, 182, 191-192
Wegener, Alfred, 37
Weir, Jacqueline, 220
Weis, Arthur, 164
Welch, Allison, 196
Wells, John, 45-46
Williams, Robin, 106, 110
Wilson, Allan, 242
Wilson, E. O., 72, 199, 261

X
Xu, Xun, 168

Z
Zhaxybayeva, Olga, 166
Zinsmeister, William, 122

SOBRE O AUTOR

Jerry A. Coyne é professor da Universidade de Chicago há vinte anos e leciona no Departamento de Ecologia e Evolução, no qual se especializou em genética evolucionária e na origem de novas espécies. É colaborador habitual da *The New Republic*, do *The Times Literary Supplement* e da NPR.[*]

---

[*] *The New Republic* é uma revista americana quinzenal de opinião, de tendência liberal. O *Times Literary Supplement*, originalmente um suplemento literário do jornal britânico, é uma publicação semanal independente de crítica literária. A NPR (National Public Radio) é uma organização de mídia com patrocínio público e privado que distribui programas de notícias e cultura para uma rede de novecentas estações de rádio públicas nos Estados Unidos. (N. do T.)